常用办公软件
快速入门与提高

Animate CC 2018 中文版
入门与提高

职场无忧工作室◎编著

清华大学出版社
北京

内 容 简 介

Animate CC 2018 是著名影像处理软件公司 Adobe 收购 Macromedia 公司后最新推出网络应用程序制作软件。本书以理论与实践相结合的方式，循序渐进地讲解了使用 Animate CC 2018 制作动画的方法与技巧。

全书分为 16 章，全面、详细地介绍 Animate CC 2018 的特点、功能、使用方法和技巧。具体内容有：初识 Animate CC 2018，认识工具箱，在动画中使用文本，编辑动画对象，图层与帧，元件、实例与库，应用滤镜和混合模式，逐帧动画，补间动画制作，引导动画路径，遮罩动画，反向运动，制作有声动画，制作交互动画，使用组件，综合实例——实时钟的详细制作过程。

本书实例丰富，内容翔实，操作方法简单易学，不仅适合对动画制作感兴趣的初、中级读者学习使用，也可供从事相关工作的专业人士参考。

本书附加多个二维码，内容为书中所有实例网页文件的源代码及相关资源以及实例操作过程录屏动画，另外附赠大量实例素材，供读者在学习中使用。

图书在版编目（CIP）数据

Animate CC 2018 中文版入门与提高 / 职场无忧工作室编著 . — 北京 : 清华大学出版社，2019
（常用办公软件快速入门与提高）
ISBN 978-7-302-51917-1

Ⅰ . ① A… Ⅱ . ①职… Ⅲ . ①超文本标记语言 – 程序设计 Ⅳ . ① TP312.8

中国版本图书馆 CIP 数据核字（2018）第 288641 号

责任编辑：赵益鹏
封面设计：李召霞
责任校对：刘玉霞
责任印制：沈 露

出版发行：清华大学出版社
网   址：http://www.tup.com.cn，http://www.wpbook.com
地   址：北京清华大学学研大厦A座　　　　　　　邮   编：100084
社 总 机：010-62770175　　　　　　　　　　　　邮   购：010-62786544
投稿与读者服务：010-62776969，c-service@tup.tsinghua.edu.cn
质量反馈：010-62772015，zhiliang@tup.tsinghua.edu.cn
印 装 者：三河市铭诚印务有限公司
经   销：全国新华书店
开   本：210mm×285mm　　　印   张：26.25　　　字   数：809 千字
版   次：2019 年 8 月第 1 版　　　　　　　　印   次：2019 年 8 月第 1 次印刷
定   价：79.80 元

产品编号：074419-01

被誉为"网页制作三剑客"之一的 Animate CC 2018，是 Adobe 公司收购 Macromedia 公司后最新推出的、支持 HTML5 标准的网页动画制作工具，是目前最完美的二维动画制作工具之一。其前身是 Flash Professional CC 2017。尽管 Animate 已转型为制作 HTML5、SVG 和 WebGL 等更安全的视频和动画的全功能型动画工具，但它仍继续支持 Flash 内容的创作。

一、本书特点

☑ 实用性强

本书的编者都是高校从事计算机辅助设计教学研究多年的一线人员，具有丰富的教学实践经验与教材编写经验，有一些执笔者是国内 Flash 图书出版界知名的作者，前期出版的一些相关书籍经过市场检验很受读者欢迎。多年的教学工作使他们能够准确地把握学生的心理与实际需求。本书是作者总结多年的设计经验以及教学的心得体会，历时多年的精心准备，力求全面、细致地展现 Animate 软件在网站设计制作应用领域的各种功能和使用方法。

☑ 实例丰富

本书的实例不管是数量还是种类，都非常丰富。从数量上说，本书结合大量的动画制作实例，详细讲解了 Animate CC 2018 的知识要点，让读者在学习案例的过程中潜移默化地掌握 Animate CC 2018 软件的操作技巧。

☑ 突出提升技能

本书从全面提升 Animate CC 2018 实际应用能力的角度出发，结合大量的案例来讲解如何利用 Animate CC 2018 软件制作二维动画，使读者了解 Animate CC 2018，并能够独立地完成各种动画设计与制作。

本书中有很多实例本身就是动画制作案例，经过作者精心提炼和改编，不仅保证读者能够学好知识点，更重要的是能够帮助读者掌握实际的操作技能，同时培养动画制作的实践能力。

二、本书内容

全书分为 16 章，全面、详细地介绍 Animate CC 2018 的特点、功能、使用方法和技巧。具体内容如下：初识 Animate CC 2018，认识工具箱，在动画中使用文本，编辑动画对象，图层与帧，元件、实例与库，应用滤镜和混合模式，逐帧动画，补间动画制作，引导路径动画，遮罩动画，反向运动，制作有声动画，制作交互动画，使用组件，综合实例——实时钟的详细制作过程。

三、本书服务

☑ 本书的技术问题或有关本书信息的发布

读者如果遇到有关本书的技术问题，可以登录网站 www.sjzswsw.com 或将问题发到邮箱 win760520@126.com，我们将及时回复。也欢迎加入图书学习交流群（QQ 群：512809405）交流探讨。

☑ 安装软件的获取

按照本书上的实例进行操作练习，以及使用 Animate CC 2018 进行动画制作时，需要事先在计算机上安装相应的软件。读者可从网络中下载相应软件，或者从软件经销商处购买。QQ 交流群也会提供下载地址和安装方法的教学视频。

☑ 手机在线学习

为了配合各学校师生利用此书进行教学的需要，随书配二维码，内容为书中所有实例网页文件的源代码及相关资源以及实例操作过程录屏动画，另外附赠大量实例素材，供读者在学习中使用。

四、关于作者

本书主要由职场无忧工作室编写，具体参与本书编写的有胡仁喜、刘昌丽、康士廷、王敏、闫聪聪、杨雪静、李亚莉、李兵、甘勤涛、王培合、王艳池、王玮、孟培、张亭、王佩楷、孙立明、王玉秋、王义发、解江坤、秦志霞、井晓翠等。本书的编写和出版得到了很多朋友的大力支持，值此图书出版发行之际，向他们表示衷心的感谢。同时，也深深感谢支持和关心本书出版的所有朋友。

书中主要内容来自于编者几年来使用 Animate 的经验总结，也有部分内容取自于国内外有关文献资料。虽然几易其稿，但由于时间仓促，加之水平有限，书中纰漏与失误在所难免，恳请广大读者批评指正。

编　者

2019 年 2 月

源文件

目 录

二维码目录

第 1 章

初识Animate CC 2018

本章导读

　　Adobe 推出的 Flash Professional 曾是互联网上炙手可热的宠儿，在网页游戏和动画制作中获得了巨大的成功。如今，在网页动画和互动功能方面，HTML5 正逐渐成为 Flash 的替代选择，为了能够让这款动画制作软件适应新环境，2015 年底，Adobe 将其更名为 Animate CC，转型成全功能的动画工具，HTML5、SVG 和 WebGL 等更安全的视频和动画格式成为新平台的重点服务对象。

　　本章将介绍 Animate CC 2018 发行版的操作界面和基本的文档操作，引导读者初步认识 Animate CC 2018 的强大功能。

学习要点

- ❖ 认识 Animate CC 2018
- ❖ Animate CC 2018 的操作界面
- ❖ 文件的基本操作
- ❖ 设置文档属性
- ❖ 标尺、网格和辅助线
- ❖ 配置 Animate CC 2018 工作环境

1.1 认识 Animate CC 2018

Animate（前身是 Adobe Flash Professional CC）是知名图形设计软件公司 Adobe 推出的一款制作网络交互动画的优秀工具，它支持动画、声音以及交互，具有强大的多媒体编辑功能，可以直接生成主页代码，被广泛用于网络广告、交互游戏、教学课件、动画短片、交互式软件开发、产品功能演示等多个方面。

Animate 更名后，在维持原有 Flash 开发工具，继续支持 Flash SWF、AIR 格式的同时，还新增了 HTML 5 创作工具，支持 HTML5 Canvas、WebGL，并能通过可扩展架构支持包括 SVG 在内的几乎任何动画格式，为网页开发者提供更适应网页应用的音频、图片、视频、动画等创作支持。同时，Adobe 还推出适用于桌面浏览器的 HTML 5 播放器插件，作为移动端 HTML 5 视频播放器的延续。

1.1.1 安装 Animate CC 2018

Creative Cloud（创意云）是 Adobe 提供的云服务之一，它将创意设计需要的所有元素整合到一个平台，简化整个创意过程。自 Animate CC 起，安装不再提供光盘、独立安装包等，应使用 Adobe ID 登录创意云客户端在线安装、激活。

1-1　安装Animate
CC 2018

在安装 Animate CC 2018 之前，读者有必要先了解一下 Animate CC 2018 的系统要求。

Animate CC 2018 在 Windows 系统中安装的系统要求如下：

CPU	Intel Centrino、Intel Xeon 或 Intel Core Duo 处理器和更高版本，或同等性能的兼容型处理器
操作系统	Microsoft Windows 7（64 位）、Windows 8.1（64 位）或 Windows 10（64 位）
内存	2GB 内存（建议 8GB）
硬盘空间	4GB 可用硬盘空间用于安装；安装过程中需要额外的可用空间（不能安装在可移动闪存设备上）
显示器	1280×1024 显示器，16 位视频卡
产品激活	必须具备 Internet 连接并完成注册，才能激活软件、验证订阅和访问在线服务

Animate CC 2018 在 Mac OS 中安装的系统要求如下：

CPU	具有 64 位支持的多核 Intel 处理器
操作系统	Mac OS X v10.10（64 位）、v10.11（64 位）或 v10.12（64 位）
内存	2GB 内存（建议 8GB）
硬盘空间	4GB 可用硬盘空间用于安装；安装过程中需要额外的可用空间（无法安装在使用区分大小写的文件系统的卷或可移动闪存设备上）
显示器	1280×1024 显示器，16 位视频卡
产品激活	必须具备 Internet 连接并完成注册，才能激活软件、验证订阅和访问在线服务

注意

Animate CC 2018 简体中文版仅适用于 Windows。本书中如不作特别说明，Animate CC 均指 Animate CC 2018 简体中文发行版。

接下来简要介绍下载、安装 Creative Cloud 应用程序，并使用 Creative Cloud 客户端管理、更新 Animate 应用程序的方法。

（1）打开浏览器，在地址栏中输入（https://www.adobe.com/）进入 Adobe 的官网。如果要修改页面的显示语言，单击页面右下角的 Change region，在弹出的列表中选择"中国"。在页面底部的产品列表中单击 Creative Cloud，如图 1-1 所示。

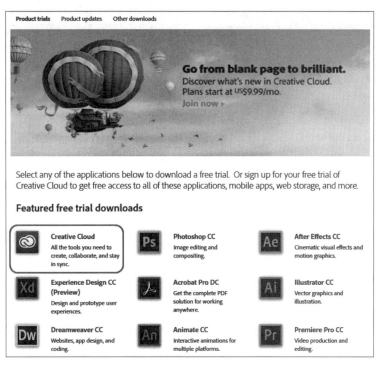

图1-1　选择Creative Cloud

（2）在弹出的界面中选择要下载的软件 Animate，单击"下载试用版"进行下载如，图 1-2 所示。此时会弹出一个页面，要求填写相关的个人资料。填写完成后，单击"登录"按钮，使用 Adobe ID 登录，就可开始下载。下载完成后，单击下载的软件进行安装。安装完成后，在"开始"菜单中可看到安装的应用程序，在桌面上可看到 Adobe Creative Cloud 的图标◎。

图1-2　选择要下载的软件

如果还没有 Adobe ID，则单击"注册 Adobe ID"按钮，注册完成后即可下载。

（3）双击 Adobe Creative Cloud 的图标◎，打开如图 1-3（a）所示的 Creative Cloud 客户端界面。

在这里，用户可以查看已安装的 Adobe 应用程序是否有更新。如果有，单击"更新"按钮可自动下载更新并安装。如果在图 1-2 中选择下载的软件不是 Animate，可以在如图 1-3（b）所示的界面中单击"试用"按钮，自动安装选择的软件。

注意　　　这种方法安装的软件只是试用版，若要使用完整版，可购买。

(a)   (b)

图1-3　Creative Cloud客户端

1.1.2　卸载 Animate CC 2018

（1）双击 Adobe Creative Cloud 的图标 ，打开 Creative Cloud 客户端界面。

（2）将鼠标指针移到 Animate CC 2018 上，右侧将显示"设置"按钮 。单击该按钮，在弹出的下拉菜单中选择"卸载"，如图 1-4 所示，即可卸载该软件。

图1-4　选择"卸载"命令

1.1.3 启动与退出

Animate CC 2018 具备直观、可自定义的现代化用户界面，启动和退出方法与其他常用的软件类似。

1. 启动

在 Adobe Creative Cloud 客户端界面的 Apps 面板中找到应用程序图标，然后单击"打开"按钮；或执行"开始"|"所有程序"|"Adobe Animate CC 2018"命令，即可启动 Animate CC 2018 中文版。

初次启动时，将弹出同步设置提醒对话框，如图 1-5 所示。单击"立即同步设置"按钮，可以将 Animate 中的设置（如键盘快捷键、首选项和用户预设）上传到 Creative Cloud 账户，或从 Creative Cloud 账户下载设置并应用到其他计算机上，从而使多台计算机具备相同的工作设置和环境。

图1-5　同步设置

如果暂时不想同步设置，可以单击对话框右上角的"关闭"按钮关闭对话框，默认显示 Animate CC 2018 的"开始"工作区，如图 1-6 所示。在"开始"工作区可以方便地新建文件、访问最近使用过的文件、了解新功能、获得用户指南和学习支持。

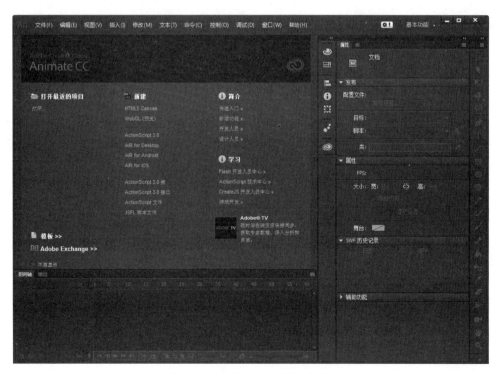

图1-6　基本功能工作区的开始页

2. 退出

↘ 单击用户界面右上角的"关闭"按钮 ✕ 。

↳ 执行"文件" | "退出"命令。

1.2 Animate CC 2018 的操作界面

Animate CC 的工作区将多个文档集中到一个界面中，这样不仅降低系统资源的占用，而且还可以更加方便地操作文档。Animate CC 2018 的操作界面包括以下几个部分，菜单栏、编辑栏、舞台、时间轴面板、状态栏和浮动面板组。图 1-7 所示为 Animate CC 2018 的操作界面。

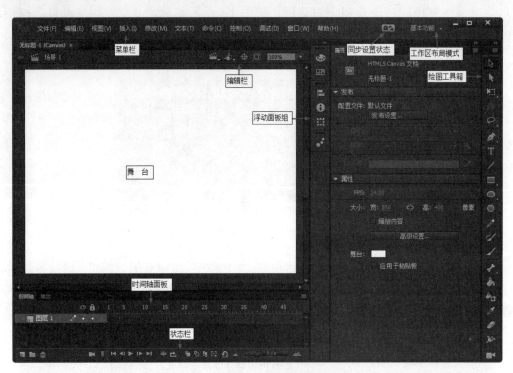

图1-7　Animate CC 2018的操作界面

1.2.1　菜单栏

Animate CC 2018 的主菜单命令共分 11 种，即文件、编辑、视图、插入、修改、文本、命令、控制、调试、窗口和帮助，如图 1-8 所示。下面将介绍一些主要的菜单命令。

图1-8　菜单栏

1. "文件"菜单

"文件"菜单如图 1-9 所示，包含文件处理、参数设置、输入和输出文件、发布、打印等功能，还包括用于同步设置的命令。

2. "编辑"菜单

"编辑"菜单如图 1-10 所示，包含用于基本编辑操作的标准菜单项，以及对"首选项"的访问。

3. "视图"菜单

"视图"菜单如图 1-11 所示，用于控制屏幕的各种显示效果，以及控制文件的外观。

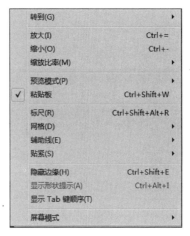

图1-9　"文件"菜单　　　　　图1-10　"编辑"菜单　　　　　图1-11　"视图"菜单

4. "插入"菜单

"插入"菜单如图1-12所示，提供创建元件、图层、关键帧和舞台场景等内容的命令。

5. "修改"菜单

"修改"菜单如图1-13所示，用于更改选定的舞台对象的属性。

6. "文本"菜单

"文本"菜单如图1-14所示，用于设置文本格式和嵌入字体。

图1-12　"插入"菜单　　　　　图1-13　"修改"菜单　　　　　图1-14　"文本"菜单

7. "命令"菜单

"命令"菜单如图1-15所示，用于管理、保存和获取命令，以及导入、导出动画XML。

8. "控制"菜单

"控制"菜单如图1-16所示，用来控制对影片的操作。

9. "调试"菜单

"调试"菜单如图 1-17 所示，用于对影片代码进行测试和调试。

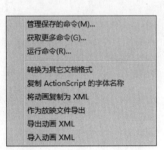

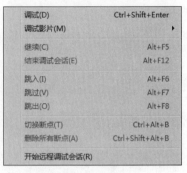

图1-15　"命令"菜单　　　　图1-16　"控制"菜单　　　　图1-17　"调试"菜单

10. "窗口"菜单

"窗口"菜单如图 1-18 所示，提供对 Animate CC 2018 中的所有浮动面板和窗口的访问。

11. "帮助"菜单

"帮助"菜单如图 1-19 所示，提供对 Animate CC 2018 帮助系统的访问，可以用作学习指南。

图1-18　"窗口"菜单　　　　　　　　　　　图1-19　"帮助"菜单

1.2.2 编辑栏

编辑栏位于舞台顶部，该工具栏包含编辑场景和元件的常用命令，如图 1-20 所示。

图1-20 编辑栏

各个按钮图标的功能如下：

- **返回主场景**：在元件编辑窗口该按钮可用，单击返回主场景的时间轴。
- **切换场景**：单击该按钮，在弹出的下拉列表中显示当前文档中的所有场景名称。选中一个场景名称，即可进入对应的场景。
- **编辑元件**：单击该按钮，将弹出当前文档中的所有元件列表，选中一个元件，即可进入对应元件的编辑窗口。
- **舞台居中**：滚动舞台以聚集到特定舞台位置后，单击该按钮，可以快速定位到舞台中心。
- **剪切掉舞台范围以外的内容**：将舞台范围以外的内容裁切掉。
- **舞台缩放比例**：用于设置舞台缩放的比例。舞台上的最小缩小比率为 8%；最大放大比率为 2000%。选择"符合窗口大小"，则缩放舞台以完全适应程序窗口大小；"显示帧"表示显示整个舞台；"显示全部"用于显示当前帧的内容，如果场景为空，则显示整个舞台。

1.2.3 舞台和粘贴板

舞台是用户进行创作的主要区域，图形的创建、编辑、动画的创作和显示都在该区域中进行。舞台是一个矩形区域，相当于实际表演中的舞台，任何时间看到的舞台仅显示当前帧的内容。默认显示的黑色轮廓表示舞台的轮廓视图，如图 1-21 所示。

图1-21 舞台的黑色边框

粘贴板是舞台边框以外的深灰色区域，如图 1-21 所示。相当于实际表演中的后台，通常用作动画的开始和结束点，即对象进入和离开影片的地方。例如，要制作一个舞者出场和离场的动画，可以先将舞者放在粘贴板中，然后以动画形式使舞者进入舞台区域；在动画结束时，再将舞者拖放到粘贴板中。

注意 在最终输出的动画中，只显示舞台内容，不显示粘贴板中的内容。

在 Animate 早期的版本中，粘贴板颜色与用户界面主题颜色相同。从 2017 年 1 月发行版开始，可以在文档的"属性"面板中选中"应用于粘贴板"，将舞台颜色应用于粘贴板，如图 1-22 所示。该功能可以让用户使用一个没有边界的画布，如图 1-23 所示。

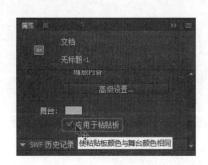

图1-22　将舞台颜色应用于粘贴板

图1-23　指定粘贴板的颜色之后的效果

1.2.4　时间轴面板

时间轴面板是用于进行动画创作和编辑的主要工具，可分为两大部分：图层控制区和时间轴控制区，结构如图 1-24 所示。Animate CC 2018"基本功能"布局模式下的时间轴面板默认位于工作区下方，当然用户也可以使用鼠标拖动它，改变它在窗口中的位置。

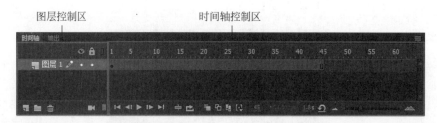

图1-24　Animate CC 2018的时间轴面板

1. 图层控制区

图层控制区位于时间轴面板左侧，用于进行与图层有关的操作。按顺序显示当前正在编辑的场景中所有图层的名称、类型、状态等。在时间轴上使用多层层叠技术可将不同内容放置在不同层，从而创建一种有层次感的动画效果。

图层控制区中各个工具按钮的功能如下：

- **关**（高级 / 基本图层）：打开或关闭高级图层。Animate CC 2018 引入高级图层功能，通过在不同的平面中放置资源，可以在动画中创建深度感。
- （显示 / 隐藏）：切换选定层的显示 / 隐藏状态。
- （锁定 / 解锁）：切换选定层的锁定 / 解锁状态。
- （显示 / 隐藏轮廓）：以轮廓或实体显示选定层的内容。

❯ 🔲（新建图层）：单击该按钮可以在当前层之上新建一个图层。

 注意 如果摄像头图层处于活动状态，单击该按钮将在最底层新建一个图层。

❯ 📁（新建文件夹）：新建一个文件夹。

❯ 🗑（删除）：删除选定的图层。

❯ 🎥（添加摄像头）：添加虚拟摄像头，模拟摄像头移动和镜头切换效果。

2. 时间轴控制区

时间轴控制区位于时间轴面板右侧，用于控制当前帧、执行帧操作、创建动画、动画播放的速度，以及设置帧的显示方式等，如图1-25所示。舞台上出现的每一帧的内容是该时间点上出现在各层上的所有内容的反映。

时间轴控制区中各个工具按钮的功能如下：

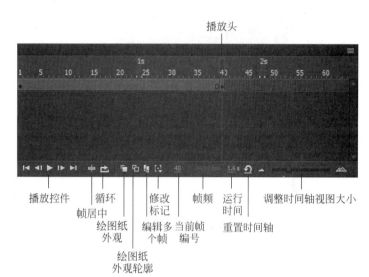

图1-25 时间轴控制区

❯ ⏮⏴▶⏵⏭⏸（播放控件）：用于调试或预览动画效果的播放控件。

❯ ➡（帧居中）：改变时间轴控制区的显示范围，将当前帧显示到控制区的中间。

❯ ➡（循环）：循环播放当前选中的帧范围。如果没有选中帧，则循环播放当前整个动画。

❯ 🔳（绘图纸外观）：舞台上显示在时间轴上选择的连续帧范围中包含的所有帧。

❯ 🔲（绘图纸外观轮廓）：在时间轴上选择一个连续的帧范围，在舞台上显示除当前帧之外的其他帧的外框，当前帧以实体显示。

❯ 📄（编辑多个帧）：在时间轴上选择一个连续区域，区域内的所有帧可以同时显示和编辑。

❯ 🔳（修改标记）：选择显示2帧、5帧或全部帧。

❯ 🔄（将时间轴缩放重设为默认级别）：单击该按钮，即可将缩放后的时间轴调整为默认级别。

❯ ▬▬▬（调整时间轴视图大小）：单击左侧的▲按钮，可以在视图中显示更多帧；单击右侧的▲，可以在视图中显示较少帧；拖动滑块，可以动态地调整视图中可显示的帧数。

Animate CC 2018增强了时间轴功能，使用每秒帧数（fps）扩展帧间距，并将空白间距转换为时间1s、2s或3s显示在时间轴上。

1.2.5 浮动面板组

在Animate CC 2018工作环境的右侧停靠着许多浮动面板，并且自动对齐。这些面板可以自由地在界面上拖动，也可以将多个面板组合在一起，成为一个选项卡组，以扩充文档窗口。

Animate CC 2018的浮动面板有很多种，同时显示出来会使工作界面凌乱不堪，用户可以根据实际工作需要，在"窗口"菜单的下拉菜单中单击面板名称，打开或者关闭指定的浮动面板。单击面板右上角的▶▶按钮可以将面板缩为精美图标。单击◀◀按钮即可展开为面板。

1. "属性"面板

不同的舞台对象有不同的属性，修改对象的属性通过"属性"面板完成。"属性"面板的设置项目会根据对象的不同而变化，如图1-26所示为选中舞台上的位图时对应的"属性"面板。

默认情况下，Animate CC 2018 没有开启"属性"面板，用户可以通过"窗口"|"属性"命令打开。

2．"工具"面板

使用 Animate CC 2018 进行动画创作，首先要绘制各种图形和对象，这就要用到各种绘图工具。Animate CC 2018 的绘图工具箱作为浮动面板以图标形式停靠在工作区右侧，单击工作区右侧的工具箱缩略图标 ，或执行"窗口"|"工具"命令，即可展开"工具"面板，如图1-27所示。

图1-26　"属性"面板

图1-27　"工具"面板

"工具"面板中包含20多种工具，单击其中的工具按钮，即可选中对应的工具。使用这些工具可以对图像或选区进行操作。

默认状态下，"工具"面板垂直停靠在工作区右侧，用户可以用鼠标拖动绘图工具箱，改变它在窗口中的位置。将工具箱拖到工作区之后，通过拖动工具箱的左右侧边或底边，可以调整工具箱的尺寸，如图1-28所示。

图1-28　"工具"面板

3．其他浮动面板

浮动面板的一个好处是可以节省屏幕空间。用户可以根据需要显示或隐藏浮动面板，其他浮动面板的功能简要介绍如下。

- ➥ **库**：管理动画资源，比如元件、位图、声音、字体等。
- ➥ **画笔库**：管理 Animate CC 2018 文档中的预设画笔和自定义画笔。
- ➥ **动画预设**：包含 Animate CC 2018 预设的补间动画，在需要经常使用相似类型的补间动画的情况下，可以极大地节约项目设计和开发的生产时间。用户还可以导入他人制作的预设，或将自己制作的预设导出，与协作人员共享。
- ➥ **帧选择器**：不必进行元件编辑窗口，就可以直观地预览并选择图形元件的第一帧，并设置图形元件的循环选项，如图1-29所示。通过选中"创建关键帧"复选框，还可以在帧选择器面板中选择帧时自动创建关键帧。

- **动作**：通过编写 ActionScript 代码创建交互式内容。
- **代码片断**：收集、分类一些非常有用的小代码，以便在"动作"面板中反复使用。
- **编译器错误**：显示 Animate CC 2018 在编译或执行 ActionScript 代码期间遇到的错误，并能快速定位到导致错误的代码行。
- **调试面板**：用于在测试环境下打开调试控制台对本地的影片文件进行调试，并导出带有调试信息的 SWF 文件（SWD 文件）。SWD 文件用于调试 ActionScript，并包含允许使用断点和跟踪代码的信息。
- **输出**：用于测试 Animate CC 2018 文件时，显示相应信息以帮助用户排除文件中的故障。
- **对齐**：用于控制舞台上的多个对象的排列方式，如对齐、分布、间隔、匹配大小。
- **颜色**：用于选择颜色模式和合适的调配颜色，如图 1-30 所示。

图1-29 "帧选择器"面板

图1-30 "颜色"面板

- **信息**：显示当前选中对象的尺寸、坐标位置，以及当前鼠标指针的坐标和所在位置的颜色值。
- **样本**：用于拾取颜色和创建新的色板。
- **变形**：集中缩放、旋转、倾斜、翻转等变形命令，可以精确地对选中对象进行变形。
- **组件**：用于在 Animate CC 2018 文档中添加 Animate CC 2018 预置的组件。
- **历史记录**：显示自创建或打开某个文档以来在该活动文档中执行的步骤的列表。
- **场景**：对 Animate CC 2018 文档中的场景进行管理。
- **图层深度**：更改 Animate CC 2018 文档中高级图层的深度，创建深度感。

提示： 默认情况下，Animate CC 2018 的"历史记录"面板支持的撤销层级数为 100 层级。用户可以在"首选参数"对话框中设置撤销和重做的层级数，如图 1-31 所示。

图1-31 设置撤销层级数

1.2.6 上机练习——组合、拆分浮动面板组

在动画制作过程中，用户应该根据自己的设计习惯，将常用的浮动面板组合在一起，并放在适当的地方，以配置出最适合于个人使用的工作环境。结合本节的练习实例，使读者掌握组合、拆分浮动面板组的具体操作方法。

1-2 上机练习——组合、拆分浮动面板组

首先将"对齐"面板从"信息"面板组中拆分出来，然后与"变形"面板合并为一个面板组。

操作步骤

（1）执行"窗口"｜"对齐"命令，打开"对齐"面板。

（2）在"对齐"面板的标签上按下鼠标左键，然后拖动到合适的位置，释放鼠标。此时"对齐"面板成为一个独立的面板，可以在工作界面上随意拖动，如图1-32所示。

（3）执行"窗口"｜"变形"命令，打开"变形"面板。

（4）单击"对齐"面板上的标签，然后拖动到"变形"面板上，此时"对齐"面板四周将以蓝色显示，如图1-33（a）所示，表示"对齐"面板将到达的目的位置。释放鼠标，即可将"对齐"面板与"变形"面板进行合并，如图1-33（b）所示。

图1-32 分离出的"对齐"面板

(a)　　　　　　(b)

图1-33 组合"对齐"面板和"变形"面板

1.3 文件的基本操作

通过1.2节的学习，读者对Animate CC 2018的操作界面应该有一个初步的认识。本节将介绍在Animate CC 2018中创建动画的几个基本操作，即创建新文档、保存动画文件和打开已有的Animate CC 2018文件，让读者进一步了解Animate CC 2018的用户界面和操作体验。

1.3.1 上机练习——新建一个Animate文档

本节通过讲解创建Animate文档的具体步骤，介绍Animate CC 2018支持的文档类型，使读者掌握使用"新建文档"对话框创建Animate文档的方法。

1-3 上机练习——新建一个Animate文档

首先使用"新建"命令打开"新建文档"对话框，然后选择文档类型、设置舞台尺寸和背景颜色，最后单击"确定"按钮新建一个Animate文档。

操作步骤

（1）执行"文件"｜"新建"命令，弹出如图 1-34 所示的"新建文档"对话框。

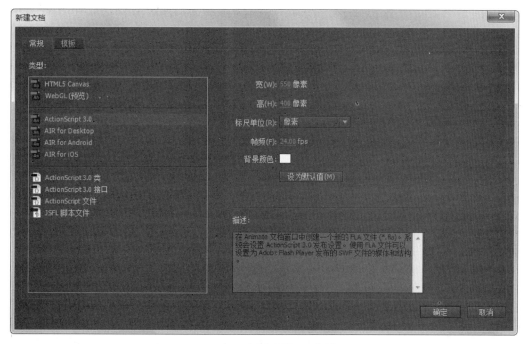

图1-34 "新建文档"对话框

（2）在"常规"选项卡的"类型"列表中选择要创建的文件类型和模板。

在这里，读者可以看到 Animate CC 2018 可创建的文档类型有十来种，包括：

→ **HTML5 Canvas**：新建一个空白的 FLA 文件，其发布设置已经过修改，以便生成 HTML5 输出。使用这种类型的文档时，有些功能和工具是不支持的。

→ **ActionScript 3.0**：创建一个脚本语言为 ActionScript 3.0 的 FLA 文档。

→ **AIR**：创建可以运行于桌面和移动设备（Android 系统、Apple iPhone 和 iPad）的 AIR 应用程序。

→ **ActionScript 3.0 类**：新建一个后缀为 as 的文本文件。与"ActionScript 文件"的不同之处在于，选择该项时，可快速生成一个用于定义类的基本模板。

→ **ActionScript 3.0 接口**：与 ActionScript 3.0 类相似，不同的是生成一个定义方法声明的基本模板。

→ **ActionScript 文件**：创建一个后缀为 as 的空白文本文件。

→ **JSFL 脚本文件**：创建一个用于扩展 Flash IDE 的 JavaScript 脚本文件。

本节练习选择"ActionScript 3.0"。

（3）在"新建文档"对话框右侧区域可以设置文档属性。有关属性的具体介绍请参见 1.4 节的介绍，本节练习保留默认设置。

（4）单击"确定"按钮关闭对话框。即可创建一个空白的 FLA 文件，如图 1-35 所示。

图1-35 新建的FLA文件

1.3.2　保存动画文件

在 Animate CC 2018 中，保存文件的方法随保存文件的目的不同而不同。

1. 只保存当前文件

执行"文件"｜"保存"命令。在弹出的对话框中选择存放文件的位置，然后在"文件名"文本框中输入文件名，如图 1-36 所示。单击"保存"按钮，即可保存文档并关闭对话框。

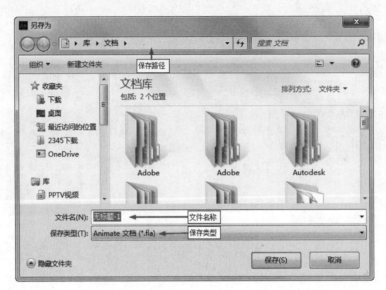

图1-36　保存文件

Animate 文档（*.fla）是 Animate CC 2018 动画的源文件，如果以后需要修改动画内容，可以再次打开进行修改。

 提示：　　如果是第一次保存该文件，则执行"文件"｜"保存"命令，弹出"另存为"对话框。若文件已保存过，则执行"文件"｜"保存"命令时，直接保存文件。

如果要将当前编辑的页面以另一个文件名保存，则执行"文件"｜"另存为"命令。

2. 保存打开的所有页面

执行"文件"｜"全部保存"命令。

3. 以模板的形式保存

执行"文件"｜"另存为模板"命令，弹出如图 1-37 所示的"另存为模板警告"对话框，提示用户该操作将清除 SWF 历史记录数据。单击"另存为模板"按钮，弹出如图 1-38 所示的"另存为模板"对话框。

在"名称"文本框中输入模板名称，在"类别"下拉列表中选择模板类别，为便于协同工作，建议在"描述"文本框中输入该模板的简短介绍，然后单击"保存"按钮。

图1-37　"另存为模板警告"对话框

创建模板文件后，在"新建文档"对话框的"模板"选项卡中可以看到创建的模板文件。

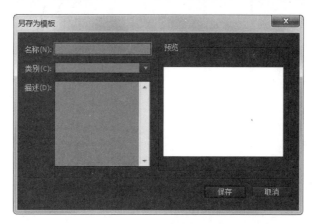

图1-38 "另存为模板"对话框

1.3.3 打开、导入文件

如果要在 Animate CC 2018 中查看或编辑已创建的 Animate CC 2018 文件，可以打开该文件；如果要将外部资源应用到 Animate CC 2018 中，可以使用导入操作。

1. 打开文件

执行"文件"｜"打开"命令，弹出"打开"对话框。

在"查找范围"下拉列表中找到需要打开的文件，然后双击该文件，或直接单击"打开"对话框中的"打开"按钮，即可打开选中的文件。

如果打开多个 Animate CC 2018 文档，多个文档的名称将以类似选项卡的形式排列在编辑栏的顶端，如图 1-39 所示。单击某一个文档的名称标签，即可切换到相应的文档窗口。

图1-39 新建的多个文档

2. 导入外部资源

在 Animate CC 2018 中可以导入多种类型的外部文件，例如声音、图片、视频等媒体文件。

（1）执行"文件"｜"导入"命令中的一个子命令，如图 1-40 所示。

↳ **导入到舞台**：将文件直接导入到当前文档中。

↳ **导入到库**：将文件导入到当前 Animate 文档的库中。

↳ **打开外部库**：将其他的 Animate 文档作为库打开。

↳ **导入视频**：将视频剪辑导入当前文档中。

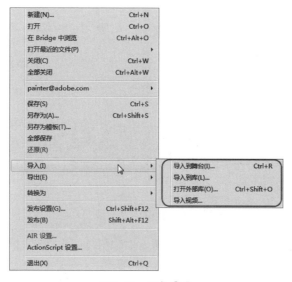

图1-40 导入命令

（2）在弹出的"导入"对话框中选中需要导入的文件，然后单击对话框中的"打开"命令，即可将
选中文件导入到舞台上。

提示：　　如果导入的文件名以数字结尾，并且在同一文件夹中还有其他按顺序编号的文件，例如
Fra01.gif、Fra02.gif、Fra03.gif，则 Animate 会弹出一个对话框，询问用户是否要导入连续文件。
单击"是"，则导入所有的连续文件；否则只导入指定的文件。

1.3.4　使用模板

使用模板可以使用户基于一个已存在的布局方式快速创建 Animate CC 2018 项目或应用程序。

（1）执行"文件"｜"新建"命令，打开"新建文档"对话框。

（2）单击"模板"选项卡，对话框框标题切换为"从模板新建"，如图 1-41 所示。

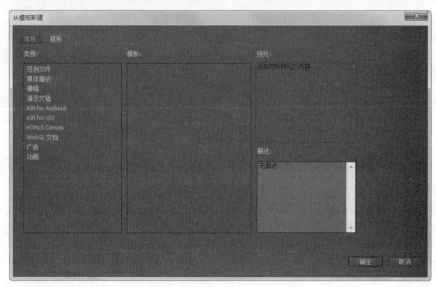

图1-41　"从模板新建"对话框

（3）在"类别"列表中选择模板类型。

（4）在"模板"列表中选择具体的模板样式。

例如在"类别"中选择"范例文件"，在"模板"列表中选择"Alpha 遮罩层范例"，此时在"预览"
区域可以看到文档的缩略图，如图 1-42 所示。

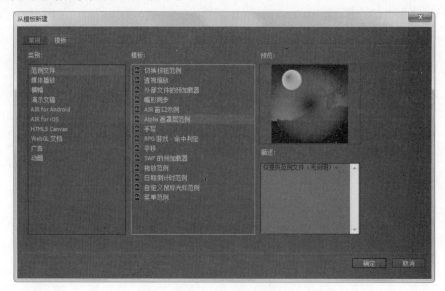

图1-42　选择模板类型

（5）单击"确定"按钮即可基于模板新建一个文档，如图1-43所示。

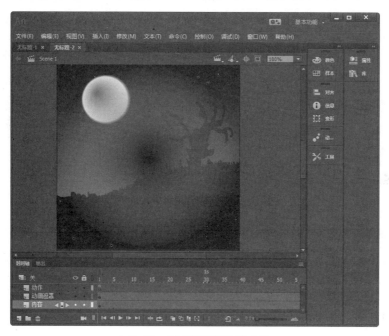

图1-43 基于模板新建的文档

（6）对舞台上的模板进行修改，即可轻松完成一个漂亮的遮罩动画。

1.4 设置文档属性

在开始动画创作之前，必须进行周密的计划，正确地设置动画的放映速度和作品尺寸。如果中途修改这些属性，将会大大增加工作量，而且可能使动画播放效果
与原来所预想的相差很远。在 Animate CC 2018 中通常使用"属性"面板或"文档设置"对话框设置文档属性。

执行"修改"｜"文档"命令，弹出如图 1-44 所示的"文档设置"对话框。

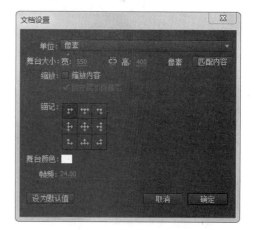

1.4.1 设置舞台尺寸

（1）在"单位"下拉列表中选择舞台大小的度量单位。

（2）在"舞台大小"区域，输入影片的宽度和高度值。单击"匹配内容"按钮，则自动将舞台大小设置为能刚好容纳舞台上所有对象的尺寸。

图1-44 "文档设置"对话框

设置舞台大小时，使用"链接"按钮 <u>🔗</u> 可按比例设置舞台
尺寸。如果要单独修改高度或宽度属性值，可单击该按钮，解除约束比例设置。

（3）根据需要选择"缩放内容"选项。

提示: "缩放内容"功能是指根据舞台大小缩放舞台上的内容。选中此选项后，如果调整了舞台大小，舞台上的内容会随舞台同比例调整大小，如图1-45所示。此外，选中"缩放内容"选项后，舞台尺寸将自动关联并禁用。

图1-45　缩放内容

（4）在"锚记"区域设置舞台尺寸变化时，舞台扩展或收缩的方向。

例如，舞台原始尺寸为 550 像素 ×400 像素，如图 1-46（a）所示；选择锚点，修改舞台尺寸为 320 像素 ×240 像素，单击"确定"按钮后，舞台会根据所选锚点沿相应方向收缩，如图 1-46（b）所示。

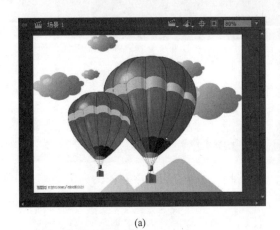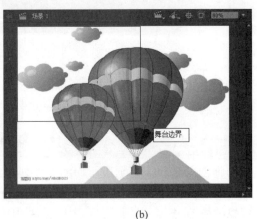

(a)　　　　　　　　　　　　　(b)

图1-46　基于锚点缩放舞台

1.4.2　设置舞台背景

舞台的默认颜色为白色，可用作影片的背景，在最终影片中的任何区域都可看见该背景。

单击"舞台颜色"右侧的颜色框，在弹出的色板中选择动画背景的颜色，如图 1-47 所示。用户选择一种颜色，面板左上角会显示这种颜色，同时以 RGB 格式显示对应的数值。

Animate CC 2018 支持透明画布背景，在图 1-47 所示的色板右上角设置 Alpha:% 的值可以指定透明度级别；单击"无色"按钮，可将舞台颜色完全设置为透明。

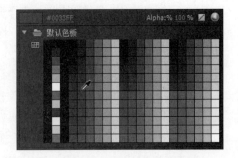

图1-47　设置舞台背景颜色

提示： 可以将位图导入 Animate CC 2018，然后将它放置在舞台的最底层，这样它可覆盖舞台，作为背景。

1.4.3　设置帧频

"帧频"表示动画的放映速度，单位为帧 / 秒。默认值 24 对于大多数项目已经足够，当然，用户也可以根据需要选择一个更大或更小的数。帧频越高，对于速度较慢的计算机则越难放映。

> **提示：** 设置文档属性以后，如果希望以后新建的动画文件都沿用这种设置，可以单击"文档设置"对话框底部的"设为默认值"按钮，将它作为默认的属性设置；如果不想设置为默认属性，单击"确定"按钮即可完成当前文档属性的设置。

知识拓展：

设置文档类

使用 ActionScript 3.0 时，SWF 文件可以关联一个顶级类，此类称为文档类。Flash Player 载入这种 SWF 文件后，将创建此类的实例作为 SWF 文件的顶级对象。SWF 文件的该对象可以是用户选择的任何自定义类的实例。

如果要为当前文档关联一个文档类，可以在如图 1-48 所示的文档属性面板的"文档类"文本框中，输入 ActionScript 文件的路径和文件名。或单击"编辑类定义"按钮，在弹出的对话框中输入文档类信息，如图 1-49 所示。

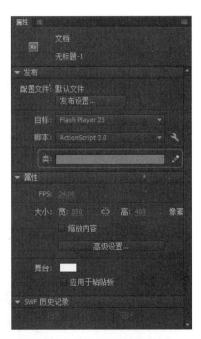

图1-48　文档的属性面板

图1-49　文档的属性面板

1.5　标尺、网格和辅助线

为了更好地进行创作，时常需要使用辅助工具，如显示工作区网格、标尺和辅助线。这些辅助工具不会导入最终电影，仅在 Animate CC 2018 的编辑环境中可见，便于精确定位对象。

1.5.1　设置标尺

使用标尺可以很方便地布局对象，并能了解编辑对象的位置。

执行"视图"|"标尺"命令，即可在工作区的左沿和上沿显示标尺，如图 1-50 所示。再次执行该命令可以隐藏标尺。

图1-50　显示标尺

水平和垂直方向的标尺都以工作区左上角为原点。在工作区或舞台上移动对象时，在水平和垂直标尺上将分别显示两条红线，指示该元素的坐标和尺寸。

1.5.2　设置网格

网格用于精确地对齐、缩放和放置对象。它不会导出到最终影片中，仅在 Animate CC 2018 的编辑环境中可见。

执行"视图"|"网格"|"显示网格"命令，即可在舞台上显示网格，如图 1-51 所示。

默认的网格颜色为浅灰色，大小为 10 像素 ×10 像素。如果网格的大小或颜色不合适，可以通过以下步骤修改网格属性。

（1）执行"视图"|"网格"|"编辑网格"命令，弹出如图 1-52 所示的"网格"对话框。

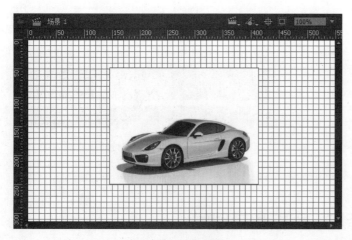

图1-51　显示网格

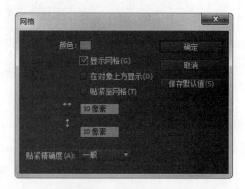

图1-52　"网格"对话框

（2）单击颜色图标，然后从拾色器中选择一种颜色，即可设置网格的颜色。

（3）选中"显示网格"复选框可以显示网格，反之则隐藏网格。

（4）选中"在对象上方显示"复选框，则舞台上的对象也将被网格覆盖，效果如图 1-53 所示。

（5）选中"贴紧至网格"复选框后，当移动舞台上的物体时，网格对物体会有轻微的吸附作用。

（6）根据需要，可以在 ↔ 和 ↕ 文本框中输入网格单元的宽度和高度，以像素为单位。

（7）在"贴紧精确度"下拉列表中设置对象对齐网格的精确程度，如图 1-54 所示。

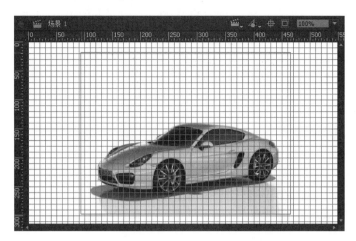

图1-53　在对象上方显示网格的效果　　　　　　　　图1-54　设置对齐的精确度

（8）单击"保存默认值"按钮，可以将当前设置保存为默认值。设置完毕后，单击"确定"按钮关闭对话框。

1.5.3　设置辅助线

在显示标尺时，还可以从标尺上将水平辅助线和垂直辅助线拖动到舞台上。使用辅助线可以更精确地排列图像，标记图像中的重要区域。常用的辅助线操作有添加、移动、锁定、删除等。

提示：　　从标尺上拖下的辅助线只能是水平或垂直方向的，如果要创建自定义辅助线或不规则辅助线，可以使用引导层。有关引导层的介绍将在后续章节中介绍。

1. 添加辅助线

将鼠标指针移到水平标尺上，按住鼠标左键向下拖动，此时的鼠标指针变为 ↕，如图 1-55 所示。拖动到文档中合适的位置释放，即可添加一条蓝色的辅助线，如图 1-56 所示。

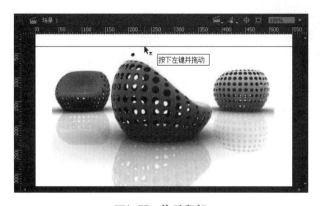

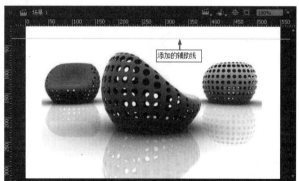

图1-55　拖动鼠标　　　　　　　　　　　　图1-56　添加的辅助线

按照同样的方法可以添加垂直方向的辅助线。

提示：　　如果在添加辅助线时显示网格，并且开启了"贴紧至网格"命令，则添加的辅助线将与网格对齐。

2. 移动辅助线

如果需要移动辅助线的位置,可以单击绘图工具箱中的"选择工具"按钮 ,然后将鼠标指针移到辅助线上,当鼠标指针变成 时,按下鼠标左键并拖动辅助线,此时辅助线的目标位置变为黑色,如图 1-57 所示。释放鼠标即可改变辅助线的位置。

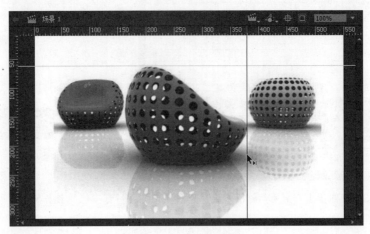

图1-57　移动辅助线

3. 锁定辅助线

编辑图像时,如果不希望已经定位好的辅助线被随便移动,还可以将其锁定。

执行"视图" | "辅助线" | "锁定辅助线"命令,即可锁定辅助线,锁定后的辅助线不能被移动,如图 1-58 所示,将鼠标指针移到辅助线上时,不显示可移动状态的指针 。

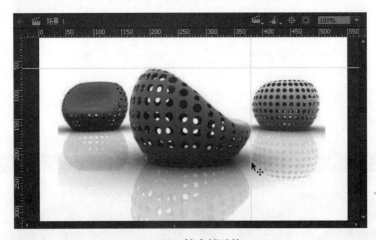

图1-58　锁定辅助线

再次执行"视图" | "辅助线" | "锁定辅助线"命令,即可解除对辅助线的锁定。

4. 删除辅助线

如果想删除不需要的辅助线,只需将其拖动到标尺上即可。

执行"视图" | "辅助线" | "清除辅助线"命令,可以一次性清除工作区中的所有辅助线。

5. 显示或隐藏辅助线

执行"视图" | "辅助线" | "显示辅助线"命令,可以显示或隐藏辅助线。在文档中添加辅助线时,Animate CC 2018 会自动将辅助线设置为显示状态。

6. 对齐辅助线

使用辅助线的吸附功能可以很方便地对齐多个对象。

执行"视图"｜"贴紧"｜"贴紧至辅助线"命令。在文档中创建或移动对象时，就会自动对齐距离最近的辅助线。

再次执行该命令，即可取消辅助线的吸附功能。

> **提示：**
>
> 如当辅助线位于网格线之间时，优先贴紧至辅助线。

7. 设置辅助线参数

执行"视图"｜"辅助线"｜"编辑辅助线"命令，弹出如图1-59所示的"辅助线"对话框。在其中可以设置辅助线的各项参数，包括辅助线的颜色等。

- ↳ **颜色**：设置辅助线的颜色。
- ↳ **显示辅助线**：在工作区中显示辅助线。
- ↳ **贴紧至辅助线**：激活辅助线的吸附功能。
- ↳ **锁定辅助线**：锁定工作区中的辅助线。
- ↳ **贴紧精确度**：用于选择对象对齐辅助线的精确度。
- ↳ **全部清除**：清除当前场景中的所有辅助线。
- ↳ **保存默认值**：将当前设置保存为默认设置。

图1-59 "辅助线"对话框

设置完毕后，单击"确定"按钮关闭对话框。

1.6 配置 Animate CC 2018 工作环境

在 Animate CC 2018 中，用户可以根据自己的需要与习惯对操作界面进行设置。

1.6.1 设置工作区布局模式

单击 Animate CC 2018 标题栏上的"工作区布局模式"按钮，在弹出的下拉列表中可以选择喜欢的工作区布局，如图1-60所示。Animate CC 2018提供七种工作区布局预设外观模式，能满足不同层次和不同需要的动画制作人员，默认为基本功能布局模式。

图1-60 工作区模式

1.6.2 移动时间轴面板

时间轴面板默认位于工作区的下方，两者相对固定。将鼠标指针移动到时间轴面板标题栏上，然后按下鼠标左键进行拖动，可以将时间轴从 Animate CC 2018 主窗口中脱离并保持漂浮，这时可以将它移动到屏幕的任何地方，如图 1-61 所示。

图1-61　浮动的时间轴面板

单击浮动的时间轴标题栏右上角的"折叠为图标"按钮 ◀◀，即可将时间轴面板折叠为图标；单击折叠后的时间轴面板图标 或标题栏右上角的"展开面板"按钮 ▶▶，可以展开时间轴面板。

通过调整时间轴面板的高度，可以根据需要显示时间轴面板中图层的数量。将鼠标指针置于分隔时间轴面板和工作区的直线上，此时鼠标指针将变为双向箭头。按住鼠标左键拖动到合适的位置，然后释放鼠标左键，即可调整时间轴面板的高度。

1.6.3 上机练习——设置快捷键

快捷键是制作动画的一个好帮手，使用得当可以大大提升工作效率。本节练习设置"选择性粘贴"的快捷键，通过对操作步骤的详细讲解，使读者掌握设置键盘快捷键的方法。

1-4　上机练习——设置快捷键

首先执行"编辑"｜"快捷键"命令，打开"键盘快捷键"对话框，选择要设置快捷键的命令，然后在键盘上按下要设置的快捷键，操作结果如图 1-62 所示。

撤消不选	Ctrl+Z
重复不选	Ctrl+Y
剪切(T)	Ctrl+X
复制(C)	Ctrl+C
粘贴到中心位置(P)	Ctrl+V
粘贴到当前位置(N)	Ctrl+Shift+V
选择性粘贴	Alt+C
清除(A)	Backspace
直接复制(D)	Ctrl+D
全选(L)	Ctrl+A
取消全选(V)	Ctrl+Shift+A
反转选区(I)	
查找和替换(F)	Ctrl+F
查找下一个(X)	F3
时间轴(M)	▶
编辑元件	Ctrl+E
编辑所选项目(I)	
在当前位置编辑(E)	
首选参数(S)...	Ctrl+U
字体映射(G)...	
快捷键(K)...	

图1-62 查看已定义的快捷键

操作步骤

（1）执行"编辑"｜"快捷键"命令，弹出"键盘快捷键"对话框，在这里可以设置各种操作命令的键盘快捷方式，如图1-63所示。

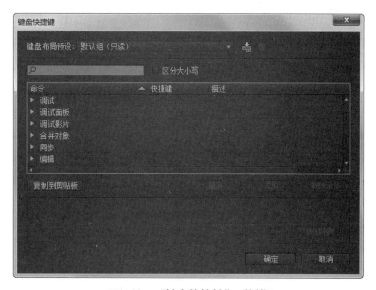

图1-63 "键盘快捷键"对话框

（2）在"键盘布局预设"下拉列表中，选择"默认组（只读）"。

（3）在"命令"列表中，单击命令名称左侧的展开图标▶，即可展开选中命令中的所有操作。

（4）选中其中的一个操作，例如"编辑"命令下的"选择性粘贴"操作，"添加"按钮变为可用状态，如图1-64所示。

（5）单击"添加"按钮，或者直接在"快捷键"区域单击，然后在键盘上按下要设置的快捷键，例如Alt+C，即可定义一个新的快捷键，如图1-65所示。

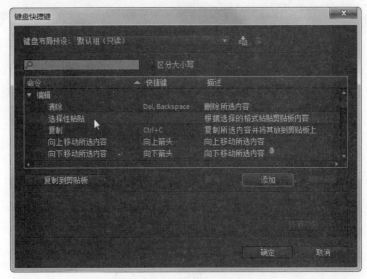

图1-64 选择要设置快捷键的操作

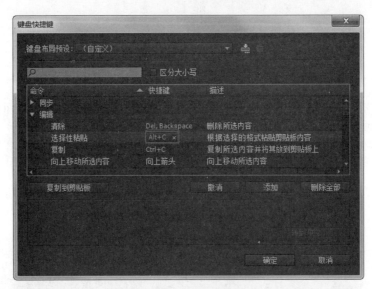

图1-65 定义快捷键

注意

　　如果按下的快捷键已用于其他命令,将删除该命令对应的快捷键。单击"转到冲突"按钮,可以查看有冲突的命令。此种情况下,建议单击"撤销"按钮撤销已添加的快捷键,重新选择快捷键。

（6）单击"确定"按钮关闭对话框。此时在"编辑"菜单中可以看到自定义的快捷键,如图 1-65 所示。

　　单击"键盘快捷键"对话框右上角的"以新名称保存当前的快捷键组"按钮，可以把 Animate CC 2018 快捷键导出为 HTML 文件，使用标准浏览器查看和打印此文件。

1.7 答 疑 解 惑

1. Animate CC 2018 是一款什么样的软件？

答：Animate CC 2018 是 Adobe 最新开发的新型 HTML 动画编辑软件，提供众多实用的设计工具，可帮助用户在不用写代码的情况下完成简单的交互动效实现，让网页设计人员轻松制作适用于网页、数字出版、多媒体广告、应用程序、游戏等用途的互动式 HTML 动画内容。Animate CC 2018 对 HTML5 Canvas 和 WebGL 等多种输出提供原生支持，并可以进行扩展以支持 SnapSVG 等自定义格式。

2. Animate CC 2018 动画背景可以透明吗？

答：可以透明，在文档的属性面板中选择透明色即可。

3. 操作时，舞台布局不慎发生变化，如何恢复基本功能布局？

答：执行"窗口" | "工作区" | "基本功能"命令。

4. 怎样在不修改动画内容的前提下，控制动画中物体运动的速度？

答：执行"修改" | "文档"命令，在弹出的"文档设置"对话框中修改帧频。

5. 为什么看不到舞台左上角的"场景 1"按钮?

答：执行"窗口" | "编辑栏"命令，即可显示编辑栏，并看到"场景 1"按钮。

1.8 学习效果自测

一、选择题

1. 不修改时间轴上的帧，对（　　）参数进行改动可以让动画播放的速度更快些。

    A. Alpha 值　　　　　　　B. 舞台背景　　　　　　　C. 舞台尺寸　　　　　　　D. 帧频

2. 安装 Animate CC 2018 的最低内存要求是（　　）。

    A. 2GB　　　　　　　　　B. 256MB　　　　　　　　C. 512MB　　　　　　　　D. 1GB

3. Animate CC 2018 的默认帧频为（　　）帧 / 秒。

    A. 30　　　　　　　　　　B. 12　　　　　　　　　　C. 24　　　　　　　　　　D. 15

4. 在舞台上需要使用辅助线功能，其前提条件是（　　）。

    A. 标尺必须显示　　　　　　　　　　　　B. 网格必须显示

    C. 勾选对齐功能　　　　　　　　　　　　D. 没什么要求

5. 关于 Animate CC 2018 中的网格功能，下列描述正确的是（　　）。

    A. 选中"贴紧至网格"复选框后，在拖动工作区内的实例时，当实例的边缘靠近网格线时，就会自动吸附到网格线上

    B. 网格的颜色是固定不变的

    C. 不可设置网格的宽度或高度

    D. Animate CC 2018 默认显示网格

二、判断题

1. 在安装 Animate CC 2018 时，必须安装到本地磁盘的 C 盘中。（　　）

2. Animate CC 2018 只支持 Windows 操作系统，并不支持苹果操作系统。（　　）

3. 在最终输出的动画中，只显示舞台内容，不显示粘贴板中的内容。（　　）

三、填空题

1. 时间轴面板是用于进行动画创作和编辑的主要工具，可分为两大部分：_____、_____。

2. 在"舞台大小"区域单击"匹配内容"按钮，则自动将舞台大小设置为 _____。

3. 在"文档设置"对话框中，"缩放内容"功能是指 _____。选中此选项后，如果调整了舞台大小，舞台上的内容会 _____。

四、操作题

1. 安装 Animate CC 2018。

2. 认识 Animate CC 2018 的界面组成。

第 2 章

认识工具箱

本章导读

　　动画是在平面的基础上进行创作的。作为一个动画制作的专业软件，Animate CC 2018 提供大量用于创作、管理和处理矢量图像的工具，不必借助图像处理软件就可以创建出精彩、丰富的视觉效果。工欲善其事，必先利其器，本节将对 Animate CC 2018 绘图工具箱中的各种工具进行简单的介绍。

学习要点

- ❖ 绘图模型
- ❖ 笔触工具
- ❖ 选取工具
- ❖ 形状工具
- ❖ 色彩工具
- ❖ 修改工具
- ❖ 视图工具
- ❖ 3D 转换工具

2.1 绘图模型

在熟悉使用绘图工具之前，先介绍一下 Animate CC 2018 中的两种绘图模型：合并绘制模型和对象绘制模型。

2.1.1 合并绘制模型

所谓"合并绘制"模型，顾名思义，是指绘制的图形重叠时，图形会自动进行合并。如果选择的图形已与其他图形合并，移动它会永久改变其下方的图形。例如，在红色椭圆上叠加一个蓝色的六边形，然后选取六边形并将其移开，则会删除椭圆上与六边形重叠的部分，如图 2-1 所示。若要重叠形状而不改变形状的外形，则必须在不同的图层中分别绘制形状。

Animate CC 2018 默认状态下采用合并绘制模型绘图。选中支持对象绘制模型的工具后，在工具箱的底部单击 图标，如图 2-2 所示。即可切换到对象绘制模型。再次单击，则恢复到合并绘制模型。

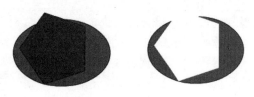

图2-1　合并绘制模型

图2-2　切换绘制模型

2.1.2 对象绘制模型

采用"对象绘制"模型绘制的图形是独立的对象，在叠加时不会自动合并。分离或重排重叠图形时，也不会改变它们的外形。选择用对象绘制模型创建的图形时，Animate CC 2018 会在图形上添加蓝色边框，单击边框然后拖动图形即可移动该对象，如图 2-3 所示。

图2-3　对象绘制模型

支持"对象绘制"模型的绘图工具有铅笔、线条、钢笔、画笔、椭圆、矩形和多边形工具。

2.2 笔触工具

笔触工具通常用于绘制矢量线条。

2.2.1　线条工具

"线条工具" ✏ 专门用于绘制各种不同方向的矢量直线段。

（1）新建一个文档，选择绘图工具箱中的"线条工具" ✏ 。

（2）在属性设置面板中对线条的笔触颜色、线条宽度和风格、笔触样式和路径终点的样式进行设置，如图2-4所示。

➥ **笔触颜色**：单击笔触颜色图标 ✏ ▬ 中的色块，在弹出的颜色选择面板中选择线条的颜色。

➥ **对象绘制模式关闭**：关闭/打开对象绘制模式。默认情况下关闭对象绘制模式，单击打开。

➥ **笔触**：可以直接在文本框中输入线条的宽度值，也可以拖动滑块调节线条的宽度，如图2-5所示。

➥ **样式**：用于设置线条风格。包括七种可以选择的线条风格，如图2-6所示。

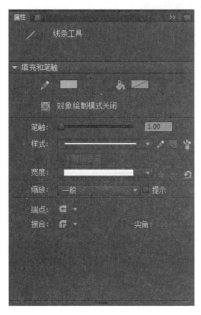

图2-4　线条工具的属性面板

图2-5　设置笔触大小

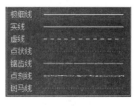

图2-6　设置线条风格

➥ **宽度**：设置可变宽度的样式。默认情况下，使用线条工具绘制的线条各部分的宽度是相同的，使用可变宽度选项，可以绘制笔触大小不均匀的线条。该选项的下拉列表中包括七种可变宽度样式，如图2-7所示，默认为"均匀"。

Animate CC 2018还可以精确地绘制笔触的接合点及端点。

➥ **缩放**：设置在Flash Player中缩放笔触的方式。其中，"一般"指始终缩放粗细，是Animate CC 2018的默认设置；"水平"表示仅水平缩放对象时，不缩放粗细；"垂直"表示仅垂直缩放对象时，不缩放粗细；"无"表示从不缩放粗细。

➥ **提示**：单击"提示"复选框，可以启用笔触提示，在全像素下调整线条锚记点和曲线锚记点，防止出现模糊的垂直或水平线。

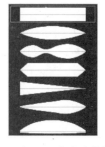

图2-7　设置可变宽度的样式

➥ **端点**：设定路径终点的样式。

➥ **接合**：定义两条路径的相接方式。

➥ **尖角**：当接合方式选择为"尖角"时，为了避免尖角接合倾斜而输入的一个尖角限制。超过这个值的线条部分将被切成方形，而不形成尖角。

 知识拓展：

设置矢量线样式的更多属性

如果需要对矢量线进行更详细的设置,可单击属性面板中"样式"右侧的"编辑笔触样式"按钮 ,打开"笔触样式"对话框, 如图 2-8 所示。

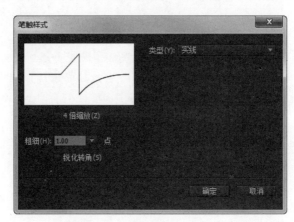

图2-8 "笔触样式"对话框

4 倍缩放: 将预览区域放大 4 倍,便于用户观看设置属性后的效果。

- ↘ **粗细**: 定义矢量线的宽度,单位是"点"。
- ↘ **锐化转角**: 使直线的转折部分更加尖锐。
- ↘ **类型**: 设置线型。选择具体的线型后,会显示不同的选项,方便用户进一步设置各种线型的属性。注意,选择非实心笔触样式会增加文件的大小。

 注意　　用户对矢量线的线型、线宽以及颜色的修改结果都会显示在"笔触样式"对话框左上角的预览框内。如果在舞台上没有选择矢量线, 则当前的设置会对以后绘制的直线、曲线发生作用, 否则将只修改当前选择的矢量线。

（3）在舞台上按下鼠标左键拖动到线条的终点处释放鼠标,即可显示绘制的线条。

 提示:　　按住 Shift 键拖动鼠标可将线条方向限定为水平、垂直或斜向 45° 方向。

（4）在第一条线段的末尾按下鼠标左键,然后拖动鼠标直到达到想要的长度,然后释放鼠标,即可绘制另一条线段,如图 2-9 所示。

由于"视图"|"贴紧"|"贴紧至对象"命令默认开启,在绘制一条线段后,如果线段的端点连接到另一条线条的端点时,鼠标指针会变成圆形,并自动连接在一起,如图 2-9 所示。如果取消选中"贴紧至对象"命令,则线条和线条之间的节点连接会很不自然。

图2-9 绘制线条

2.2.2 铅笔工具

与"线条工具"相比,"铅笔工具" 可以绘制出更自然、柔和的直线或曲线。"铅笔工具"的使用方法与"线条工具"基本相同,设置铅笔属性后,在舞台上线条开始的位置按下鼠标左键拖动绘制需要的形状,完成后,释放鼠标即可。与"线条工具"类似,按住 Shift 键的同时拖动鼠标可将线条方向限制为 45° 的倍数。

在工具箱中选择"铅笔工具"后，在工具箱底部可以看到三种铅笔模式，如图 2-10 所示。

↳ **伸直**：绘制出来的曲线趋向于规则的图形。选择这种模式后，使用铅笔绘制图形时，只要按事先预想的轨迹描述，Animate CC 2018 会自动将曲线进行规整。若要绘制一个椭圆，只要利用铅笔工具绘制出一个接近椭圆的曲线，松开鼠标时，该曲线会自动规整成为一个椭圆，如图 2-11 所示。

图2-10 铅笔模式

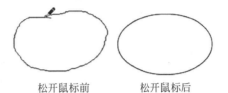

松开鼠标前　　　松开鼠标后

图2-11 使用"伸直"铅笔模式

↳ **平滑**：尽可能地消除图形边缘的棱角，使矢量线更加光滑，如图 2-12 所示。选择这种模式后，可以在"铅笔工具"的属性面板上设置具体的平滑值。平滑值越大，线越平滑。

↳ **墨水**：对绘制的曲线不做任何调整，更加接近手工绘制的矢量线。例如，选择较粗的笔画，然后在舞台上拖动鼠标，即可得到如图 2-13 所示的矢量线效果。

图2-12 使用"平滑"铅笔模式

图2-13 使用"墨水"铅笔模式

教你一招

选择的铅笔模式将在绘图时被应用到绘制的线条上，也可以选中画好的线条后，单击"伸直"或"平滑"按钮，对选中的线条进行相应的修饰。

2.2.3 上机练习——绘制冰淇淋

练习目标

在学习"线条工具"和"铅笔工具"绘制线条的基础知识之后，接下来使用这两种工具绘制一个冰淇淋。通过绘制步骤的详细讲解，读者应能熟练掌握绘制线条、设置铅笔模式和编辑线条的方法。

2-1 上机练习——绘制冰淇淋

设计思路

首先使用"线条工具"绘制甜筒外观，并使用"选择工具"修改线条弧度，然后使用"铅笔工具"绘制冰淇淋和樱桃。绘制过程中注意要根据需要切换铅笔模式，最终效果如图 2-14 所示。

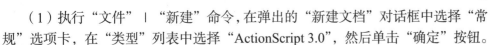

操作步骤

（1）执行"文件"｜"新建"命令，在弹出的"新建文档"对话框中选择"常规"选项卡，在"类型"列表中选择"ActionScript 3.0"，然后单击"确定"按钮。

（2）在工具箱中选择"线条工具"，在属性面板上设置笔触颜色为黑色，笔触

图2-14 冰淇淋效果图

大小为1，在舞台上绘制三条线段，如图 2-15 所示。

（3）打开工具箱，单击"选择工具"，将鼠标指针移到三角形顶端的线条上，当鼠标指针变为时，按下鼠标左键向下拖动，调整线条的弯曲度，如图 2-16 所示。移到合适的位置时释放鼠标。

（4）切换到"线条工具"，在属性面板上设置笔触颜色为浅棕色（#996600），笔触大小为2，绘制一组线条，如图 2-17 所示。

 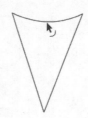 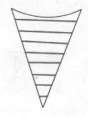

图2-15　绘制线段　　　　　图2-16　调整线段弯曲度　　　　　图2-17　添加线条

（5）使用第（3）步同样的方法调整线条的弯曲度，效果如图 2-18 所示。

（6）使用第（4）步同样的方法添加一组斜线段，效果如图 2-19 所示。

（7）在工具箱中选择"铅笔工具"，设置笔触颜色为浅粉色（#FFCCFF），笔触大小为2，绘制 3 条曲线，如图 2-20 所示。

（8）在工具箱中将铅笔模式修改为"伸直"，笔触颜色修改为红色，在舞台上绘制一个近似的圆形，Animate CC 2018 自动将图形规整为平滑的圆形。然后修改笔触颜色为黑色，铅笔模式为"平滑"，绘制两条曲线，效果如图 2-21 所示。

图2-18　调整线段弯曲度　　图2-19　添加一组斜线段　　图2-20　绘制冰淇淋　　图2-21　绘制樱桃

（9）将绘制的樱桃进行适当的缩放，复制多个放在冰淇淋上面，效果如图 2-14 所示。

（10）执行"文件" | "保存"命令，保存文件。

2.2.4　钢笔

"钢笔工具" 是创建自由形式的矢量样式的主要工具。利用钢笔工具可以对用户单击鼠标时创建的点和线进行 Bézier 曲线控制，从而可以随意修改线条的形状，绘制更加复杂、精确的曲线。

1. 绘制直线

使用钢笔工具绘制直线很简单。

（1）在绘图工具箱中单击"钢笔工具"按钮 ，将鼠标指针移到舞台上，此时鼠标指针变成 。

（2）在如图 2-22 所示的属性面板上设置钢笔的笔触颜色、大小、线型、端点样式等。

（3）单击舞台上线条开始的位置，创建一个点，然后移动鼠标直到达到线条需要的长度，如图 2-23（a）所示。

（4）单击鼠标定义线条的终点，如图2-23（b）所示。这样就创建了一条直线。

（5）在舞台上的其他位置单击，创建一个控制点，并在该控制点和上一个控制点之间产生一条线段，如图2-24（a）所示。

（6）按照第（5）步的方法创建其他控制点。绘制完成后，单击绘图工具箱中的"选择工具"按钮，结束绘制。此时的图形如图2-24（b）所示。

图2-22　钢笔工具的属性面板

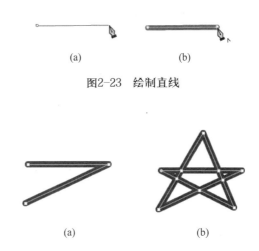

图2-23　绘制直线

图2-24　绘制折线

2. 绘制曲线

绘制曲线才是钢笔工具真正强大的功能所在。使用钢笔工具绘制直线时，创建的是角点，角点被选中后显示为空的方块；绘制曲线时，创建的是曲线点。曲线点被选中后，将显示为空心的圆。

（1）在绘图工具箱中选中"钢笔工具"，并在"属性"面板上设置其颜色、线型等属性。

（2）单击舞台上曲线开始的位置，创建一个锚点，如图2-25（a）所示。

（3）将鼠标指针移到曲线的第二个点的位置，按下鼠标左键拖动添加第二个锚点，如图2-25（b）所示。

此时，在第一个点和第二个点之间出现一条曲线，如图2-25（b）所示。可以看到图中有一条经过第二个锚点并沿着鼠标拖动方向的直线，这条直线与两个锚点之间的曲线相切。释放鼠标后，绘制出的曲线如图2-25（c）所示。

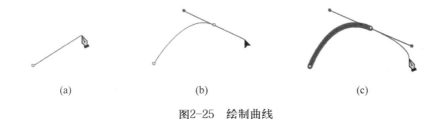

图2-25　绘制曲线

拖动其中一个相切的手柄离锚点越远，曲线就越弯曲。

（4）在第三个点的位置按下鼠标左键并拖动，产生第三个锚点，如图2-26（a）所示。

（5）按照上述方法创建其他控制点。如果要结束开放的曲线，可以双击最后一个锚点，或再次单击绘图工具箱中的"钢笔工具"按钮。此时切线手柄会消失，并创建出一条很平滑的曲线，如图2-26（b）所示。

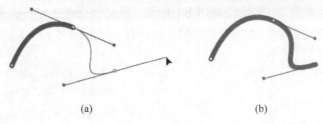

(a)   (b)

图2-26　绘制曲线

如果要结束封闭曲线，可以将鼠标指针放置在开始的锚点上，这时在鼠标指针上会出现一个小圆圈，单击就会形成一个封闭的曲线。

如果要调整曲线的形状，只需移动选定的相切手柄即可，如图 2-27 所示。

图2-27　调整曲线

3. 添加、删除锚点

使用钢笔工具绘制线条时，每单击一次，就会在路径上添加一个锚点。绘制曲线后，还可以在曲线中添加、删除以及移动锚点。

（1）选择"钢笔工具"，将鼠标指针在曲线上移动，当鼠标指针变成 时，单击鼠标左键，就会增加一个锚点，如图 2-28 所示。

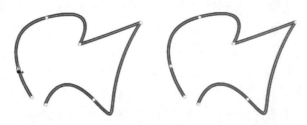

图2-28　添加节点前后

（2）删除曲线上的锚点分为两个步骤。首先将曲线点转换为角点，然后删除角点。

① 将钢笔工具移到要删除的点上方。此时鼠标指针变为 ，如图 2-29（a）所示。

② 单击鼠标，将曲线点转换为角点。此时鼠标指针变为 ，如图 2-29（b）所示。单击鼠标，即可删除控制点，而曲线也重新绘制，如图 2-29（c）所示。

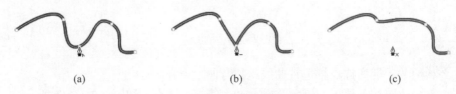

(a)   (b)   (c)

图2-29　钢笔工具的属性面板

利用"部分选取工具"选择锚点后，向某一方向拖动鼠标，或按键盘上的方向键，可以改变锚点的位置。

2.2.5　上机练习——绘制路灯

 练习目标　　本节通过讲解路灯的绘制步骤，使读者掌握使用钢笔工具绘制、编辑直线段和曲线的方法。

2-2　上机练习——绘制路灯

 设计思路　　首先使用"钢笔工具"绘制路灯灯杆，然后绘制曲线形成路灯顶端。最终效果如图 2-30 所示。

操作步骤

（1）启动 Animate CC 2018，执行"文件"|"新建"命令，在弹出的对话框中设置文档类型为 ActionScript 3.0，其他保留默认设置，单击"确定"按钮新建一个 Animate CC 2018 文件。

（2）在绘图工具箱中选择"钢笔工具"，切换到"属性"面板，设置笔触颜色为深灰色（#333），笔触大小为 1，在舞台上绘制路灯杆的形状，如图 2-31 所示。

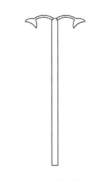

图2-30　路灯效果图

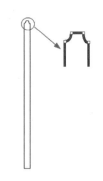

图2-31　绘制路灯杆

提示： 如果绘制的路径不太理想，可以使用"部分选取工具"单击路径点，通过键盘上的方向键进行微调。

（3）使用"钢笔工具"绘制路灯灯罩的形状，如图 2-32 所示。

（4）选中路灯灯罩的形状，执行"编辑"|"复制"命令和"编辑"|"粘贴到当前位置"命令，制作一个灯罩的副本。然后选中副本，执行"修改"|"变形"|"水平翻转"命令，并将两个灯罩拖放到路径杆的两侧，效果如图 2-30 所示。

图2-32　绘制灯罩图形

2.2.6　宽度工具

宽度工具主要用于编辑曲线，可方便地修改笔触的粗细度，创建漂亮的花式笔触。与钢笔工具相比，宽度工具编辑曲线更便捷。

（1）使用前面介绍的绘图工具在舞台上绘制线条，例如使用铅笔工具绘制如图 2-33 所示的路径。

（2）在绘图工具箱中选择"宽度工具" ，将鼠标指针移到要修改的路径上时，鼠标指针变为 ，路径变为选中状态，且当前鼠标指针所在位置显示宽度手柄和宽度点数。

（3）在宽度点数上按下鼠标左键拖动，可调整笔触粗细，如图 2-34 所示。释放鼠标，即可看到笔触修饰后的效果。

注意　在宽度点数的每一条边上，宽度大小限定在 100 像素。对于多个笔触，宽度工具仅调整活动笔触。如果想调整某个指定的笔触，可使用宽度工具将鼠标悬停在该笔触上。

（4）重复上面的步骤，对其他路径笔触进行修改，修改完成后的效果如图 2-35 所示。

图2-33　绘制路径　　　　　　　图2-34　修改笔触宽度　　　　　　图2-35　修改后的笔触效果

选择一个已有的宽度点数，沿笔触拖动宽度点数，即可移动宽度点数；如果按住 Alt 键的同时，沿笔触拖动宽度点数，即可复制选中的宽度点数；按退格键（Backspace）或删除键（Delete）可删除宽度点数。

定义笔触宽度之后，还可以通过"属性"面板将笔触保存为可变宽度配置文件。

（1）选择要添加的可变宽度笔触，如图 2-36 所示的笔触。

（2）打开"属性"面板，单击"宽度"属性右侧的"添加到配置文件"按钮，弹出如图 2-37 所示的"可变宽度配置文件"对话框。

图2-36　可变宽度笔触

图2-37　"可变宽度配置文件"对话框

提示：　只有在除默认宽度配置文件以外，还在舞台上选中了可变宽度时，"添加到配置文件"按钮可用。同理，只有在"宽度"下拉列表中选中了自定义宽度配置文件时，"删除配置文件"按钮可用。

（3）在对话框中输入配置文件的名称，例如"花式 01"，然后单击"确定"按钮关闭对话框。

此时，打开属性面板上的"宽度"下拉列表框，可以看到创建的花式笔触，如图 2-38 所示。

如果要恢复默认的宽度配置文件，可单击"属性"面板上的"重置配置文件"按钮。

 注意　重置配置文件时，将删除所有已保存的自定义配置文件。

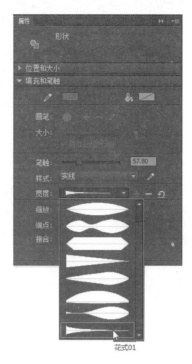

图2-38　添加的可变宽度配置文件

2.2.7　艺术画笔

艺术画笔工具可以沿绘制路径应用所选的画笔图案，从而绘制出风格化的画笔笔触。

在绘图工具箱中选中"艺术画笔工具"之后，在绘图工具箱底部可以设置画笔模式：伸直、平滑和墨水，如图 2-39 所示。

在如图 2-40 所示的"属性"面板上可以设置画笔的笔触颜色和大小、样式等属性。

图2-39　艺术画笔工具的画笔模式

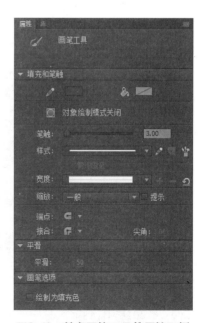

图2-40　艺术画笔工具的属性面板

单击"样式"右侧的"画笔库"按钮，可以打开 Animate CC 2018 的艺术画笔预设，如图 2-41 所示。双击画笔库中的任一图案画笔，即可将其添加到"属性"面板的"样式"下拉列表中，如图 2-42 所示。

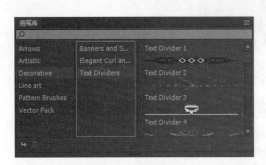

图2-41　预设画笔

图2-42　添加笔触样式

单击"编辑笔触样式"按钮，可以打开如图 2-43 所示的"画笔选项"对话框，设置画笔类型、压力敏感度和斜度敏感度。

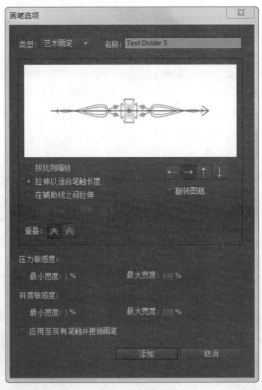

图2-43　画笔选项

在 Animate CC 2018 中，画笔工具中的所有笔触样式支持"绘制为填充色"功能。选中"绘制为填充色"复选框，可将画笔生成的形状设置为填充区域，不选中则默认为笔触。

2.2.8 上机练习——变形的彩铅

前面介绍笔触工具的基本使用方法，本节练习将制作一个有趣的铅笔效果，通过对操作步骤的详细讲解，使读者熟练掌握钢笔工具的使用方法，以及创建新画笔的方法。

2-3 上机练习——变形的彩铅

首先新建一个 Animate CC 2018 文档，使用"钢笔工具"和"部分选取工具"绘制铅笔图形，然后将图形创建为画笔样式，通过为笔触工具指定画笔样式，创建有趣的铅笔效果。最后使用画笔库中预置的画笔添加装饰，最终效果如图 2-44 所示。

图2-44　最终效果

操作步骤

（1）执行"文件" | "新建"命令，新建一个 Animate CC 2018 文件。

（2）选择"矩形工具"，在"属性"面板上设置笔触颜色"无"，填充色为"橙色"，在舞台上绘制一个矩形。然后复制、粘贴两个矩形，调整矩形的填充色和位置，如图 2-45 所示。

（3）使用"钢笔工具"分别在 3 个矩形的上边中点双击添加路径点，如图 2-46 所示。

（4）使用"部分选取工具"单击其中一个路径点，按下鼠标左键向上拖动到合适位置释放鼠标，修改路径形状。同样的方法，修改其他两个矩形的形状，如图 2-47 所示。

图2-45　填充色和排列位置

图2-46　添加路径点

图2-47　修改矩形的形状

（5）单击图层面板左下角的"新建图层"按钮，新建一个图层，并在该图层上按下鼠标左键向下拖动到"图层 1"下方后释放鼠标。然后使用第（2）~（4）步同样的方法绘制一个矩形，添加路径点调整矩形形状。

（6）使用"钢笔工具"在变形后的图形上绘制一条线段，如图 2-48（a）所示。然后在工具箱中选择"颜料桶工具"，在"属性"面板上设置填充色为"橙色"，单击路径顶部的三角形区域进行填充，效果如图 2-48（b）所示。

（7）重复（5）~（6）步的操作，在新图层中绘制一个矩形，然后添加两条线段，如图 2-49（a）所示。

然后使用颜色桶工具进行填充，如图 2-49（b）所示。

（8）单击图层面板左下角的"新建图层"按钮⬚，新建一个图层，并将该图层拖动到最底层。然后选择"矩形工具"，在"属性"面板上设置无笔触颜色，填充色为"浅橙色"，矩形边角半径为 20，在舞台上绘制一个圆角矩形。将矩形拖放到合适的位置，如图 2-50 所示。

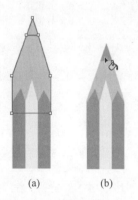
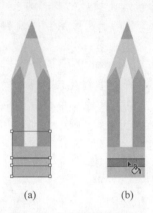

图2-48　编辑图形的效果　　　图2-49　绘制并填充图形　　　图2-50　绘制图形

　　至此，铅笔图形绘制完毕，接下来将铅笔图形创建为画笔。

（9）使用"选择工具"拖动鼠标框选舞台上的所有图形，执行"修改"｜"合并对象"｜"联合"命令，将不同图层中的图形合并为一个矢量对象，如图 2-51 所示。

（10）选中合并后的对象，执行"修改"｜"分离"命令，将矢量对象打散为图形。选中打散后的图形，打开属性面板，单击"根据所选内容创建新的画笔"按钮⬚，弹出如图 2-52 所示的"画笔选项"对话框。

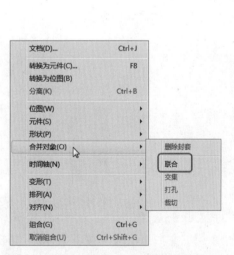
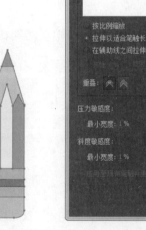

图2-51　合并对象　　　　　　　　　　图2-52　"画笔选项"对话框

（11）在对话框左上角设置画笔类型为"艺术画笔"，选中"图像从下到上显示"按钮↑，表示本例中将在路径起始点显示铅笔尾端的橡皮，结束点显示铅笔的笔尖；选中"在辅助线之间拉伸"选项，然后拖动辅助线到合适的位置，如图 2-53 所示。

（12）单击"添加"按钮，即可将绘制的图形创建为画笔。此时，在工具箱中选择"椭圆工具"，在

"属性"面板上可以看到笔触的默认样式已修改为创建的画笔，如图 2-54（a）所示。设置笔触大小为 40，然后在舞台上按下鼠标左键拖动，绘制一个椭圆，如图 2-54（b）所示。

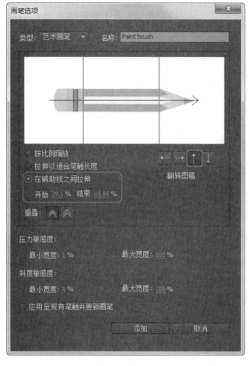

图2-53　设置画笔选项

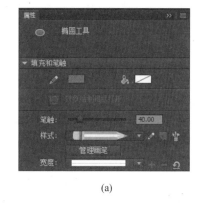

（a）

（b）

图2-54　使用创建的画笔样式绘图

（13）选择"钢笔工具"，设置笔触大小为 40，在舞台上绘制一条折线，如图 2-55 所示。

（14）在图层面板左下角单击"新建图层"按钮，新建一个图层。然后在工具箱中选择"艺术画笔"工具，打开"属性"面板，单击"画笔库"按钮，在打开的"画笔库"面板中双击需要的画笔样式，如图 2-56 所示。即可将选中画笔设置为笔触的当前样式。

图2-55　绘制折线

图2-56　添加画笔样式

（15）在"属性"面板上设置画笔的笔触大小，然后在舞台上绘制一条曲线，效果如图 2-44 所示。

2.3　选取工具

Animate CC 2018 提供多种选择对象的工具，最常用的就是选择工具、部分选取工具和套索工具。

2.3.1　选择工具

绘图工具箱中的黑色箭头按钮就是"选择工具"按钮。该工具主要用于选定对象，可以点选，也可以框选。

　　所谓点选，是按照矢量图的原理进行单击选取，选中矢量图的基本元素；所谓框选，是指选择该工具后，按下鼠标左键拖动绘出一个矩形，该矩形中的对象全部被选中。如果要选择多个对象，还可以按住 Shift 键，然后单击各个要选取的对象。被选中的图像会蒙上网点加以区别；被选中的文本、元件、图元、导入的图片，会加上线框加以区别，如图 2-57 所示。

图2-57　不同元素的选中效果

1. 选择矢量元素

　　在选择对象时，单击对象不同区域，可以选取不同的矢量对象。下面以图 2-58 所示的矢量图为例，说明如何使用选择工具选择对象。

　　↘ 单击椭圆的矢量线外框，整条矢量线将一起被选中；如果单击正圆的矢量线外框，只能够选择一部分矢量线，从正圆和星形的交接处断开，如图 2-59 所示。

图2-58　绘制矢量图　　　　　　　　　　　图2-59　选取边线的效果图

　　↘ 单击星形的矢量线，则只能选择一条边线。
　　↘ 双击矢量线进行选择，则会同时选中与这条矢量线相连的所有外框矢量线。
　　↘ 在矢量色块上单击则选取这部分矢量色块，不会选择矢量线外框，如图 2-60 所示。
　　↘ 双击矢量色块，则连同这部分色块的矢量线外框同时被选中，如图 2-61 所示。

图2-60　选取绿色矢量色块　　　　　　　　图2-61　选取绿色矢量色块及其边框

2. 编辑矢量对象

　　选择工具作为基本选择工具的同时也是一种基本的编辑工具，可以移动对象，操作线条的端点以及线条的弯曲。将它置于不同的对象上时，鼠标指针也不同，表示不同的编辑操作。

　　↘ 将鼠标指针移动到矢量线上时，黑色箭头下面出现弧形符号，表明可以调整矢量线的弧度。拖动矢量线到合适的弧度松开鼠标即可，如图 2-62 所示。

图2-62　调整矢量线弧度

❧ 将鼠标指针移动到矢量线的连接点，鼠标指针显示为↖，表明可以对矢量线连接点位置进行修改，如图 2-63 所示。

图2-63　调整连接点位置

❧ 选中图形后，多次单击工具箱底部的"平滑"按钮⑤，矢量图形外部边缘会逐渐平滑，效果如图 2-64 所示。

图2-64　平滑前、后的效果

❧ 选中图形后，多次单击工具箱底部的"伸直"按钮⑤，矢量图形外部边缘会逐渐平直，效果如图 2-65 所示。

图2-65　平直前、后的效果

2.3.2　部分选取工具

　　"部分选取工具"▶主要用于选择和编辑矢量线或矢量线上的路径点，还可以通过调整锚点的位置和切线，修整曲线段的形状。该工具的选取也可以进行框选和连续选取，操作方法与选择工具相同。

　　使用"部分选取工具"▶框选绘制的矢量矩形，松开鼠标，会显示曲线的锚点和切线的端点，如图 2-66 所示。

　　矢量线上的各个点相当于用钢笔绘制曲线时加入的锚点。将鼠标指针移动到某个锚点上，鼠标指针下方会出现一个空心方块▶□，按下鼠标左键拖动，就可以调整选中曲线的形状，如图 2-67 所示。

图2-66　选中矢量图形　　　　　　　　　　　图2-67　调整曲线的效果图

2.3.3 套索工具和多边形工具

"套索工具"和"多边形工具"可以实现不规则区域的选取，与前两种选择工具相比，更灵活。

1. 套索工具

"套索工具" 是自由选取工具，通常用于在图像上选择不规则的区域。套索工具也遵循选择工具连续选取的原则。

单击"套索工具"按钮，然后在舞台上按下鼠标左键拖动，沿鼠标运动轨迹会产生一条不规则的线，如图 2-68 所示。拖动的轨迹既可以是封闭区域，也可以是不封闭的区域，"套索工具"都可以建立一个完整的选择区域。如图 2-69 所示的网点区域就是利用"套索工具"选取的区域。

> **注意** 在导入的位图上不能使用套索工具，必须执行"修改"|"分离"命令，将位图打散以后，才能使用套索工具在图片上进行选取。

图2-68 使用套索工具选取的蓝线

图2-69 选取后的图形

2. 多边形工具

"多边形工具" 可以在图像上通过连续单击来确定多边形的多个点，从而确定多边形选区的形状。

（1）在绘图工具箱中单击"多边形工具"按钮，将鼠标指针移动到舞台上，单击鼠标确定多边形的第一个点。

（2）将鼠标指针移动到下一个点单击，此时两个点之间出现一条黑色的线连接这两点。

（3）重复上述步骤，就可以选择一个多边形区域，如图 2-70 所示。

（4）在最后一个点上双击即可结束选择。此时多边形包围的区域被网点图案覆盖。

图2-70 多边形套索工具选取效果

2.3.4 魔术棒工具

魔术棒工具 可以选取颜色相近的区域，主要用于编辑色彩变化细节比较丰富的对象。

（1）在绘图工具箱中单击"魔术棒"按钮，切换到"魔术棒"属性设置面板，如图 2-71 所示。

➥ **阈值**：设置魔术棒的容差范围，在 0～200 之间。值越大，魔术棒选取对象时的容差范围就越大。如果设置为 0，则只有与鼠标单击时的位置相同的颜色会被选中。

➥ **平滑**：用于设置选取边界的形式，有 4 个选项，分别是"像素"、"粗略"、"一般"和"平滑"。

（2）将鼠标指针移动到某种颜色处，当鼠标指针变成 时单击，即可将该颜色以及与该颜色相近的颜色都选中，如图 2-72（b）所示。

(a)　　　　　　(b)　　　　　　(c)

图2-71　"魔术棒"属性设置面板　　　　图2-72　使用魔术棒工具选取前后的效果

（3）如果需要选取的区域还未完全选取，可以重复上一步的方法，在需要选取的位置上单击。例如，图中黑色区域的选取效果如图 2-72（c）所示。

2.3.5　上机练习——红叶

　　本节练习使用魔术棒工具、套索工具进行抠图，通过对操作步骤的详细讲解，使读者熟练掌握选区工具的使用方法。

2-4　上机练习——红叶

　　首先导入要抠图的位图并打散，然后使用"魔术棒工具"选取要删除的背景区域，接下来使用"套索工具"对图形进一步选取，最后将抠出来的红叶拖放到位图合适的位置，最终效果如图 2-73 所示。

图2-73　最终效果

操作步骤

（1）新建一个 Animate CC 2018 文档，舞台大小为 500 像素 ×350 像素，背景色为白色。执行"文件" | "导入" | "导入到舞台"命令，导入一幅叶子的图片。执行"修改" | "分离"命令，将图片打散为形状，如图 2-74 所示。

（2）在工具箱中选择"魔术棒工具"，按住 Shift 键在图片的白色区域单击，选中白色填充的区域，然后按 Delete 键删除。删除后的效果如图 2-75 所示。

提示：

　　为便于观察效果，可以先将舞台的颜色修改为其他颜色。

　　此时将视图的显示比例放大，可以看到红叶周围仍有部分区域应删除。接下来使用"套索工具"进一步对红叶进行选取。

图2-74　打散的图片

图2-75　魔术棒选取后的效果

（3）在工具箱中选择"套索工具"，在编辑栏上将视图显示比例放大到200%，然后按下鼠标左键沿要去除的区域拖动。释放鼠标，即可选中指定区域，然后按Delete键删除。可以多次重复该步骤，进行精确选取。

（4）使用"套索工具"沿红叶周围拖动，选中红叶，然后执行"编辑"｜"反转选区"命令，按Delete键删除。此时，舞台上可以看到只剩下红叶，如图2-76所示。

（5）单击图层面板左下角的"新建图层"按钮，执行"文件"｜"导入"｜"导入到舞台"命令，导入一张绿叶的位图，如图2-77所示。

图2-76　选取的红叶

图2-77　导入的位图

（6）在红叶所在图层上按下鼠标左键向上拖动到最顶层，并调整图形位置，最终效果如图2-73所示。

2.4　形　状　工　具

形状工具用于绘制规则的图形，如椭圆、圆、矩形、多边形和多角星形。

2.4.1　椭圆工具

Animate CC 2018提供两个绘制椭圆的工具：椭圆和基本椭圆。虽然这两个工具比较相似，但是它们都拥有特定的特性。

1. 椭圆工具

椭圆由笔触和填充两部分组成，所以使用椭圆工具不仅可以绘制椭圆，还可以绘制椭圆轮廓线。

（1）在绘图工具箱中选择"椭圆工具" 。

（2）在如图 2-78 所示的属性面板上设置椭圆的属性。

（3）在舞台上拖动鼠标，确定椭圆的轮廓后，释放鼠标，即可绘制出有椭圆。

教你一招

绘制椭圆时，按住 Shift 键可以绘制出正圆。

在图 2-79 所示的属性面板中，"填充和笔触"部分的属性与笔触工具基本相同，不同的是可以设置填充颜色和样式。选择不同填充模式绘制的椭圆如图 2-80 所示。

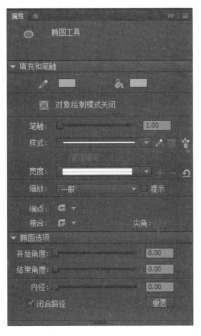

图2-78 椭圆属性面板

图2-79 "颜色"面板

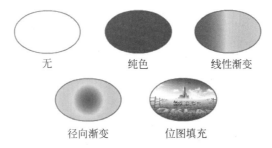

图2-80 不同填充模式绘制的椭圆

将"填充颜色"设置 ▨，即为无色状态，可绘制椭圆轮廓线，如图 2-80 左上角所示。

"椭圆选项"部分进一步丰富了 Animate CC 2018 的绘图功能，可以绘制有缺口的椭圆或正圆、圈环和弧线。

❯ **开始角度**：设置弧形或扇形的起始角度，可以直接在文本框中输入，也可以拖动滑块设置角度，如图 2-81 所示。

❯ **结束角度**：设置弧形结束时的角度。

例如，设置起始角度为 60，结束角度为 350，笔触颜色为绿色，填充色为红棕色的图形效果如图 2-82 所示。

图2-81　设置角度

图2-82　图形效果

> **内径**：该选项用于设置圆环的内径。不同内径、起始角度和结束角度的图形如图 2-83 所示。

> **闭合路径**：该选项用于绘制弧线。设置起始角度和结束角度后，取消选中"闭合路径"选项，可绘制出弧线，如图 2-84 所示。选中"闭合路径"选项可绘制扇形，效果如图 2-82 所示。

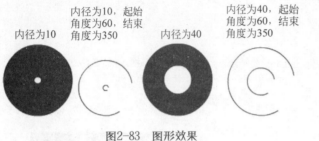

图2-83　图形效果

图2-84　绘制的弧线

2. 基本椭圆工具

在 Animate CC 2018 中，除了"合并绘制"和"对象绘制"模型，"椭圆"和"矩形"工具还提供图元对象绘制模式。不同于使用对象绘制模式创建的形状，使用图元椭圆工具或图元矩形工具创建的椭圆或矩形为独立的对象。

在绘图工具箱中选择"基本椭圆工具" ⬭，在属性面板上设置笔触颜色、填充色和笔触大小，然后在舞台上拖动鼠标，确定椭圆的轮廓后，释放鼠标，即可绘制一个图元椭圆。选中图元椭圆和椭圆的效果如图 2-85 所示。

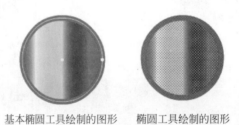

基本椭圆工具绘制的图形　　椭圆工具绘制的图形

图2-85　图形效果比较

利用属性面板还可以指定图元椭圆的开始角度、结束角度和内径。其使用方法与椭圆工具相同，在此不再赘述。

提示： 只要选中图元椭圆工具或图元矩形工具中的一个，属性面板就将保留上次编辑的图元对象的值。

2.4.2 矩形工具

与椭圆工具类似，Animate CC 2018 提供两个绘制矩形的工具：矩形和基本矩形。

1. 矩形工具

使用"矩形工具" ▣不但可以绘制矩形，还可以绘制矩形轮廓线。矩形工具的使用方法与椭圆工具类似，在此不再一一叙述。

提示：

绘制矩形的同时按下 Shift 键，可以绘制正方形。

需要说明的是，选择"矩形工具"之后，在属性面板上的"矩形选项"区域可以设置矩形各个角的边角半径，如图 2-86 所示。矩形边角半径的范围是 –100~100 之间的任何数值。值越大，矩形的圆角就越明显。设置为 0 时，可得到标准的矩形；设置为 100 时，绘制出来的是圆形；设置为 –100 时，绘制出来的是星形。不同边角半径的矩形效果如图 2-87 所示。

图2-86　设置边角半径

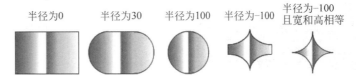

图2-87　不同边角半径的矩形

在绘制矩形时，如果按键盘上的向上或向下方向键，可以自如地调整矩形边角的半径，并实时预览其效果，比输入具体数值的方法更便捷、迅速。

默认情况下，调整边角半径时，四个角的半径同步调整。如果要分别调整每一个角的半径，单击四个调整框下方的锁定图标，使其显示为断开的状态，如图 2-88 所示。

如果对设置的半径不满意，单击"重置"按钮可以清除设置。

2. 基本矩形工具

使用"基本矩形"工具可以绘制独立的图元矩形。绘制的图元矩形与普通矩形的区别在于，普通矩形的边线和填充是分离的，用户可以分别选中其边线和填充色块；而图元矩形是一个整体。

图元矩形的绘制方法、属性设置与矩形相同，在此不再重复介绍。

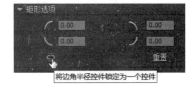

图2-88　分别调整矩形的边角半径

2.4.3　多角星形工具

使用多角星形工具可以绘制各种多边形和星形。

（1）在绘图工具箱中单击"多角星形工具"按钮。

（2）在如图 2-89 所示的属性面板上设置笔触颜色、填充颜色、笔触大小等属性。

（3）在舞台上按下鼠标左键并拖动，可以调整多边形的大小和角度，如图 2-90（a）所示。

（4）调整好大小和位置后释放鼠标，即可绘制一个正五边形，如图 2-90（b）所示。

默认情况下，多角星形工具绘制的是一个正五边形，如果要绘制其他类型的多边形或星形，可以通过设置工具选项得到。

（1）选中"多角星形工具"，并打开对应的属性面板，如图 2-89 所示。

（2）单击"工具设置"区域的"选项"按钮，弹出"工具设置"对话框，如图 2-91 所示。

➥ **样式**：设置多边形的新式，有星形和多边形两种。

➥ **边数**：设置边的数目，取值范围在 3~92 之间。

➥ **星形顶点大小**：用于指定星形顶点的深度，范围为 0~1。数值越接近于 0，顶点越深。不同顶点大小的多角星形的效果如图 2-92 所示。

图2-89 多角星形工具的属性面板

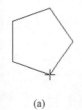

图2-90 图形效果

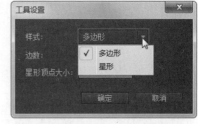

图2-91 设置多边形属性

（3）单击"确定"按钮关闭对话框。

（4）在舞台上按下鼠标左键拖动，并调整图形的大小和角度，然后释放鼠标，即可绘制一个需要的图形，如图 2-93 所示。

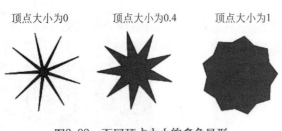

图2-92 不同顶点大小的多角星形

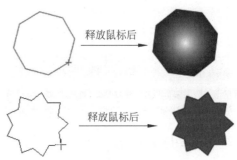

图2-93 绘制多边形和多角星形

2.4.4 上机练习——夜空

在学习了椭圆、矩形和多角星形工具的使用方法之后，本节练习将使用这些基本形状工具绘制一幅夜空的景象，通过对操作步骤的详细讲解，使读者熟练掌握形状工具的使用方法。

首先新建一个 Animate CC 2018 文档，使用"椭圆工具"绘制月亮，并填充渐变色。然后通过设置多角星形工具的选项，绘制四角星形，最后复制多个星形并调整大小和位置，绘制一幅夜空的景象，最终效果如图 2-94 所示。

2-5 上机练习——夜空

图2-94 最终效果

操作步骤

（1）执行"文件" | "新建"命令，新建一个 Animate CC 2018 文档，舞台背景为黑色。

（2）选择工具箱中的"椭圆工具"，在属性面板上设置笔触颜色无，填充色为径向渐变，按住 Shift 键在舞台上绘制一个圆形，如图 2-95 所示。

（3）选中绘制的圆形，执行"窗口" | "颜色"命令，打开"颜色"面板。修改第一个游标颜色为黄色，第二个为白色，如图 2-96（a）所示，图形填充后的效果如图 2-96（b）所示。

(a)   (b)

图2-95　绘制的圆形　　　　　　　　　　　　　　图2-96　填充图形

（4）选择工具箱中的"多角星形工具"，在属性面板上设置笔触颜色无，填充色为白色，然后单击面板底部的"选项"按钮，打开"工具设置"对话框。设置"样式"为"星形"，"边数"为 4，"星形顶点大小"为 0.20，如图 2-97 所示。

（5）按下鼠标左键在舞台拖动，即可绘制一个四角星形，如图 2-98 所示。用同样的方法绘制其他星星，并调整星星的大小和位置，最终效果图如图 2-94 所示。

图2-97　"工具设置"对话框　　　　　　　　　　　　图2-98　绘制星星

2.4.5　画笔工具

"画笔工具"可以表现出用毛笔上彩的效果，经常用于绘制对象或建立自由形态的矢量色块。画笔工具与铅笔工具很相似，都可以创建自由形状的线条。但与铅笔工具不同的是，使用画笔工具创建的形状是被填充的，且没有外轮廓线。

（1）选中绘图工具箱中的"画笔工具"。

（2）在绘图工具箱底部可以设置画笔的大小、形状、模式及填充方式，如图 2-99 所示。还可以在如图 2-100 所示的属性面板上自定义画笔形状和大小。

图2-99　画笔工具的选项

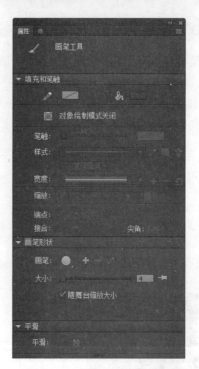

图2-100　画笔工具属性面板

（3）在舞台上按下鼠标左键随意拖动，即可沿着鼠标的运动轨迹产生一条曲线，如图 2-101 所示。

图2-101　画笔绘图效果

提示：

与铅笔工具一样，按住 Shift 键拖动可将刷子笔触限定为水平和垂直方向。

在属性面板上，用户还可以设置画笔模式和锁定填充，制作出丰富多彩的效果。

1. 画笔模式

画笔模式用来设置画笔对舞台中其他对象的影响方式，单击"画笔模式"按钮，弹出如图 2-102 所示的菜单。

➥ **标准绘画**：新绘制的线条覆盖同一层中原有的图形，但是不会影响文本对象和引入的对象，如图 2-103 所示。

图2-102　"画笔模式"按钮选项

图2-103　"标准绘画"模式

- **颜料填充**：只能在空白区域和已有矢量色块的填充区域内绘图，并且不会影响矢量线的颜色，如图 2-104 所示。
- **后面绘画**：只能在空白区绘图，不会影响原有的图形，只是从原有图形的背后穿过，如图 2-105 所示。
- **颜料选择**：只能在选择区域内绘图。不会影响到矢量线和未填充的区域，如图 2-106 所示。

提示：

在使用这种模式之前，需要先选择一部分图形区域。

图2-104　"颜料填充"模式

图2-105　"后面绘画"模式

图2-106　"颜料选择"模式

- **内部绘画**：这种模式可分为两种情况：一种情况是当画笔起点位于图形之外的空白区域，在经过图形时，从其背后穿过；第二种情况是当画笔的起点位于图形的内部时，只能在图形的内部绘制图，如图 2-107 所示。

2. 锁定填充

锁定填充选项用于切换在使用渐变色进行填充时的参照点，单击"锁定填充"按钮 ，即可进入锁定填充模式。

在非锁定填充模式下，对现有图形进行填充时，在画笔经过的地方都包含着一个完整的渐变过程。

当画笔处于锁定状态时，以系统确定的参照点为准进行填充，完成渐变色的过渡以整个动画为完整的渐变区域，画笔涂到什么区域，就对应出现什么样的渐变色，如图 2-108 所示。

图2-107　画笔的"内部绘画"模式

完整的渐变
未锁定的渐变
锁定后的渐变

图2-108　锁定填充的对比

2.5　色 彩 工 具

合理地搭配和应用各种色彩是创作出成功作品的必要技巧，这就要求用户除了具有一定的色彩鉴赏能力，还要有丰富的色彩编辑经验和技巧。

Animate CC 2018 的色彩工具包括颜料桶工具、墨水瓶工具和滴管工具，如图 2-109 所示。利用这些工具可以很方便地修改对象的边线或内部填充颜色。

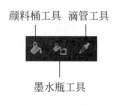
颜料桶工具　滴管工具
墨水瓶工具
图2-109　色彩工具

2.5.1 颜料桶工具

"颜料桶工具" 用于填充颜色、渐变色以及位图到封闭的区域。它既可以填充空的区域，也可以更改已经涂色区域的颜色。

（1）在绘图工具箱中选择"颜料桶工具"。

（2）在如图 2-110 所示的属性面板中设置要填充的颜色或图案。

颜料桶工具不仅可以填充封闭区域，还可以填充没有完全封闭和区域。

（3）在绘图工具箱底部的"间隔大小" 下拉列表中选择间隔大小。

↪ **不封闭空隙**：只有填充区域完全封闭时才能填充。

↪ **封闭小空隙**：当填充区域存在小缺口时可以填充。

↪ **封闭中等空隙**：当填充区域存在中等缺口时可以填充。

↪ **封闭大空隙**：当填充区域存在大缺口时可以填充。

（4）根据需要，在绘图工具箱底部选择"锁定填充"。

（5）单击要填充的形状，即可完成颜色的填充。

图2-110　"颜料桶工具"属性面板

2.5.2 墨水瓶工具

"墨水瓶工具" 用于改变已经存在的线条或形状的轮廓线的笔触颜色，宽度和样式。与使用属性面板修改对象的笔触颜色相比，使用墨水瓶工具可以同时更改多个对象的笔触属性。

（1）在绘图工具箱中选择"墨水瓶工具"，对应的属性面板如图 2-111 所示。

对比图 2-110 所示的"颜料桶工具"属性面板，可以看出两者的区别在于"颜料桶工具"填充的是内部区域，"墨水瓶工具"填充的是笔触颜色。

（2）在属性面板中设置墨水瓶使用的笔触颜色、笔触大小，然后在"样式"下拉列表中选择线型。

（3）单击舞台中的对象即可应用对笔触的修改，如图 2-112（a）所示。

（4）重复上一步骤，即可对所有笔触进行描边，如图 2-112（b）所示。

图2-111　"墨水瓶工具"属性面板

(a)

(b)

图2-112　"描边"效果

注意　　使用墨水瓶工具时，如果单击一个没有轮廓线的区域，墨水瓶工具会为该区域添加轮廓线；如果该区域已经存在轮廓线，则它会把该轮廓线改为墨水瓶工具设定的样式。

2.5.3　滴管工具

"滴管工具" 用于从一个对象上采样填充或笔触，然后应用于另一个对象上。滴管工具可以吸取矢量线、矢量色块的属性，还可以吸取导入的位图和文字的属性。使用吸管，用户不必重复设置相同对象的各种属性，只要从已有的各种矢量对象中吸取就可以了。

（1）在绘图工具栏中单击"滴管工具"按钮 ，舞台上的鼠标指针变为滴管形状 。

（2）在要采样属性的笔触或填充区域内移动鼠标指针。

将鼠标指针移动到形状的笔触上时，鼠标指针变为 ，如图 2-113（a）所示；当滴管工具在填充区域内移动时，鼠标指针变为 ，如图 2-113（b）所示。

（3）单击即可拾取线条的颜色或填充区域的填充样式。

（4）单击其他笔触或已填充区域以应用新吸取的属性。

如果拾取的是笔触的颜色，则鼠标指针变为墨水瓶工具，且此时墨水瓶工具具有的笔触颜色就是滴管工具刚才拾取的颜色，如图 2-114 所示。

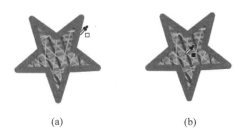

(a)　　　　　　　　(b)

图2-113　滴管的不同状态

图2-114　笔触颜色的拾取与填充

如果拾取的是填充区域的颜色，则鼠标指针变为颜料桶工具，此时的颜料桶工具具有的填充颜色即为滴管工具拾取的颜色，如图 2-115 所示。

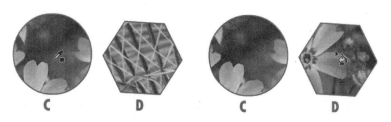

图2-115　填充区域的拾取与填充

如果拾取的填充颜色为渐变色，则应用拾取的属性时，将使用锁定填充模式，只填充渐变色的一部分。

在使用滴管工具拾取一个对象的属性时，按下 Shift 键的同时单击，则填充和笔触属性都将被采样。只要在要应用拾取属性的对象上单击，即可同时应用拾取的填充和笔触属性。

2.5.4　上机练习——个性桌摆

本节练习使用多角星形工具和色彩工具制作个性桌摆，通过对操作步骤的详细讲解，使读者熟练掌握各种色彩工具的使用方法。

2-6　上机练习——个性
桌摆

首先绘制一个八角星形，使用"多边形工具"选取中间的矩形区域，并填充位图，然后使用径向渐变填充星形的四个角，最后使用墨水瓶工具对四个角进行描边，最终效果如图 2-116 所示。

图2-116　最终效果

操作步骤

（1）新建一个 Animate CC 2018 文档，选择"多角星形工具"，在属性面板上设置无笔触颜色，填充颜色为橙色；然后单击"选项"按钮，在弹出的"工具设置"对话框中设置"样式"为星形，"边数"为 8，"顶点大小"为 0.8，单击"确定"按钮，关闭对话框。在舞台上拖动鼠标绘制一个八角星形，如图 2-117 所示。

（2）选中工具箱中的"多边形工具" ，选中多角星形中间的矩形区域，如图 2-118 所示。

图2-117　绘制的八角星形　　　　　　　　　　　　图2-118　选取效果

（3）选中工具箱中的"颜料桶工具"，然后执行"窗口"｜"颜色"命令，打开"颜色"浮动面板。

（4）在"类型"下拉列表中选择"位图"选项，如图 2-119 所示。弹出"导入到库"对话框，找到需要的图片，然后单击"打开"按钮，即可用导入的图片填充选择区域。

（5）在工具箱中选择"渐变变形工具"，调整位图填充的范围和方向，效果如图 2-120 所示。

图2-119 选择填充类型

图2-120 位图填充效果

（6）选择工具箱中的"选择工具"，在橙色填充区域单击，选中八角星形的四个角，如图 2-121 所示。

（7）选择工具箱中的"颜料桶工具"，并打开"颜色"面板。在"颜色类型"下拉列表中选择"径向渐变"，然后在面板下方的颜色编辑栏上设置颜色，各个颜色游标的颜色值分别为 #30C8D8、#FEDB4E 和 #E24B0C，如图 2-122 所示。

图2-121 选取填充区域

图2-122 渐变色效果

此时，舞台上的选中区域的填充颜色会自动用指定的渐变色进行填充，效果如图 2-123 所示。

（8）选择工具箱中的"墨水瓶工具"，在属性面板上设置笔触颜色为光谱线性渐变，笔触大小为 4，如图 2-124 所示。然后在要描边的轮廓上单击，最终效果如图 2-116 所示。

图2-123 填充效果

图2-124 设置墨水瓶工具的属性

2.6　修 改 工 具

Animate CC 2018 中的修改工具包括任意变形工具、渐变变形工具和橡皮擦工具。任意变形工具可以随意修改对象的形状；渐变变形工具可以修改渐变色或位图的填充效果；橡皮擦工具可以擦除对象的部分内容，以达到特殊的效果。灵活应用这些变形工具，可以使用户的绘画技法提升一层。

2.6.1　任意变形工具

"任意变形工具" ▦以对象某一点为中心，做任意角度的旋转、倾斜和变形。在绘图工具箱中选中该工具后，在工具箱底部可以看到该工具的四种模式：旋转与倾斜、缩放、扭曲和封套，如图 2-125 所示。

1. 旋转与倾斜

利用旋转与倾斜模式，可以对舞台中的对象以某一点为中心，做任意角度的旋转、倾斜。

（1）使用选择工具选中要进行变换的对象，然后单击绘图工具箱中的"任意变形工具"按钮▦，此时，对象的四周出现黑色的变换框，变换框中间的白色圆点为变换中心，如图 2-126（a）所示。

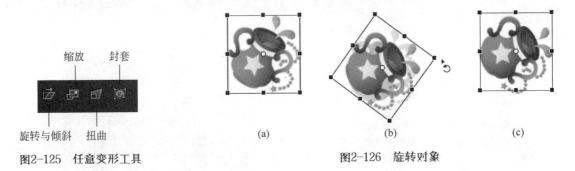

图2-125　任意变形工具　　　　　　　　　　　图2-126　旋转对象

（2）在绘图工具箱底部单击"旋转与倾斜"按钮▦，将鼠标指针移到变换框的一个角上，此时鼠标指针变为⤵，按下鼠标左键并朝一个方向拖动鼠标，即可将对象以变换中心为原点进行旋转，如图 2-126（b）所示。释放鼠标后，对象即发生旋转，如图 2-126（c）所示。

提示： 在旋转时按住 Shift 键，可以使对象以 45° 为单位进行旋转。

旋转的中心点默认为对象的中心位置，移动对象的变换中心，旋转的方式也会发生变化。

（3）将鼠标指针移动到中心点，当鼠标指针变为▸。时，按下鼠标左键，将变换框中心的变换中心拖动到变换框的底部，如图 2-127（a）所示。

（4）将鼠标指针移到变换框的右上角上，当指针变为⤵时按下鼠标左键并拖动。此时，对象将以新的变换中心为原点进行旋转，如图 2-127（b）所示。

（5）将鼠标指针移到变换框上除四个角以外的控制点上，鼠标指针变为⇌或‖时，按下鼠标左键并拖动，当达到需要的效果时，释放鼠标，即可倾斜对象，如图 2-128 所示。

2. 缩放

缩放工具可以随意缩小或放大对象，并可约束比例对对象进行变形。

（1）选中要进行变换的对象，单击绘图工具箱中的"任意变形工具"按钮▦，然后在绘图工具箱底部单击"缩放"按钮▦。

（2）将鼠标指针移动到变形框角上任意一个手柄，鼠标的指针会变成双向箭头，此时按住鼠标左键不放，沿箭头方向拖动鼠标，可以同时在水平和垂直方向进行缩放，如图 2-129 所示。

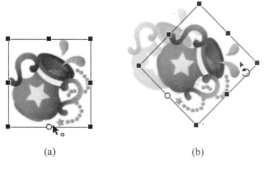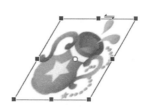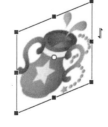

图2-127 移动变换中心并旋转对象   图2-128 倾斜对象

(a)   (b)

（3）如果拖动变形框四条边中间的调节手柄，则可以单独在水平方向或垂直方向进行缩放，如图 2-130 所示。

图2-129 水平、垂直方向同时缩放   图2-130 仅水平或垂直方向缩放

3. 扭曲

扭曲工具可以看作是"旋转与倾斜"工具和"缩放"工具的组合。

注意   扭曲操作只适用于矢量图形，如果同时选中了舞台上的多个不同对象，扭曲操作也只会对其中的矢量图形起作用。

（1）选中要进行变换的矢量对象，单击绘图工具箱中的"任意变形工具"按钮，然后在绘图工具箱底部单击"扭曲"按钮。

（2）将鼠标指针移到变换框的变形手柄上，当鼠标指针变成时，按下鼠标左键并拖动，即可扭曲对象，如图 2-131 所示。

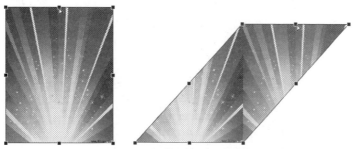

图2-131 扭曲对象前后的效果

4. 封套

封套工具可以通过对象周围的切线手柄变形对象，改变对象的几何学形状。

注意　　　封套操作只适用于矢量图形，如果选择的对象中包含了非矢量图形，变形将只会对矢量图形起作用。

（1）选择要进行变换的矢量对象，单击绘图工具箱中的"任意变形工具"按钮，然后在绘图工具箱底部单击"封套"按钮。此时可以看到选中对象四周有许多黑色方形手柄和圆形手柄，如图2-132（a）所示。

（2）将鼠标指针移动到变形框任意一个黑色圆形手柄上，鼠标指针会变成三角箭头，此时按住鼠标左键不放，沿箭头方向拖动鼠标，可以调整曲线的形状，如图2-132（b）所示。变形后的效果如图2-132（c）所示。

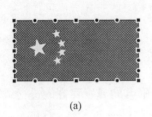
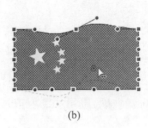

(a)　　　　　　　　　　(b)　　　　　　　　　　(c)

图2-132　封套对象

（3）将鼠标指针移动到黑色的方形手柄上，按下鼠标左键拖动也可以变形对象，如图2-133所示。

图2-133　封套效果

2.6.2　上机练习——透视文字

本节练习使用变形工具和菜单命令制作透视文字效果，通过对操作步骤的详细讲解，使读者熟练掌握使用任意变形工具或变形命令对舞台对象进行修改变形的方法。

2-7　上机练习——透视文字

首先新建一个Animate CC 2018文档，导入一幅背景图像。然后创建文本，通过将文本打散成矢量图形，应用扭曲命令创建透视文字。最后复制透视文本，进行翻转、旋转和扭曲操作，并修改填充色的透明度，完成透视文本的倒影，最终效果如图2-134所示。

图2-134　最终效果

操作步骤

（1）新建一个 Animate CC 2018 文档 (ActionScript 3.0)，执行“文件” | “导入” | “导入到舞台”命令，导入一幅背景图。

（2）选中导入的图片，执行“窗口” | “信息”命令，打开“信息”面板，将图片尺寸修改为与舞台尺寸相同，且坐标为（0，0），效果如图 2-135 所示。

（3）单击时间轴面板左下角的“新建图层”按钮，新建一个图层，然后在工具箱中选择“文本工具”，在属性面板上设置字体为华文彩云，颜色为黄色，大小为 70，字间距为 20，在舞台上单击，输入“桂林山水”，效果如图 2-136 所示。

图2-135　原始图片

图2-136　输入文本

（4）选中文本，连续执行两次“修改” | “分离”命令，将文本打散。然后执行“修改” | “变形” | “扭曲”命令，使用鼠标调整文本位置及形态，效果如图 2-137 所示。

（5）选中文本，执行“编辑” | “复制”和“编辑” | “粘贴到当前位置”命令，复制并粘贴文本，然后选中粘贴的文本，执行“修改” | “变形” | “垂直翻转”命令，翻转文本，并使用键盘上的方向键向下移动文本。

（6）选中翻转后的文本，执行“修改” | “变形” | “扭曲”命令，将文本进行适当角度的旋转和扭曲，效果如图 2-138 所示。

图2-137　扭曲文本

图2-138　翻转并扭曲效果

（7）打开属性面板，设置文本的填充颜色为淡黄色，且 Alpha 值为 40%，如图 2-139 所示，得到最终效果如图 2-134 所示。

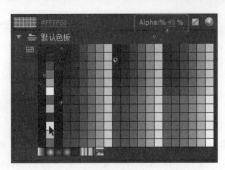

图2-139　设置填充色的透明度

2.6.3　渐变变形工具

"渐变变形"工具■■用于调整渐变颜色或位图填充的视觉属性，如渐变方向、填充位置和渐变色区域的长度。

在 Animate CC 2018 中，渐变颜色包括线性渐变和径向渐变。下面分别对调整这两种渐变颜色的方法和步骤进行说明。

1. 调整线性渐变

（1）在绘图工具箱中选中"渐变变形工具"■■，然后单击需要调整的线性渐变填充区域。此时，图形周围会出现有一个圆形手柄和一个方形手柄的调整外框，如图 2-140 所示。

（2）将鼠标指针移到图形中间的圆形渐变中心手柄上，按下鼠标左键并拖动，可以移动渐变中心位置，此时，图形的渐变填充也将改变，如图 2-141 所示。

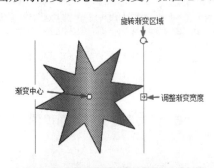

图2-140　线性渐变调整框

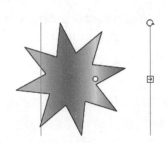

图2-141　调整渐变效果

（3）将鼠标指针移到调整渐变区域的方形手柄上，按下鼠标左键拖动，可以调整两条渐变线的距离，从而调整渐变填充的样式，如图 2-142 所示。

（4）将鼠标指针移到渐变线上的旋转渐变区域的圆形手柄上，按下鼠标左键并拖动，可以旋转填充效果，如图 2-143 所示。

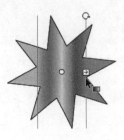

图2-142　调整渐变效果

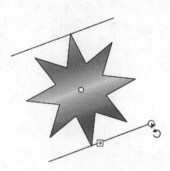

图2-143　调整渐变效果

2. 调整径向渐变

（1）在绘图工具箱中选中"渐变变形工具" ▦，然后单击需要调整的径向渐变填充区域。此时，可以看到有三个圆形手柄和一个方形手柄的渐变调整外框，如图 2-144 所示。

（2）将鼠标指针移到渐变中心，按下鼠标左键拖动，可以移动填充色块中心亮点的位置，如图 2-145 所示。

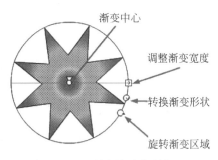

图2-144　放射渐变调整框

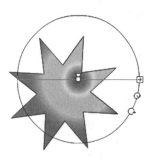

图2-145　调整渐变效果

（3）将鼠标指针移到位于圆周上的方形手柄上，按下鼠标左键拖动，可以调整填充色块的渐变圆的长宽比例，如图 2-146（a）所示。

（4）将鼠标指针移到位于圆周上紧挨着方形手柄的圆形手柄，按下鼠标左键并拖动，可以调整填充色块渐变圆的大小，如图 2-146（b）所示。

（5）将鼠标指针移到位于圆周上的旋转手柄，按下鼠标左键并拖动，可以调整填充色块渐变圆的倾斜方向，如图 2-146（c）所示。

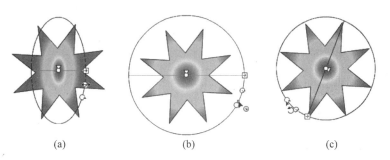

(a)　　　　　　　　　　(b)　　　　　　　　　　(c)

图2-146　调整填充色块渐变圆的参数

Animate CC 2018 除了可以调整渐变填充，还提供调整位图填充的效果。

3. 调整填充的位图

Animate CC 2018 除了可以进行渐变填充，还可以使用位图来填充封闭区域。

选择"窗口"｜"颜色"命令，调出"颜色"面板。在"颜色"面板的"类型"下拉列表中选择"位图填充"，并单击"导入"按钮导入一幅位图，如图 2-147 所示。然后在绘图工具箱中选择颜料桶工具，再单击要填充的图形内部，即可使用位图填充封闭区域。

（1）在绘图工具箱中选中"渐变变形工具" ▦，然后单击需要调整的位图填充区域。此时，可以看到四个方形手柄和三个圆形手柄，如图 2-148（a）所示。

（2）拖动中心的圆形手柄可以调整位图的位置，效果如图 2-148（b）所示。

（3）拖动变形框角左下角的圆形手柄◔，可以按比例改变图像的大小。如果填充的位图缩小到比绘制的图形小，则使用同一幅位图多次填充，如图 2-148（c）所示。

（4）拖动变形框边线上有箭头的方形手柄，可以沿一个方向改变图像的大小，如图 2-149（a）所示；拖动矩形框角上的平行四边形手柄，可以改变填充图像的倾斜度，如图 2-149（b）所示。

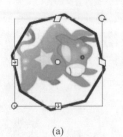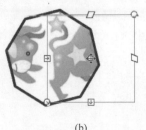

图2-147　设置位图填充　　　　　　　　　　　　(a)　　　　　　(b)　　　　　　(c)

图2-148　位图填充效果

（5）拖动矩形边框右上角的圆形手柄 ↻ ，可以沿一个方向旋转填充的位图，效果如图 2-149（c）所示。

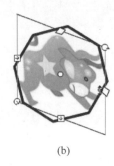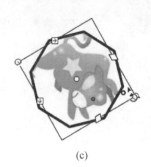

(a)　　　　　　　　　(b)　　　　　　　　　(c)

图2-149　调整填充的位图

2.6.4　上机练习——绘制路灯光晕

　　本节通过讲解路灯光晕的绘制步骤，使读者熟练掌握填充工具的使用方法，以及使用"渐变变形工具"修改填充效果的方法。

2-8　上机练习——绘制路灯光晕

　　首先打开 2.2.5 节制作好的"路灯"文件，使用"颜色"面板调制一种线性渐变色填充路灯杆，然后使用"渐变变形工具"修改渐变效果。最后使用"椭圆工具"和"选择工具"绘制光晕，并进行径向填充。最终效果如图 2-150 所示。

图2-150　路灯效果图

（1）执行"文件"｜"打开"命令，打开 2.2.5 节制作的"路灯"文件。

（2）执行"窗口"｜"颜色"命令，打开"颜色"面板。在左上角单击"填充颜色"按钮，在"颜色类型"下拉列表中选择"线性渐变"，然后在面板底部的渐变色带上设置填充颜色为 #CCCCCC 和 #666666，如图 2-151（a）所示。选择"颜料桶工具"，单击路灯图形的填充区域，效果如图 2-151（b）所示。

有关"颜色"面板的具体使用方法将在第 4 章进行讲解。

（3）使用"渐变变形工具"单击填充后的路灯杆，对填充后的颜色分布进行调整，效果如图 2-152（a）所示。同样的方法调整灯罩的填充方向和颜色分布，效果如图 2-152（b）所示。

接下来绘制光晕效果。

（4）单击图层面板左下角的"新建图层"按钮，新建一个图层，并将该图层拖放到最底层。然后选择"椭圆工具"，在属性面板上设置笔触颜色"无"，填充色任意，在舞台上绘制一个椭圆。打开"颜色"面板，设置颜色类型为"径向渐变"，颜色为黄色到白色渐变，且白色的 Alpha 值为 12%，如图 2-153 所示。

（5）使用"多边形工具"选取椭圆的上半部，并按 Delete 键将其删除。此时的效果如图 2-154 所示。

(a)

(b)

图2-151　颜色设置并填充

(a)　　　　　　　(b)

图2-152　调整路灯的填充效果

图2-153　颜色设置

图2-154　光晕效果

（6）调整路灯和光晕在舞台中的位置，效果如图 2-155 所示。然后复制一个光晕，并执行"修改" |
"变形" | "水平翻转"命令，调整光晕位置后的效果如图 2-156 所示。

图2-155　调整光晕的位置

图2-156　路灯效果

（7）双击路灯的轮廓线选中所有轮廓，按 Delete 键删除，最终效果如图 2-150 所示。

2.6.5　橡皮擦工具

"橡皮擦工具" ▨ 主要用来擦除舞台上的对象或对象的部分区域，可以很便利地擦除笔触和填充区
域的颜色。

注意　　在舞台上创建的矢量文字，或者导入的位图图形，都不可以直接使用橡皮擦工具擦除。
必须先使用"修改"菜单中的"分离"命令将文字和位图打散成矢量图形后才能够擦除。

选择绘图工具箱中的"橡皮擦工具"后，会在绘图工具箱底部出现三个选项。它们分别是"橡皮擦模式"、"水龙头"和"橡皮擦形状"。

（1）选择绘图工具箱中的"橡皮擦工具"后，在绘图工具箱底部单击"橡皮擦模式"按钮，选择擦除模式，如图 2-157 所示。

↳ **标准擦除**：Animate CC 2018 默认的擦除模式。可以擦除矢量图形、线条、打散的位图和文字。

↳ **擦除填色**：只可以擦除填充色块和打散的文字，不能擦除矢量线。

↳ **擦除线条**：只可以擦除矢量线和打散的文字，不能擦除矢量色块。

↳ **擦除所选填充**：只可以擦除已被选择的填充色块和打散的文字，不能擦除矢量线。使用这种模式之前，必须先选中一块区域。

图2-157　橡皮擦模式

↳ **内部擦除**：该模式与画笔工具的"内部绘画"模式相似。擦除图形时，只可以擦除填充区域的内部。当从外往里擦时，不会擦除填充区域。

提示： 选择绘图工具箱中的"橡皮擦工具"后，按住 Shift 键不放，在舞台上按下鼠标左键并沿水平方向拖动鼠标，会沿水平方向擦除；在舞台上按下鼠标左键并沿垂直方向拖动鼠标，会沿垂直方向擦除；如果需要擦除舞台上所有的对象，双击绘图工具箱中的"橡皮擦工具"按钮即可。

（2）单击"橡皮擦形状"按钮，在弹出的下拉菜单中选择橡皮擦的形状和大小。

Animate CC 2018 提供十种大小不同的形状选项，其中圆形和矩形的橡皮擦各五种，单击即可选择橡皮擦形状。

（3）在舞台需要擦除的区域按下鼠标左键并拖动，即可擦除。

如果要一次性擦除舞台上的所有对象，可以在绘图工具箱底部选择"水龙头"工具，鼠标指针变为水龙头形状时，单击线条或填充区域中的某处就可擦除线条或填充区域。它的作用有如先选择线条或填充区域，然后按 Delete 键。它与"橡皮擦工具"的区别在于，橡皮擦只能够进行局部擦除，而水龙头工具可以整体擦除。

2.7　视图工具

在实际绘图过程中，如果舞台很大，常常需要查看其他位置的图形，或缩小视图，以宏观查看绘图效果；或放大视图，以更细致地查看绘制的图形，或对图形进行修改。在绘图工具箱中，Animate CC 2018 提供方便用户进行绘图操作的"手形工具"和"缩放工具"。

2.7.1　手形工具

当编辑的对象超出舞台显示区域时，用户可以使用视图右侧和下方的滚动条，将需要编辑的部分移动到舞台中，还有一种方便的方法就是使用"手形工具"。"手形工具"可以将工作区域进行平移，或在工作区域周围的各个方向移动。

单击绘图工具箱中的"手形工具"，然后将鼠标指针移动到舞台，可以看到鼠标指针变成了手形，按下鼠标左键并拖动，整个舞台的工作区将随着鼠标的拖动而移动。在使用过程中，还可以通过按住空格键实现手形工具与其他工具的切换使用。

"手形工具"分组下还有两个有用的工具："旋转工具"和"时间划动工具"。

单击"旋转工具"按钮 ，舞台中心位置显示 ，鼠标指标变为 ，按下鼠标左键拖动，将以舞台中心位置为中心点，旋转舞台及舞台上的所有对象，如图 2-158（a）所示。

在舞台上单击，可以修改旋转中心点的位置，如图 2-158（b）所示。

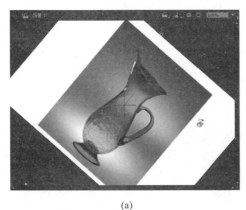
(a)
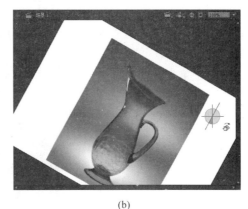
(b)

图2-158　旋转舞台的效果

"时间划动工具" 用于在舞台上平移时间轴。单击"时间划动工具"按钮 ，鼠标指针变为 ，按下鼠标左键向左或向右拖动，可以在平移方向上查看整个时间轴。

2.7.2　缩放工具

使用"缩放工具" 可以放大或缩小舞台工作区内的图像，以查看图形的细小部分或进行总览。

（1）在绘图工具箱中单击"缩放工具"按钮 ，绘图工具箱底部会显示"缩放工具"的两个选项， 表示放大， 表示缩小。

（2）选择需要的缩放工具，然后在舞台上单击，即可放大舞台及舞台上的对象。

 注意　　使用缩放工具时，整个舞台上的对象将同步缩放。

2.7.3　上机练习——查看舞台上的内容

　　本节通过讲解放大舞台局部区域的步骤，使读者熟练掌握缩放工具的使用方法。

2-9　上机练习——查看舞台上的内容

　　首先导入要查看的图片，然后使用"放大工具"选中要查看的区域，Animate CC 2018 将自动在当前窗口中最大限度地放大选中区域，效果如图 2-159 所示。

(a)

(b)

图2-159　放大选择区域

操作步骤

（1）新建一个 Animate CC 2018 文档，执行"文件"｜"导入"｜"导入到舞台"命令，导入一幅要查看细节的图片。

（2）执行"窗口"｜"信息"命令，打开"信息"面板。修改图片的尺寸和位置，使其大小与舞台大小相同，且左上角对齐，如图 2-160 所示。

（3）在工具箱中单击"缩放工具"按钮，然后在工具箱底部选择放大工具，在要查看的区域按下鼠标左键拖动，所定义的区域将由一个蓝框标示出来，如图 2-161 所示。

图2-160　调整图片大小和位置

图2-161　标示要查看的区域

（4）释放鼠标完成区域的选择。Animate CC 2018 将自动放大指定的区域（放大比例最大为 2000%），并显示在当前窗口中，如图 2-159（b）所示。

位于编辑栏右上角的显示比例列表框 100% 也可以用来精确地放大或缩小对象，放大或缩小范围是 25%~800%。此外，它还有 3 个选项：

（1）**符合窗口大小**：使舞台刚好完全显示在工作区窗口中。

（2）**显示帧**：当舞台上的对象超出显示区而无法看清全貌时，将舞台恢复到中间位置。

（3）**显示全部**：以舞台的大小为标准，将舞台中所有的对象以等比例最大限度地放大或最小限度地缩小对象以看清全貌。

2.8　3D 转换工具

Animate CC 2018 提供两个 3D 转换工具——3D 平移工具和 3D 旋转工具。借助这两个工具，用户可以在舞台的 3D 空间中移动和旋转影片剪辑，创建逼真的透视效果。

3D 平移和 3D 旋转工具都允许用户在全局 3D 空间或局部 3D 空间中操作对象。全局 3D 空间即为舞台空间，旋转和平移与舞台相关；局部 3D 空间即为影片剪辑空间，局部变形和平移与影片剪辑空间相关。3D 平移和旋转工具的默认模式是全局，若要切换到局部模式，可以单击工具箱底部的"全局转换"按钮。

2.8.1 3D 平移工具

在 3D 术语中，3D 空间中移动一个对象称为"平移"，若要使对象看起来离观察者更近或更远，可以使用 3D 平移工具沿 Z 轴移动该对象。

将这两种效果中的任意一种应用于影片剪辑后，Animate CC 2018 会将其视为一个 3D 影片剪辑，选择该影片剪辑时会显示一个重叠在其上面的彩轴指示符（X 轴为红色、Y 轴为绿色，Z 轴为蓝色）。

使用 3D 平移工具 可以在 3D 空间中移动影片剪辑实例。在使用该工具选择影片剪辑后，影片剪辑的 X 轴、Y 轴和 Z 轴将显示在对象上，如图 2-162 所示。

应用 3D 平移的所选对象在舞台上显示 3D 轴叠加，影片剪辑中间的黑点即为 Z 轴控件。

若要移动 3D 空间中的单个对象，可以执行以下操作：

（1）在工具面板中选择 3D 平移工具 ，根据需要在工具箱底部选择"贴紧至对象"或"全局转换"模式。

（2）用 3D 平移工具单击舞台上的一个影片剪辑实例。

（3）将鼠标指针移动到 X、Y 或 Z 轴控件上，此时鼠标指针的形状将发生相应的变化。例如，移到 X 轴上时，指针变为 ▶x，移到 Y 轴上时，显示为 ▶Y。

（4）按控件箭头的方向按下鼠标左键拖动，即可沿所选轴移动对象。上下拖动 Z 轴控件可在 Z 轴上移动对象。

沿 X 轴或 Y 轴移动对象时，对象将沿水平方向或垂直方向直线移动，图像大小不变；沿 Z 轴移动对象时，对象大小发生变化，从而使对象看起来离观察者更近或更远。

此外，还可以打开如图 2-163 所示的属性面板，在"3D 定位和视图"区域通过设置 X、Y 或 Z 的值平移对象。在 Z 轴上移动对象，或修改属性面板上 Z 轴的值时，"高度"和"宽度"的值将随之发生变化，表明对象的外观尺寸发生了变化。这些值是只读的。

图2-162　3D轴叠加

图2-163　3D平移工具的属性面板

如果在舞台上选择多个影片剪辑,按住 Shift 并双击其中一个选中对象,可将轴控件移动到该对象上;通过双击 Z 轴控件,可以将轴控件移动到多个所选对象的中间。

(5)单击属性面板上"3D 定位和视图"区域"透视角度"按钮 右侧的文本框,可以设置 FLA 文件的透视角度。

透视角度属性值的范围为 1° ~ 180°,该属性会影响应用了 3D 平移或旋转的所有影片剪辑。默认透视角度为 55° 视角,类似于普通照相机的镜头。增大透视角度可使 3D 对象看起来更接近观察者。减小透视角度属性可使 3D 对象看起来更远。

(6)单击属性面板上"消失点"按钮 右侧的文本框,可以设置 FLA 文件的消失点。

该属性用于控制舞台上 3D 影片剪辑的 Z 轴方向,消失点的默认位置是舞台中心。

Animate CC 2018 文件中所有 3D 影片剪辑的 Z 轴都朝着消失点后退。通过重新定位消失点,可以更改沿 Z 轴平移对象时对象的移动方向。

若要将消失点移回舞台中心,单击属性面板上的"重置"按钮即可。

2.8.2　3D 旋转工具

在 3D 空间中旋转一个对象称为"变形"。若要使对象看起来与观察者之间形成某一角度,可以使用 3D 旋转工具绕对象的 Z 轴旋转影片剪辑。

使用 3D 旋转工具 可以在 3D 空间中旋转影片剪辑实例。选择 3D 旋转工具后,在影片剪辑实例上单击,3D 旋转控件出现在选定对象之上,如图 2-164 所示。

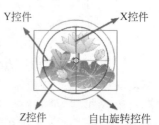

图2-164　3D旋转轴叠加

X 控件显示为红色、Y 控件显示为绿色、Z 控件显示为蓝色,自由旋转控件显示为橙色。使用橙色的自由旋转控件可同时绕 X 轴 和 Y 轴旋转。

若要旋转 3D 空间中的单个对象,可以执行以下操作:

(1)在绘图工具箱中选择 3D 旋转工具 ,并根据需要在工具箱底部选择"贴紧至对象"或"全局转换"模式。

(2)单击舞台上的一个影片剪辑实例。

3D 旋转控件将叠加显示在所选对象之上。如果这些控件出现在其他位置,双击控件的中心点可将其移动到选定的对象。

(3)将鼠标指针移动到 X、Y、Z 轴或自由旋转控件之上,此时鼠标指针的形状将发生相应的变化。例如,移到 X 轴上时,指针变为 ,移到 Y 轴上时,显示为 。

(4)拖动一个轴控件,影片剪辑即可绕该轴旋转,或拖动自由旋转控件(外侧橙色圈)同时绕 X 轴和 Y 轴旋转。

左右拖动 X 轴控件可绕 X 轴旋转;上下拖动 Y 轴控件可绕 Y 轴旋转;拖动 Z 轴控件进行圆周运动可绕 Z 轴旋转。

若要相对于影片剪辑重新定位旋转控件中心点,则拖动中心点。若要按 45° 增量约束中心点的移动,则在按住 Shift 键的同时进行拖动。

移动旋转中心点可以控制旋转对于对象及其外观的影响。双击中心点可将其移回所选影片剪辑的中心。所选对象的旋转控件中心点的位置可以在"变形"面板的"3D 中心点"区域查看或修改。

若要重新定位 3D 旋转控件中心点,可以执行以下操作之一:

↘ 拖动中心点到所需位置。

↘ 按住 Shift 并双击一个影片剪辑,可以将中心点移动到选定的影片剪辑的中心。

↘ 双击中心点,可以将中心点移动到选中影片剪辑组的中心。

(5)调整透视角度和消失点的位置。

2.9 实例精讲——绘制风景画

本节利用各种绘图工具绘制一幅矢量风景画，通过对操作步骤的详细讲解，使读者熟练掌握 Animate CC 2018 工具箱中各种常用工具的使用方法。

首先制作一幅渐变的背景图，使用"钢笔工具"绘制云朵并填充，然后使用"线条工具"绘制建筑的大体轮廓，再使用"选择工具"对轮廓进行精确地调整。最后使用"矩形工具"和"钢笔工具"绘制风叶和草地，最终效果如图 2-165 所示。

图2-165 风景画效果图

操作步骤

2.9.1 制作背景

2-10 制作背景

（1）新建一个 Animate CC 2018 文档。选择"矩形工具"，设置笔触颜色无，在舞台上绘制一个矩形。选中矩形，打开"信息"面板，修改矩形尺寸与舞台大小相同，且与舞台左上角对齐，如图 2-166 所示。

（2）选中矩形的填充区域，打开"颜色"面板，设置颜色类型为"线性渐变"，3 个颜色游标从左至右分别为 #2F94EC、#D7EEFD 和 #2F94EC，如图 2-167（a）所示，填充效果如图 2-167（b）所示。

（3）使用"渐变变形工具"单击矩形的填充区域，调整矩形的填充渐变方向，效果如图 2-168 所示。

图2-166 修改矩形大小和位置

(a)

(b)

图2-167 "颜色"面板中的设置

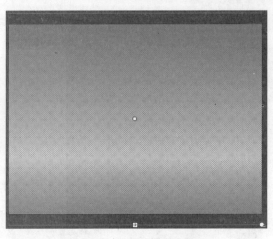

图2-168 调整后的渐变效果

2-11 绘制云朵

2.9.2 绘制云朵

（1）在图层面板左下角单击"新建图层"按钮，新建一个图层。使用"钢笔工具"绘制出如图 2-169 所示的云朵图形，然后打开"颜色"面板，设置颜色类型为"线性渐变"，第一个游标为 #2F94EC，Alpah 值为 20%，第二个游标为 #D7EEFD，如图 2-170 所示。

图2-169 绘制出的云朵图形

图2-170 "颜色"面板中的设置

（2）使用"颜料桶工具"填充云朵图形，并使用"渐变变形工具"调整它们的渐变效果，效果如图 2-171 所示。使用"选择工具"选中云朵的轮廓线，按 Delete 键删除，效果如图 2-172 所示。

图2-171 调整后的渐变效果

图2-172 删除轮廓线后的效果

2.9.3 绘制建筑物

（1）新建一个图层，使用"线条工具"绘制如图 2-173 所示的图形，然后使用"选择工具"选中多余的线条，按 Delete 键将它们删除，效果如图 2-174 所示。

2-12 绘制建筑物

图2-173 绘制出的图形

图2-174 删除多余线段后的效果

（2）将鼠标指针移动到轮廓线上，指针的形状显示为 时，按下鼠标左键拖动调整线条的圆滑度；将鼠标指针移动到线条的交叉点上，鼠标指针形状变为 时，按下鼠标左键拖动可以移动线条的位置，调整后的效果如图 2-175 所示。然后选择"颜料桶工具"，设置填充色为深蓝色（# 232C8E），在图形最上端的区域单击填充颜色，效果如图 2-176 所示。

图2-175 图形调整后的效果

图2-176 填充颜色后的效果

（3）打开"颜色"面板，设置从暗青色（#0F79A5）到青色（#72E7F3）再到暗青色（#0F79A5）的线性渐变效果，如图 2-177 所示。使用"颜料桶工具"填充中间区域，并适当调整渐变的方向。然后再为其他的空白区域填充深蓝色（#232C8E），效果如图 2-178 所示。

图2-177 设置渐变颜色

图2-178 填充颜色后的效果

（4）在"颜色"面板中设置从深蓝色（#232C8E）到亮蓝色（#345AB1）再到深蓝色（#232C8E）的线性渐变效果，如图 2-179 所示。完成后使用"颜料桶工具"填充建筑物最下方的区域，并适当调整渐变的方向。然后使用"选择工具"选中图形的轮廓线并删除，效果如图 2-180 所示。

图2-179　设置渐变颜色

图2-180　填充颜色并删除轮廓线

2.9.4　绘制风叶

（1）新建一个图层。选择"矩形工具"，笔触颜色为深灰色（#333333），大小为 1，绘制一个矩形。选中矩形的填充区域，在"颜色"面板中设置从暗青色（#0F79A5）到青色（#72E7F3）再到暗青色（#0F79A5）的线性渐变效果，如图 2-181 所示。

（2）使用"渐变变形工具"单击矩形，调整矩形的填充方向和范围，效果如图 2-182 所示。

2-13　绘制风叶

图2-181　设置渐变颜色

图2-182　填充效果

（3）使用"矩形工具"绘制一个如图 2-183 所示的矩形，笔触颜色为深灰色（#333333），无填充色。

（4）使用"线条工具"在矩形中绘制网格，效果如图 2-184 所示。然后将绘制好的图形进行复制，并拖放到如图 2-185 所示的位置。

（5）选中该图层中的所有内容，使用"任意变形工具"适当调整图形的大小，并将其进行适当的旋转，效果如图 2-186 所示。然后将该图形进行复制并将其进行适当的旋转，效果如图 2-187 所示。

（6）选择"椭圆工具"，设置笔触颜色无，按住 Shift 键在舞台上绘制一个正圆，并填充黑白径向渐变，然后拖放到两个风叶的交叉处，如图 2-188 所示。

图2-183　绘制出的矩形

图2-184　绘制网格

图2-185　复制图形

图2-186　旋转图形后的效果

图2-187　图形调整后的效果

图2-188　绘制圆形

2.9.5　绘制草地

（1）新建一个图层。使用"钢笔工具"绘制出草地轮廓，如图 2-189 所示。

图2-189　草地轮廓

2-14　绘制草地

（2）打开"颜色"面板，设置从 #0B381C 到 #129149 的线性渐变，如图 2-190（a）所示。然后使用"渐变变形工具"调整渐变方向，如图 2-190（b）所示。

（a）　　　　　　　　　　　　　　　（b）

图2-190　填充草地

（3）使用"选择工具"选中草地的轮廓线，按 Delete 键删除。然后单击编辑栏上的"剪切掉舞台范围以外的内容"按钮，最终效果如图 2-165 所示。

2.10　答疑解惑

1. 重叠两个形状时，如何不让上面的形状"擦除"下面的形状？

答：执行"修改"｜"组合"命令，将上面的形状组合为一个整体，移动到合适的位置后，再执行"修改"｜"取消组合"命令将其打散。

2. 在使用绘图工具绘制形状时，为什么画出来的形状总是一个整体？

答：选择"绘制对象按钮"时绘制的是独立的图形。再次单击该按钮取消选中，即可绘制分散的形状。

3. 魔术棒工具的"阈值"和"平滑"两个选项分别有什么作用？

答："阈值"选项是选取对象时允许的容差范围，该值越大，去除的速度也就越快，但是对于精细部分的选取，阈值太大则没有太多的好处。"平滑"选项是对"阈值"精确度的进一步补充。

4. 用橡皮擦工具擦除和画笔颜色选择白色的操作有什么区别？

答：橡皮擦工具的作用是把选定的颜色擦除，而画笔工具的作用是在原来的颜色上画上新的颜色。仅当舞台的背景色是白色时，这两种操作可以擦出同样的效果。

5. 滴管工具可以实现哪些操作？

答：滴管工具的功能按操作大致分为以下四种。

（1）在舞台上可以用滴管工具从一个对象上面拾取填充、笔触和文本属性，然后将所提取的信息应用到其他对象上。

（2）单击舞台上对象的边框，自动转换为"墨水瓶工具"，可以将对象边框样式应用到另一个对象边框上。如果单击的是对象内部，则自动转换为"颜料桶工具"，将对象内部样式应用到另一个对象的内部填充中。

（3）如果对文字操作，则先要选中需要改变的文本框，然后选择滴管工具，单击目标文字，则选中的文本框中的文字被更改。

（4）如果是位图，在不分离打散的情况下使用滴管工具单击位图上的某个颜色后，则此颜色将变为填充其他对象的内部填充色；如果将位图分离打散，那么使用滴管工具单击后选取的颜色可以对其他对象进行位图内部填充。

2.11 学习效果自测

一、选择题

1. 下面（　　）可以把当前颜色设置为舞台上选中图形的颜色。

    A. 选择工具   B. 画笔工具   C. 滴管工具   D. 渐变变形工具

2. 画正圆形时，应先选取"椭圆工具"，同时按下（　　）键。

    A. Alt   B. Ctrl   C. Shift   D. Space

3. 以下关于"紧贴至对象"功能描述正确的是（　　）。

    A. 选择线条，单击紧贴至对象按钮后可以自动闭合图形

    B. 紧贴至对象对线条不起作用

    C. 该功能是所有工具的附属工具

    D. 按下贴紧至对象后，用线条工具绘制线条时，Animate CC 2018 能够自动捕捉到线条的端点

4. 用绘图工具绘制图形时，在工具箱底部选中"对象绘制"按钮后，绘制的图形是（　　）。

    A. 形状   B. 独立对象   C. 按钮   D. 以上都不正确

5. 多角星形工具用来绘制多边形和星形，最少可以设置（　　）条边。

    A. 1   B. 2   C. 3   D. 5

6.（　　）可以在未封闭的图形内填充颜色。

    A. 选择颜料桶工具后选择不同的空隙大小   B. 使用选择工具拖动图形并封闭图形

    C. 使用线条工具将图形封闭   D. 以上均正确

7. 使用颜料桶工具填充颜色时需要注意是（　　）。

    A. 对未封闭的区域使用颜料桶填充后会致舞台全部填充该颜色

    B. 仅能对有色区域填充

    C. 使用颜料桶工具可以填充笔触和填充颜色

    D. 必须为封闭的轮廓范围或图形块

二、填空题

1. Animate CC 2018 提供＿＿＿＿＿、＿＿＿＿＿、＿＿＿＿＿三种铅笔模式。

2. 选取不规则区域时，可以选择＿＿＿＿＿、＿＿＿＿＿和＿＿＿＿＿三种选择工具。

3. "橡皮擦工具"主要用来擦除舞台上的对象，选择绘图工具箱中的"橡皮擦工具"后，会在工具箱底部出现三个选项，它们分别是＿＿＿＿＿、＿＿＿＿＿、＿＿＿＿＿。

4. 在 Animate CC 2018 中，可以使用"滴管工具"拾取选定对象的某些属性，再将这些属性赋给其他图形，"滴管工具"可以吸取＿＿＿＿＿和＿＿＿＿＿的属性。

三、问答题

1. 铅笔工具的三种模式的区别是什么？

2. 如何用"椭圆工具"绘制标准的圆形？

3. 如何用"矩形工具"绘制标准的正方形？

4. 如果要对舞台上的所有对象进行统一的缩放操作，应该怎么实现？

第 3 章

在动画中使用文本

本章导读

　　文字在日常生活中有着不可或缺的作用，是传递信息的重要手段，具有迅速、准确等特点，也是动画创作中最基本的素材与内容。

　　Animate CC 2018 为用户提供强大的文本支持，允许以多种方式输入多种类型的文字，并可以方便地设置文字的大小、颜色、样式等属性以及排版方式。

学习要点

- ❖ 文本类型
- ❖ 添加文本对象
- ❖ 设置文本格式

3.1 文 本 类 型

单击绘图工具箱中的"文本工具"按钮 T，调出对应的属性设置面板，在"文本类型"下拉列表框中可以看到，Animate CC 2018 提供三种文本类型：静态文本、动态文本、输入文本，如图 3-1 所示。

図3-1 文本类型

- ◥ **静态文本**：在动画播放过程中，文本区域的文本不可编辑和改变，每次播放时都相同。
- ◥ **动态文本**：在动画播放过程中，文本区域的文本内容可通过事件的激发而改变。
- ◥ **输入文本**：在动画播放过程中，供用户输入文本，以产生交互。

这三种文本类型的切换与设置均可以通过如图 3-1 所示的"属性"面板来完成。

3.2 添加文本对象

Animate CC 2018 可以按多种方式在文档中添加文本，通常一个 Animate CC 2018 文档中会包含几种不同的文本类型，每种类型适用于特定的文字内容。

3.2.1 创建静态文本

（1）单击绘图工具箱中的"文本工具"按钮 T，并调出对应的属性设置面板，如图 3-2 所示。
（2）在"文本类型"下拉列表中选择"静态文本"选项。
（3）单击"改变文本方向"按钮 ，打开如图 3-3 所示的下拉列表，选择文本的排列方向。

图3-2 "静态文本"的属性设置面板

图3-3 设置文本方向

注意　　只有静态文本才可以在垂直方向上输入，动态文本和输入文本只能在水平方向上创建。

（4）在"属性"面板上的"字符"区域设置文本属性。
◥ **系列**：用于设置字体。字体列表中显示字体的数量多少与 Window 操作系统安装字体的多少有关，当前被选中的字体左侧显示 。

➥ **样式**：设置文本的显示样式。选择"文本"|"样式"命令，弹出如图3-4所示的子菜单，在这里也可以设置不同的样式。

➥ **粗体**：设置文本为粗体。

➥ **斜体**：设置文本为斜体。

➥ **仿粗体**：仿粗体样式。

➥ **仿斜体**：仿斜体样式。

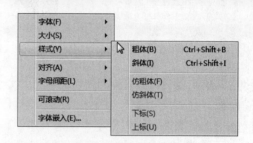

图3-4　"样式"子菜单

> **提示**：　如果所选字体不包括粗体或斜体样式，例如常见的"宋体"，则可选择"仿粗体"或"仿斜体"样式。仿样式效果可能看起来不如包含真正粗体或斜体样式的字体好。

➥ **嵌入**：嵌入文本使用的字体，以便能在其他设备上正确显示文本效果。单击该按钮打开"字符嵌入"对话框，选择要嵌入的字体轮廓。

➥ 如果单击"自动填充"按钮，则会将选定文本字段的所有字符都嵌入文档。

➥ **大小**：设置字号。在字号区域按下鼠标左键拖动可以设置字号的大小，范围是 8~96 之间的任意一个整数。也可以单击字号，然后输入 0~2500 之间的任意一个整数。

➥ **字母间距**：用于设置文本的字距。单击右侧的文本显示区域，输入数值或滚动鼠标滑轮，即可进行设置。

➥ **颜色**：设置文本的显示颜色。

➥ **消除锯齿**：指定字体的消除锯齿属性。有以下几项可供选择：

➤ **使用设备字体**：指定 SWF 文件使用本地计算机上安装的字体显示文本。使用设备字体时，应只选择通常都安装的字体系列，否则可能不能正常显示。

➤ **位图文本（无消除锯齿）**：关闭消除锯齿功能，不对文本进行平滑处理。

➤ **动画消除锯齿**：创建较平滑的动画。

➤ **可读性消除锯齿**：可以创建高清晰的字体，即使在字体较小时也是这样。但是，它的动画效果较差，并可能导致性能问题。

➤ **自定义消除锯齿**：选中该项将弹出"自定义消除锯齿"对话框，用户可根据需要设置粗细、清晰度以及 ActionScript 参数。

➥ **自动调整字距**：如果字体包括内置的紧缩信息，选中此项可自动将其紧缩。

➥ **可选**：表示在播放输出的动画文件时，可以拖动鼠标选中文本，进行复制和粘贴。否则，不能选中这些文本。

➥ **T¹ T₁**：设置文本的垂直偏移方式。T¹ 表示将文本向上移动，变成上标；T₁ 表示将文本向下移动，变成下标。

该"属性"面板上还有其他几个选项，用于设置动态文本或输入文本的相关属性，静态文本不可用，所以在本节中不作介绍，将在相应的章节中进行说明。

（5）在舞台上单击鼠标，此时，舞台上出现一个矩形框，用户可以在文本框内输入文字，如图 3-5 所示。

（6）输入完毕，在舞台空白处单击，退出文本编辑状态。

图中的矩形框被称为文本框。Animate CC 2018 以文本框的形式创建文本，文本框本身将会成为可编辑的对象，可以在舞台上来回移动。

在舞台上输入文本后，选中文本，此时对应的"属性"面板如图 3-6 所示。除了可以修改如图 3-2 所示的字符属性，还可以设置文本的链接属性，或应用滤镜。

图3-5 输入静态文本　　　　　　　　　　　图3-6 "静态文本"属性面板2

❯ **链接**：在文本框中输入单击文本时要加载的 URL，可以给动画中的文本建立超级链接。
❯ **目标**：打开超级链接的方式。有关属性值的说明可参阅网页制作相关资料。

3.2.2 创建动态文本

动态文本通常用于显示动态更新的内容，例如，在游戏中实时显示玩家的得分。
（1）单击绘图工具箱中的"文本工具"按钮**T**，并调出对应的属性设置面板。
（2）在"文本类型"下拉列表中选择"动态文本"选项，如图 3-7 所示。

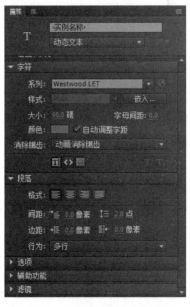

图3-7 "动态文本"属性面板

（3）在"属性"面板上的"字符"区域设置文本属性。动态文本的属性与静态文本的属性大致相同，下面简要介绍不同的几个属性。

❯ **实例名称**：为动态文本框指定一个名称。通过程序引用该名称，可以动态地改变文本框显示的内容。
❯ **将文本呈现为 HTML** **<>**：保留丰富的文本格式，如字体和超级链接，并带有相应的 HTML 标记。

➥ **在文本周围显示边框**▣：按下该按钮，表示在动画播放过程中文本周围显示边框，如图3-8所示。
➥ **行为**：用于指定动态文本的行类型。
　➢ **单行**：只显示单行的文字。
　➢ **多行**：可以显示多行文字。
　➢ **多行不换行**：将文本显示为多行，并且仅当最后一个字符是换行字符（如Windows系统中的Enter键或Macintosh系统中的Return键）时，才换行。
（4）在舞台上单击鼠标，此时，舞台上出现一个矩形框，可以在文本框内输入文字，如图3-9所示。

图3-8　不显示边框和显示边框的效果　　　　　　　　　图3-9　输入动态文本

为了与静态文本相区别，动态文本的控制手柄出现在右下角。
（5）输入完毕，在舞台空白处单击，退出文本编辑状态。

3.2.3　创建输入文本

输入文本的功能类似于HTML网页表单中的文本框，供网页浏览者输入文字，实现用户与动画的交互。
（1）单击绘图工具箱中的"文本工具"按钮**T**，并调出对应的属性设置面板。
（2）在"文本类型"下拉列表中选择"输入文本"选项，如图3-10所示。

图3-10　"输入文本"属性面板

　（3）在"属性"面板上的"字符"区域设置文本属性。输入文本的属性与动态文本的属性大致相同，下面简要介绍不同的几个属性。
➥ **行为**：用于指定输入文本的行类型，如图3-11所示。除了单行、多行和多行不换行，输入文本的行类型还多了一个"密码"选项，表示输入文本框中的内容不会直接显示出来，而是使用"*"替换显示。
➥ **最大字符数**：用于设置文本框中可输入的最多字符数。设置为0，表示没有限制。
（4）在舞台上单击鼠标，此时，舞台上出现一个矩形框，可以在文本框内输入文字，如图3-12所示。

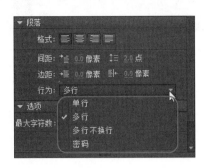

图3-11   "输入文本"属性面板2

图3-12   输入文本

（5）输入完毕，在舞台空白处单击，退出文本编辑状态。

3.2.4   修改文本输入模式

在 Animate CC 2018 中输入文本时，有两种不同的输入模式：可变宽度和固定宽度。

1. 可变宽度

可变宽度模式是 Animate CC 2018 中默认的文本输入状态。

（1）选中文本工具后，在舞台上单击显示文本框，文本框右上角（或右下角）有一个小圆圈。

（2）输入文本。

输入文本时，文本框的长度随文本的长度自动扩展，如果要对输入的文本换行，需要使用回车键（Enter）手动换行，如图 3-13 所示。

(a)   (b)

图3-13   可变宽度输入模式

图 3-13 中的两个文本框不太一样。图 3-13（a）的文本框右下角有个小圆圈，而图 3-13（b）的文本框的小圆圈则在右上角。事实上，图 3-13（a）的文本框中输入的是动态文本或输入文本，而图 3-13（b）的文本框输入的是静态文本。

（3）输入完毕，在舞台空白处单击，取消文本框的编辑状态。

2. 固定宽度

固定宽度文本框的大小在水平方向上不会随输入的文本的长度而自动扩展。

（1）选中文本工具后，在舞台上拖动鼠标，当文本框的长度达到需要的长度时，释放鼠标，即可绘制一个固定宽度的文本框。文本框的右上角显示一个小方块。

（2）输入文本。

输入文本时，如果输入的文字长度超过指定的宽度，文字将自动换行，如图 3-14 所示。

图3-14   固定宽度下输入文本

（3）输入完毕，在舞台空白处单击，取消文本框的编辑状态。

如果要将固定宽度文本框转换为可变宽度文本框，可双击文本框右上角的小方块；如果要将可变宽度文本框转换为固定宽度文本框，只需要拖动可变宽度文本框上的小圆圈到适当位置后，释放鼠标即可。

3.2.5 使用其他应用程序中的文本

如果需要输入的文本较多，Animate CC 2018 还允许用户将其他应用程序中的文本复制、粘贴到舞台上。

（1）打开包含有需要的文本的文件，如 Microsoft Word。并选中需要的文本右击，从弹出的上下文菜单中选择"复制"命令。

（2）返回到 Animate CC 2018 的舞台上，按 Ctrl + V 快捷键，即可将选中的文本粘贴到舞台上，如图 3-15 所示。

多情自古伤离别，

更那堪，冷落清秋节。

今宵酒醒何处？

杨柳岸，晓风残月。

此去经年，应是良辰好景虚设。

便纵有千种风情，

更与何人说？

图3-15　粘贴其他程序中的文本

粘贴的文本用一个蓝色的矩形框包围，不仅可以移动或缩放、旋转，而且还能使用文本工具对其进行编辑。

如果粘贴从其他应用程序复制过来的文本之前，文本工具的输入模式为垂直方向，则粘贴的文本也将是垂直文本，通常会显示得比较混乱。

3.2.6 上机练习——图案文字

练习目标　本节练习制作一组漂亮的图案文字，通过对操作步骤的详细讲解，使读者熟练掌握创建文本、设置文本属性以及对文本进行美化的方法。

3-1　上机练习——图案文字

设计思路　首先在舞台上导入一幅背景图像，打散为形状，用于填充文字。然后输入文字，打散为形状后，柔化填充边缘创建柔化边框。最后删除文本的填充区域和文本以外的图形区域创建图案文字，最终效果如图3-16所示。

图3-16　彩图文字效果图

操作步骤

1. 创建彩图背景

（1）在"文件"菜单中选择"新建"命令，创建一个新的 Animate CC 2018 文件（ActionScript 3.0）。

（2）执行"文件"|"导入"|"导入到舞台"命令，在弹出的"导入"对话框中选择用于填充文字的图片名称，然后单击"打开"按钮。

此时，在舞台上将出现刚才导入的图片。

（3）单击绘图工具箱中的"选择工具"按钮，将导入的图片拖动到舞台中央。然后打开"信息"面板，修改图片的尺寸和坐标，使之与舞台尺寸匹配，且图片左上角与舞台左上角对齐，如图 3-17 所示。

图3-17　导入图形后的舞台

（4）执行"修改"|"分离"命令，将图片打散。分散后的效果如图 3-18 所示。

图3-18　分散图形

2. 输入文字并柔化

（1）选择绘图工具箱中的"文本工具"，在"属性"面板上设置字体为 Broadway BT，文本颜色为蓝色，字体大小为 90。在舞台上单击输入"wahaha"。

（2）使用"选择工具"将文字拖到舞台上方，连续两次执行"修改"|"分离"命令，将文字打散成形状，如图 3-19 所示。

（3）执行"修改"|"形状"|"柔化填充边缘"命令，在弹出的"柔化填充边缘"对话框，设置"距离"

为 20 像素,"步长数"为 4,"方向"选择"扩展"。单击"确定"按钮,此时文字周围出现渐渐柔化的边框,如图 3-20 所示。

图3-19　打散文字　　　　　　　　　　　图3-20　文字周围出现柔化边框

（4）使用"选择工具" ↳ 单击舞台的空白处,取消对文字的选择。然后按住 Shift 键,依次选中文本的填充部分,执行"编辑" | "清除"命令,将选中的填充区域删除,只剩下柔化边框,如图 3-21 所示。

3. 图文合并

（1）使用"选择工具" ↳ 框选所有文字边框,然后向下拖动到分散的图片中,如图 3-22 所示。

图3-21　柔化边框　　　　　　　　　　　图3-22　将文字拖放到图片中

（2）单击图片文字外围部分,将它们全部选中。然后执行"编辑" | "清除"命令,将选中的图片部分删除,得到要制作的彩图文字,如图 3-16 所示。

3.3　设置文本格式

在舞台上创建文本之后,常常需要对文本进行编辑、修改,以满足设计需要。例如,设置文本的行距和对齐方式、将静态文本转换为动态文本或输入文本、将文本转化为矢量图形并进行填充,等等。

3.3.1　设置段落属性

文本的段落属性包括对齐方式和边界间距两项内容。

1. 对齐方式

执行"文本" | "对齐"命令,在弹出的子菜单中可以设置段落的对齐方式,如图 3-23 所示。

选中舞台上的文本后,通过"文本工具"属性设置面板中的四个对齐按钮也可以对齐文本。如图 3-24 所示,从左到右依次表示左对齐、居中对齐、右对齐、两端对齐。

2. 间距和边距

选中要设置段落格式的文本,调出"属性"面板,单击"属性"面板上的"间距"和"边距"右侧的文本字段,可以设置间距和边距,如图 3-25 所示。

图3-23 "对齐"子菜单　　　图3-24 设置对齐方式　　　图3-25 设置间距和边距

> ↘ ▤：设置文本的缩进量，即文本距离文本框或文本区域左边缘的距离。当数值为正时，表示文本在文本框或文本区域左边缘的右边；当数值为负时，表示文本在文本框或文本区域左边缘的左边。
>
> ↘ ▤：设置行间距。当数值为正时，表示两行文本处于相离状态，当数值为负时，表示两行文本处于相交状态。
>
> ↘ ▤：设置左边距，即文本内容距离文本框或文本区域左边缘的距离。
>
> ↘ ▤：设置右边距，即文本内容距离文本框或文本区域右边缘的距离。

3.3.2 转换文本类型

Animate CC 2018 文本类型有三种：静态文本、动态文本、输入文本，其中静态文本是系统默认的文本类型。在动画制作过程中，用户可以轻松地转换文本类型。

（1）在舞台上选中需要进行转换的文本。

（2）打开"属性"面板，在"文本类型"下拉列表框中选择将要转换的目标类型，如图 3-26 所示。

3.3.3 分散文字

分散文字就是将文字转换为矢量图形。将文字转化成矢量图形后，用户就可以像编辑图形一样修改文字的属性，例如选择位图、渐变色

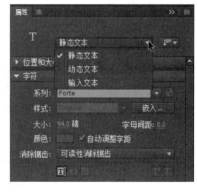

图3-26 转换文本类型

等填充效果创建图案文本，或者使用橡皮擦工具删除文字的一部分，从而创建特殊的效果。此外，为了在观看动画作品时能够正确显示动画中的字体，通常也需要分解文本并将它转化为形状。

（1）选中舞台上需要打散的文本，如图 3-27 所示。

（2）执行"修改"|"分离"命令,此时,文本中的每个字符被放置在单独的文本块中,如图 3-28 所示。

注意　可滚动文本字段中的文字不能使用"分离"命令。

（3）再次执行"修改"|"分离"命令。此时,文本中的每个字符均被转换为矢量图形,如图 3-29 所示。

图3-27 输入的文本　　　图3-28 第一次分离的文字　　　图3-29 应用了两次"分离"命令

此时，可以像编辑矢量图形一样对分离后的文本进行修改、描边、填充等操作。例如，使用"部分选取工具"单击分离后的第一个字母，可以看到字母四周显示的路径点，如图 3-30 所示。

使用墨水瓶工具在文本的边缘上单击，可为文本描边，效果如图 3-31 所示；使用选择工具选中填充色块，按下 Delete 键可以删除填充色块，如图 3-32 所示。还可以使用位图填充分离后的文本，效果如图 3-33 所示。

图3-30　显示路径点　　　图3-31　文本填充效果　　　图3-32　删除填充色块　　　图3-33　位图填充效果

 注意　分散文字的过程是不可逆的。也就是说，可以将文字转变成矢量图形，但不能将矢量图形转变成单个的文字或文本。即使重新组合字符或者把它们转换成为元件，也不能再应用字体、字距或是段落选项。

3.3.4　上机练习——霓虹灯

 本节通过一个霓虹灯的实例对前面章节中所有的知识加以综合应用，使读者掌握创建文本、分散文本，对文本进行描边、填充和修饰的方法。

3-2　上机练习——霓虹灯

 首先使用"椭圆工具"和"矩形工具"绘制基本图形，并进行填充；然后使用"文本工具"创建文本，通过打散文字，对文本进行描边和填充，最后组合文本和图形，最终效果如图 3-34 所示。黑色的背景，径向渐变的文字，黄色柔化的轮廓线，再加上许多迷人的光斑，就像都市夜景的霓虹灯，给人一种梦幻的感觉。

图3-34　霓虹灯效果图

操作步骤

（1）新建一个 Animate CC 2018 文档（ActionScript 3.0），背景颜色为黑色。

（2）选择"椭圆工具"，在属性面板上设置笔触颜色无，填充色任意，按住 Shift 键在舞台上绘制一个圆形。

（3）选择绘制的图形，执行"窗口"｜"颜色"命令，打开"颜色"面板，在右上角的颜色类型下拉列表中选择"径向渐变"，单击面板下方的渐变色带，添加颜色游标，并设置颜色游标从左到右分别为红色、淡黄色、蓝色、绿色、黄色，如图 3-35（a）所示。设置完成后的图形效果如图 3-35（b）所示。

提示：

有关"颜色"面板的使用方法请参见第 4 章的介绍。

（4）执行"修改"｜"形状"｜"柔化填充边缘"命令，在弹出的"柔化填充边缘"对话框中设置"距离"为 30 像素，"步长数"为 14，"方向"为"扩散"，如图 3-36（a）所示。设置完成后，单击"确定"按钮，柔化后的图形如图 3-36（b）所示。

| (a) | (b) | (a) | (b) |

图3-35　图形的填充效果　　　　　　　　　　　图3-36　柔化参数和效果

（5）在工具箱中单击"矩形工具"和"对象绘制"按钮，在属性面板上设置无笔触颜色。然后打开"颜色"面板，设置"颜色类型"为"线性渐变"，并在面板底部的渐变色带上单击添加一个颜色游标，设置游标的颜色从左到右依次为蓝色、绿色、红色，如图 3-37（a）所示。在舞台上绘制一个矩形，移动到如图 3-37（b）所示位置。

（6）使用"任意变形工具"单击矩形，将矩形的变形中心点拖放到圆心处，如图 3-38 所示。

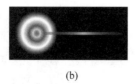
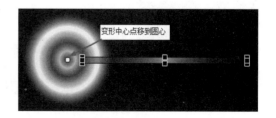

变形中心点移到圆心

| (a) | (b) |

图3-37　绘制矩形　　　　　　　　　　　　　　图3-38　移动变形中心点位置

（7）执行"窗口"｜"变形"命令，打开"变形"面板，选中"旋转"单选按钮，设置旋转角度为45，然后单击"重制选区和变形"按钮 7 次，如图 3-39 所示。此时的舞台效果如图 3-40 所示。

图3-39　设置变形参数

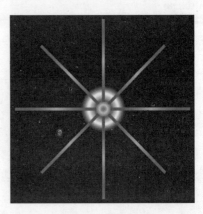

图3-40　变形结果

（8）使用"选择工具"选中舞台上的所有对象，执行"修改"｜"组合"命令，将它们组成一个整体，然后将它们拖到舞台之外的粘贴板。

（9）选择"文本工具"，在"属性"面板上设置字体为 Broadway，大小为 120，颜色为蓝色，在舞台中单击输入字符串"SayHi"，如图 3-41 所示。选中文本，连续执行两次"修改"｜"分离"命令，将文字打散，然后单击舞台上的空白区域取消选中的文字。

（10）选择"墨水瓶工具"，在"属性"面板上设置笔触大小为 3、颜色为黄色，在文本轮廓上单击，可以看到文字的边缘增加了黄色的轮廓线，如图 3-42 所示。

图3-41　输入的文本

图3-42　文本描边效果

（11）按住 Shift 键选中文本的所有填充区域，在"颜色"面板中设置颜色类型为"线性渐变"，颜色游标从左到右如图 3-43（a）所示，文本的填充效果如图 3-43（b）所示。

（12）选择"渐变变形工具"，在舞台上单击文本，通过鼠标拖动手柄调整渐变填充色块的颜色深浅以及倾斜度，效果如图 3-44 所示。然后选中所有文本，执行"修改"｜"组合"命令，将文本组成一个群体。

(a)　　　　　　(b)

图3-43　填充文本

图3-44　调整渐变效果

（13）选中粘贴板上的光斑图形，将其复制多份，然后拖到舞台上适当的位置，最后的效果如图 3-34 所示。

3.4　实例精讲——促销海报

3-3　实例精讲——促销
海报

本节制作一个商场的促销广告，主要是通过文字的效果来吸引目光，通过对操作步骤的详细讲解，使读者熟练掌握创建文本、分散文本，并对文本进行描边、填充和修饰的方法。

首先使用"文本工具"输入文字，并打散，使用"部分选取工具"和"钢笔工具"调整文本路径的形状，创建特殊造型文字效果。然后输入文本并打散，使用"颜色"面板和"墨水瓶工具"对打散的图形进行填充和描边，同样的方法制作其他海报文字，最终效果如图 3-45 所示。

图3-45　海报效果图

操作步骤

（1）执行"文件"｜"新建"命令，新建一个 Animate CC 2018 文档（ActionScript 3.0），舞台大小为 716 像素 ×538 像素。执行"文件"｜"导入"｜"导入到舞台"命令，导入一幅背景图片，适当调整图片的位置，使图片左上角与舞台左上角对齐，效果如图 3-46 所示。

图3-46　导入的背景图像

（2）单击图层面板左下角的"新建图层"按钮 ，新建一个图层。在工具箱中选择"文本工具"，打开"属性"面板，按照图 3-47 设置文本字体、字号、颜色、大小和字母间距。然后在舞台上单击，输入文本，效果如图 3-48 所示。

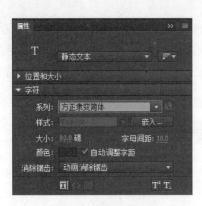

图3-47　设置文本属性　　　　　　　　　　　　　　　　图3-48　输入的文本效果

（3）选中文本，连续执行两次"修改"｜"分离"命令，将文字打散。然后在工具箱中选择"部分选取工具"，拖动"粽"字的最后一点到合适的位置，如图 3-49 所示。

（4）在工具箱中选择"钢笔工具"，在路径上双击添加路径点。然后使用"部分选取工具"拖动路径点，修改路径的弯曲度和形状，如图 3-50 所示。同样的方法，在路径上添加路径点，并修整路径形状，最终效果如图 3-51 所示。

图3-49　修改文本的路径点　　　　　图3-50　添加路径点并修改路径　　　　　图3-51　路径修整效果

（5）选中修改后的路径，打开"颜色"面板，设置颜色类型为"线性渐变"，渐变颜色为浅绿到深绿，如图 3-52（a）所示，填充效果如图 3-52（b）所示。

(a)　　　　　　　　　　　　　　　　　　　(b)

图3-52　填充设置及效果

（6）单击文字所在的图层第1帧选中所有文本路径，然后按下Shift键单击上一步填充的曲线路径，打开"颜色"面板，设置颜色类型为"线性渐变"，填充色为深绿到黑色的渐变，如图3-53（a）所示。填充效果如图3-53（b）所示。

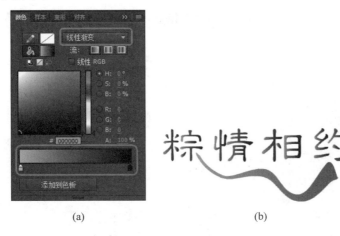

(a)   (b)

图3-53 填充设置及效果

（7）在工具箱中选择"墨水瓶工具"，设置笔触颜色为橙色，笔触大小为2，在曲线上单击进行描边，效果如图3-54所示。

（8）在工具箱中选择"文本工具"，按照图3-55设置文本属性，然后在舞台上单击，输入文字，效果如图3-56所示。

图3-54 描边效果   图3-55 设置文本属性

图3-56 输入文本的效果

（9）选中文本，连续执行两次"修改"｜"分离"命令，将文字打散。然后打开"颜色"面板，设置颜色类型为"线性渐变"，填充颜色为黄色到橙色的渐变，如图 3-57（a）所示。文本的填充效果如图 3-57（b）所示。

(a)　　　　　　　　　　　　　　　　(b)

图3-57　填充设置及效果

（10）选择"渐变变形工具"，调整文本的填充范围和填充方向，效果如图 3-58 所示。然后选择"墨水瓶工具"，在文本上单击进行描边，效果如图 3-59 所示。

图3-58　调整填充效果　　　　　　　　　　图3-59　描边效果

（11）使用"选择工具"，双击"时"字的最后一笔，按 Delete 键删除。然后使用"椭圆工具"绘制一个圆形，移到删除的笔画位置，如图 3-60 所示。

图3-60　修改笔画

（12）选择"文本工具"，设置字体为"华文中宋"，大小为20，颜色为红褐色，字母间距为5，在舞台上输入活动时间，如图3-61所示。用同样的方法，在舞台上输入促销内容，如图3-62所示。

图3-61　输入活动时间

图3-62　输入促销内容

（13）选中促销内容中的"5.5"，打开属性面板，按照图3-63修改文本属性，修改后的效果如图3-64所示。

图3-63　修改文本属性

图3-64　文本效果

（14）选中文本，连续执行两次"修改"｜"分离"命令，将文字打散。然后打开"颜色"面板，设置颜色类型为"线性渐变"，填充颜色为黄色到橙色的渐变。使用"渐变填充工具"调整渐变范围和角度，然后使用"墨水瓶工具"进行描边，效果如图3-65所示。

（15）选择"文本工具"，按照图3-66设置文本属性，然后在舞台底部输入文字。调整文本位置，最终效果如图3-45所示。

图3-65　文本的填充效果

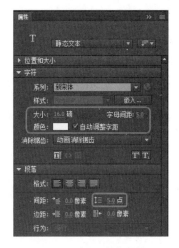

图3-66　设置文本属性

（16）执行"文件"｜"保存"命令，保存文档。

3.5 答 疑 解 惑

1. 如何制作空心文字？

答：执行"修改"｜"分离"命令将文字打散，用"墨水瓶工具"进行描边，然后再选取填充区域，按 Delete 键删除即可。

2. 怎样制作阴影文字？

答：复制文字，并粘贴到当前位置，然后变换文本颜色，再按方向键向下、向右将该文本框各移动一个像素。

3. 在 Animate CC 2018 中怎样消除文字锯齿？

答：在默认情况下，在 Animate CC 2018 中直接输入的文字都可以平滑显示。如果有锯齿，执行"视图"｜"预览模式"命令，选中子菜单中的"消除文字锯齿"命令。

3.6 学习效果自测

一、选择题

1. 使用（　　　）面板可以设置文本的字体和字号。

    A. 属性　　　　　　　　　B. 颜色　　　　　　　　C. 对齐　　　　　　　　D. 库

2. 未分离的文本可以执行（　　　）操作。

    A. 改变字体颜色　　　B. 改变文本形状　　　C. 改变字体大小　　　D. 都可以

3. 制作游戏得分应该使用（　　　）。

    A. 静态文本　　　　　　B. 动态文本　　　　　　C. 输入文本　　　　　　D. 都可以

4. 要对文本段落应用形状补间，必须将该文本段落分离（　　　）次。

    A. 1　　　　　　　　　　B. 2　　　　　　　　　　C. 3　　　　　　　　　　D. 6

二、判断题

1. 静态文本输入后在舞台上形成的是矢量图。（　　　）

2. 文本在分离后不能再次组合为文本。（　　　）

3. 在舞台上输入指定属性设置的文本后，其大小不可调整。（　　　）

4. 文本工具不能写纵向的文字。（　　　）

三、填空题

1. 字体与字号是文本属性中最基本的两个属性，在 Animate CC 2018 中，用户可以通过＿＿＿＿＿＿＿＿ 或 ＿＿＿＿＿＿＿ 进行设置。

2. 在 Animate CC 2018 中，文本类型可分为＿＿＿＿＿＿＿、＿＿＿＿＿＿＿、＿＿＿＿＿＿＿ 三种。

3. 在 Animate CC 2018 中，字体的呈现方法包括使用设备字体、位图文本、动画消除锯齿、可读性消除锯齿和＿＿＿＿＿＿＿＿＿ 选项。

第 **4** 章

编辑动画对象

本章导读

　　在舞台上创建图形和文本等动画对象后，常常需要对其进行修改、编辑等加工处理，从而使基本的对象最终变得丰富多彩。

　　本章将介绍一些常用的编辑操作。

学习要点

❖ 改变对象的大小与形状

❖ 群组与分解

❖ 调整多个对象的位置

❖ 色彩编辑

❖ 使用外部位图

4.1 改变对象的大小与形状

通常情况下，用户可以使用绘图工具箱中的自由变形工具或黑色箭头工具修改对象的大小和形状，具体操作已在第 2 章作了介绍。如果用户希望对对象进行精确的调整，可以使用"修改"｜"变形"子菜单命令实现，如图 4-1 所示。

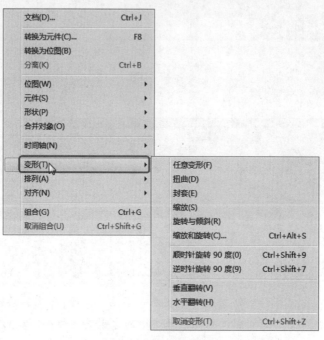

图4-1 "变形"子菜单

其中，"任意变形"命令囊括所有对对象的变换操作，与工具箱中"任意变形工具"的功能一样，在此不再赘述。

执行"取消变形"命令，则可将刚经过变形的对象恢复到变形之前的状态。

4.1.1 缩放与旋转对象

在舞台上选择需要变形的对象后，执行"修改"｜"变形"｜"缩放与旋转"命令，会弹出如图 4-2 所示的"缩放与旋转"对话框。

 ↳ **缩放**：用于等比例缩放选中的对象。
 ↳ **旋转**：用于设置选中对象的旋转角度。

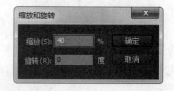

图4-2 "缩放和旋转"对话框

4.1.2 翻转

使用"变形"菜单中的翻转命令，可以将对象在水平方向或垂直方向上进行颠倒。该操作在制作镜像或倒影效果时非常有用。

（1）选择舞台上需要翻转的对象。

（2）执行"修改"｜"变形"｜"水平翻转"或"垂直翻转"命令，可以对对象进行相应的翻转操作，如图 4-3 和图 4-4 所示。

图4-3   水平翻转前后

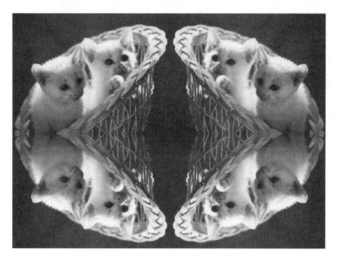

图4-4   垂直翻转后

4.1.3   上机练习——倒影

4-1   上机练习——倒影

本节练习使用"翻转"命令和设置实例的 Alpha 值制作倒影效果,通过操作步骤的详细讲解,使读者熟练掌握"翻转"命令的效果和使用方法。

首先新建一个 Animate CC 2018 文档,并导入一幅背景图像。然后制作一个图形元件,并在舞台上放置两个实例。通过垂直翻转其中一个实例,并修改实例的 Alpha 值,创建倒影,最终效果如图 4-5 所示。

图4-5   最终效果

操作步骤

（1）新建一个 Animate CC 2018 文件。执行"文件"｜"导入"｜"导入到舞台"命令,导入一幅将作为背景的图像,如图 4-6 所示。

（2）单击时间轴面板左下角的"新建图层"按钮,新建一个图层。执行"文件"｜"导入"｜"导入到舞台"命令,导入一幅图像,如图 4-7 所示。然后使用工具箱中的"任意变形工具",调整图像的大小和位置。

（3）选中导入的小鱼图片,执行"编辑"｜"转换为元件"命令,在弹出的"转换为元件"对话框中输入元件的名称,在"类型"下拉列表中选择"图形",然后单击"确定"按钮关闭对话框。

（4）执行"窗口"｜"库"命令,打开"库"面板,将创建的图形元件拖到舞台中,这样舞台上就有两个图形元件的实例。

（5）执行"修改" | "变形" | "垂直翻转"命令，将一个对象垂直翻转180°，然后将其中一个小鱼的图像移动到另一个小鱼图像的下面，如图4-8所示。

图4-6 导入的背景图像

图4-7 导入的小鱼图像

图4-8 两个小鱼的图像

（6）单击下面的小鱼图像，在属性面板上选择 Alpha 选项，然后设置透明度为 57%。最终的效果如图 4-5 所示。

4.1.4 使用"变形"面板

使用"变形"面板可以精确地对对象进行等比例缩放、旋转，还可以精确地控制对象的倾斜度。

（1）在舞台上选择需要精确调整的对象。

（2）执行"窗口" | "变形"命令，打开"变形"面板，如图 4-9 所示。

↘ ↔️：水平方向的缩放比例。

↘ ↕️：垂直方向的缩放比例。

↘ 如果"约束"按钮显示为 🔗，表示在水平和垂直方向上约束比例进行缩放；单击该按钮，按钮显示为 🔓，可以分别在水平方向和垂直方向进行缩放。

↘ 旋转：在"旋转角度"文本框中设置旋转的角度。

↘ 倾斜：在"水平倾斜"和"垂直倾斜"文本框中分别输入水平方向与垂直方向需要倾斜的角度。

图4-9 "变形"面板

↘ 3D 旋转：通过设置 X、Y 和 Z 轴的坐标值，可以旋转选中的 3D 对象。

↘ 3D 中心点：通过设置 X、Y 和 Z 轴的坐标值，移动 3D 对象的旋转中心点。

↘ 水平翻转所选内容 🔄：将选中的对象进行水平翻转。

↘ 垂直翻转所选内容 🔄：将选中的对象进行垂直翻转。

↘ 重制选区和变形 🗐：原来的对象保持不变，制作一个副本进行变形。

↘ 取消变形 🔄：将选中的对象恢复到变形之前的状态。

4.1.5 上机练习——五色花环

本节练习制作一个五色花环，通过操作步骤的详细讲解，使读者熟练掌握"变形"面板的使用方法。

4-2 上机练习——五色花环

首先新建一个 Animate CC 2018 文档，为便于绘图，调出网格，并调整网格大小。然后使用"椭圆工具"绘制一个圆形，并将变形中心点拖放到圆形之外，通过"变形"面板旋转并复制图形，制作五个圆形。接下来复制最后一个圆形，填充黑色并打散，隐藏图形，最终效果如图 4-10 所示：红、黄、绿、蓝、紫五个不同颜色的圆一个压一个，其特殊之处是，最后是红圆压紫圆，而不是紫圆压红圆。

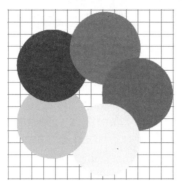

图4-10 图像效果

操作步骤

（1）新建一个文件。执行"视图"｜"网格"｜"编辑网格"命令，在弹出的"网格"对话框中选择"显示网格"和"贴紧至网格"选项，并设置网格宽度和高度为 20 像素，如图 4-11 所示。然后单击"确定"按钮关闭对话框。

（2）选择"椭圆工具"，在属性面板上设置填充色为红色，无笔触颜色，在舞台上按住 Shift 键绘制一个直径长为 6 个网格的正圆。使用"选择工具"双击正圆的填充区域，然后执行"修改"｜"组合"命令，将其群组为一个整体对象。

（3）选中组合对象，单击工具箱中的"任意变形工具"按钮，将变形框的中心点拖到离圆左边一格的网格十字交点上，如图 4-12 所示。

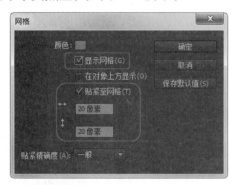

图4-11 "网格"对话框

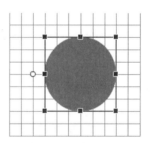

图4-12 移动中心点

（4）执行"窗口"｜"变形"命令，打开"变形"浮动面板。单击"重制选区和变形"按钮，然后选择"旋转"单选按钮，设置旋转角度为 72，如图 4-13 所示。此时舞台上会复制出一个新的红圆，且旋转了 72°，如图 4-14 所示。

图4-13 "变形"面板

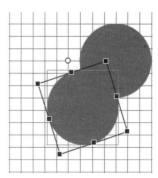

图4-14 复制并应用变形后的效果

提示: 如果对变形后的对象不满意,可以执行"编辑" | "撤销"命令取消变形操作。但该菜单命令只能撤销在舞台上执行的最后一次变形。如果在取消选择对象之前单击"变形"面板上的"取消变形"按钮 ⟲,可以将选中的对象恢复到变形前的初始状态,不管之前对该对象进行了多少次变形。

---

(5)选中复制出的圆,执行"修改" | "取消组合"命令将圆分解,在"属性"面板上,将填充色修改为黄色。然后选中黄色的圆,执行"修改" | "组合"命令,如图 4-15 所示。

(6)重复第(3)~第(6)步,直到最后一个紫圆。如图 4-16 所示。与图 4-10 比较会发现,紫圆压着蓝圆和红圆,但红圆并没有压着紫圆。

(7)选中紫圆,并将其旋转中心移到五个圆的中心位置。然后单击"变形"面板中的"重制选区和变形"按钮 ▣,选择"旋转"选项,设置旋转角度为 72。此时舞台上会复制出一个新的紫圆,如图 4-17 所示。

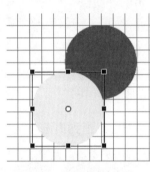
图4-15 修改圆的填充色

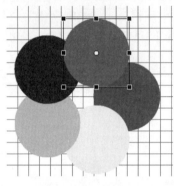
图4-16 图像效果

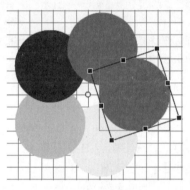
图4-17 图像效果

(8)执行"修改" | "取消组合"命令,将新紫圆填充为黑色,然后再将黑色的圆进行组合。执行"修改" | "分离"命令将紫圆打散,再执行相同的命令将黑圆打散。此时单击紫圆,黑圆会自动隐藏。

(9)执行"修改" | "组合"命令组合紫圆,最终的效果如图 4-10 所示。

4.1.6 使用"信息"面板

使用"信息"面板可以精确地调整对象的位置和大小。

(1)在舞台中选中需要精确调整的对象。

(2)执行"窗口" | "信息"命令,打开"信息"面板,如图 4-18 所示。

➥ **宽**:在该文本框中输入选中对象的宽度值。

➥ **高**:在该文本框中输入选中对象的高度值。

➥ **注册点 | 变形点 ▣**:设置对象的注册点和变形点的位置。新建图形时,默认的注册点位于图形的左上角;变形点位于图形中心。

图4-18 "信息"面板

➥ **X**:在该文本框中输入选中对象的横坐标值。

➥ **Y**:在该文本框中输入选中对象的纵坐标值。

用户还可以在该面板中查看鼠标当前位置的颜色 RGB 和 Alpha 值、鼠标当前位置的坐标值,以及鼠标指针处在位置的笔触宽度。

4.2 群组与分解

在编辑对象的过程中,往往需要将多个分散独立的对象看作一个整体来进行编辑操作。一种有效的办法就是先选中多个独立的对象,然后将它们群组在一起。组合后的对象在舞台上作为一个整体存在,移动组合对象时，对象中的各个子对象的相对位置保持不变。

1. 群组

（1）在舞台上选中需要组合的多个对象，例如两幅导入的位图，如图 4-19 所示。

（2）执行"修改"｜"组合"命令，即可将选中的对象组合成一个整体，此时选中的对象周围会出现一个矩形边框，如图 4-20 所示。

图4-19　选择对象　　　　　　　　　　图4-20　组合后的效果

此时，可以将两幅位图作为一个整体进行移动、复制粘贴、变形等操作。

如果已经创建复杂的组合图像，用户还能在不撤销群组的情况下编辑群组对象中的某一个对象。方法是选中群组对象，然后执行"编辑"｜"编辑所选项目"命令，或双击组合对象中的某一个对象，进入组编辑窗口。在该窗口中，用户可以对组中的对象分别进行编辑。完成后，单击编辑栏上的返回场景按钮 ，即可返回舞台。

2. 分解

如果要解除对象之间的组合关系，选中组合对象后，执行"修改"｜"取消组合"命令，即可将各个对象恢复到未组合前的状态。

4.3　调整多个对象的位置

在舞台上创建大量的对象后，经常需要调整它们的位置，按一定的次序摆放，或以某种方式对齐，调整它们之间的距离。如果同一层中有不同的对象相互叠放在一起时，也需要调整它们的前后顺序，以方便编辑或达到某种设计效果。

4.3.1　叠放多个对象

"修改"｜"排列"命令用于更改选定对象在堆栈中的位置，可以将一个对象移动到其他对象的前面或后面，如图 4-21 所示。

移至顶层(F)	Ctrl+Shift+向上箭头
上移一层(R)	Ctrl+向上箭头
下移一层(E)	Ctrl+向下箭头
移至底层(B)	Ctrl+Shift+向下箭头
锁定(L)	Ctrl+Alt+L
解除全部锁定(U)	Ctrl+Shift+Alt+L

- ↘ **移至顶层**：将选中对象移到当前层中所有对象的最上面。
- ↘ **上移一层**：将选中对象向上移动一层。
- ↘ **下移一层**：将选中对象向下移动一层。
- ↘ **移至底层**：将选中对象移到当前层中所有对象的最下面。

图4-21　"排列"命令子菜单

　↳ **锁定**：锁定选中对象，不参与排序，也不可以进行任何其他编辑。
　↳ **解除全部锁定**：解除所有对象的锁定状态。

例如，选择舞台上需要调整排列顺序的对象，例如图 4-22 中的女孩。执行"修改"|"排列"|"移至底层"命令，此时即可将选中的对象移到三个对象的最下面，如图 4-23 所示。

选中"Kitty"对象，执行"修改"|"排列"|"上移一层"命令，此时即可将选择的对象向上移动一层，如图 4-24 所示。

　　图4-22　选择对象　　　　　　　图4-23　移至底层　　　　　　　图4-24　上移一层

如果选中图 4-22 的女孩，执行"修改"|"排列"|"锁定"命令，则不能再对该对象执行排列命令，除非先解除锁定。

如果排列时选择多个对象，所有选中的对象将同时进行移动排列，并且它们之间的排列关系保持不变。

注意　以上的这几个命令只能用来改变同一层中的对象之间的排列关系，不能改变不同层中的对象排列关系。

4.3.2　对齐多个对象

执行"窗口"|"对齐"命令，打开"对齐"浮动面板，如图 4-25 所示。

从图 4-25 可以看出，"对齐"面板中的功能按钮被分成五类：对齐、分布、匹配大小、间隔、与舞台对齐。各类中分别有一个或多个按钮图标。在任何时刻每类按钮最多只有一个按钮处于选中状态。

1. 对齐

"对齐"面板顶部的第一行按钮即为对齐类按钮，用于在垂直或水平方向对齐选定的多个对象，如图 4-26 所示。

　　　图4-25　"对齐"面板

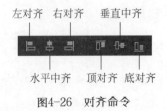

　　　图4-26　对齐命令

使用上述命令对齐选中的多个对象时，Animate CC 2018 根据对象的边界框来对齐对象。例如，选择左对齐，则以选中对象中最左端的对象的左边界为基准进行对齐。同样，当选择顶对齐、底对齐和右对齐时，将以最顶端、最底端或最右端对象为基准进行对齐，如图 4-27、图 4-28、图 4-29 所示。

图4-27　选择对象

图4-28　左对齐效果

　　　　图4-28是在没有选择"与舞台对齐"按钮时的对齐效果。如果选择该按钮，显示效果将发生变化，有兴趣的读者可以上机试一试。

❥ **水平中齐**：使选中的对象垂直中心对齐，并在水平方向显示在舞台的中心。
❥ **垂直中齐**：使选中的对象水平中心对齐，并在垂直方向显示在舞台的中心，如图4-30所示。

图4-29　底对齐效果

图4-30　垂直中齐效果

2. 分布对象

　　"对齐"面板中的第二行按钮即为分布对象按钮，可以在水平方向上或垂直方向上以中心或边界为准分布对象，如图4-31所示。如果要将多个选定的对象进行等距离排列，使用这些选项非常方便。

　　（1）选中舞台上需要分布的多个对象，效果如图4-32所示。

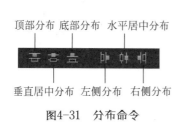

顶部分布　底部分布　水平居中分布
垂直居中分布　左侧分布　右侧分布

图4-31　分布命令

图4-32　分布前的按钮效果

（2）打开"对齐"面板，在"分布"区域单击需要的分布方式按钮，即可将所有选中对象以指定的方式进行分布。

例如，单击"水平居中分布"按钮▐▋，选择的所有对象在水平方向上等距离分布，效果如图4-33所示。单击"垂直居中分布"按钮▀▀，选中的所有对象在垂直方向上等距离分布，效果如图4-34所示。

图4-33　水平居中分布效果

图4-34　垂直方向上等距离分布效果

3. 匹配大小

"对齐"面板上第三行左边的三个按钮是"匹配大小"按钮，如图4-35所示。使用这一组按钮可以调整所有选中对象的尺寸，使它们在水平或垂直方向能够与选中对象中最大的一个进行匹配。

例如，选中图4-36（a）中的三个对象后，单击"匹配高度"按钮▐，可以以选中对象中高度最大的对象为基准，将其他对象的高度进行拉伸，从而达到高度相同的效果，如图4-36（b）所示。

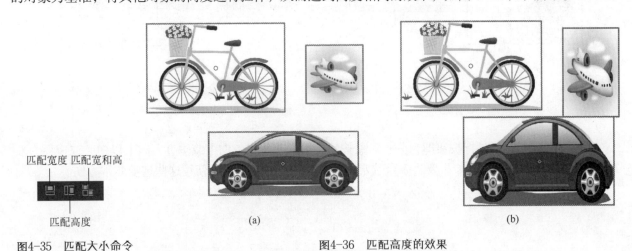

匹配宽度　匹配宽和高

匹配高度

（a）　　　　　　　　　　（b）

图4-35　匹配大小命令　　　　　　　　图4-36　匹配高度的效果

4. 间隔对象

"对齐"面板中的"间隔"按钮用于在水平或垂直方向上等间距隔开选定的对象，如图4-37所示。

在两个大小差不多的图像之间使用"间隔"和"分布"按钮不会有太大的差别，但是当使用不同尺寸大小的图像时差别就很明显了。

5. 与舞台对齐

选择"与舞台对齐"选项，可以以整个舞台为标准，使舞台上的对象相对于舞台进行对齐，即使更改舞台大小，舞台上的对象也不会偏离舞台进入工作区。

垂直平均间隔

水平平均间隔

图4-37　间隔命令

例如，两个对象的初始排列方式如图 4-38 所示。选择"与舞台对齐"按钮的左对齐与没有选择该按钮的左对齐效果分别如图 4-39 和图 4-40 所示。

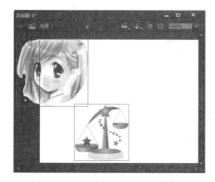

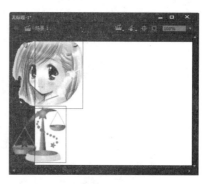

图4-38　初始排列方式　　　图4-39　相对于舞台的左对齐效果　　　图4-40　不相对于舞台的左对齐效果

从图 4-39 和图 4-40 中可以看出，"与舞台对齐"的左对齐以舞台的左边界为基准对齐选中的对象；而没有选择"与舞台对齐"复选框的左对齐则以最左边的对象的左边界为基准对齐选中的对象。

4.4　色　彩　编　辑

色彩在图形绘制中有举足轻重的地位，合理地搭配和应用色彩是创作出成功作品的必要技巧，这就要求用户除了具有一定的色彩鉴赏能力，还要有丰富的色彩编辑经验和技巧。Animate CC 2018 为用户发挥色彩的创造力提供强有力的支持。

4.4.1　颜色选择器的类型

在舞台上选中需要着色的对象后，单击属性面板上的 图标或 图标，可以弹出颜色选择器。

Animate CC 2018 的颜色选择器分为两种类型：一种是进行单色选择的颜色面板，如图 4-41 所示，提供 252 种颜色供用户选择；另一种是包含单色、渐变色以及位图的颜色面板，如图 4-42 所示，除了提供 252 种单色，还提供七种渐变颜色。

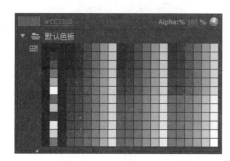
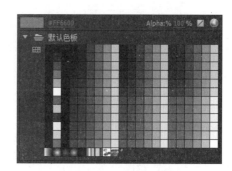

图4-41　单色颜色面板　　　　　　　图4-42　复合颜色面板

提示：　　　　如果当前文档中有导入的图片，则导入的图片将作为位图填充的图案显示在颜色面板中，如图 4-42 所示。

出现这两个窗口之一后，鼠标指针就会变成滴管的形状，此时可以在"颜色"面板中选择颜色，选取的结果会显示在左上角的颜色框内，并且与之对应的十六进制数值也会显示在"颜色值"文本框中。

复合颜色面板的右上方还有一个按钮，单击这个按钮可以绘制无笔触或无填充颜色的图形。

教你一招

工具箱的工具下方提供了几个可以快速设置颜色的工具，如图 4-43 所示。

图4-43　色彩编辑工具

"黑白" ：无论当前笔触颜色和填充颜色是什么颜色，单击这个按钮之后，可以将笔触颜色设置为黑色，将填充颜色设置为白色。

"交换颜色" ：单击这个按钮可以将当前选定对象的笔触颜色和填充颜色进行交换。

4.4.2　认识"颜色"面板

在 Animate CC 2018 中，除了可以使用工具箱中的颜色填充工具为对象填充颜色，还可以使用"颜色"面板指定需要的颜色。与使用工具箱中的颜色工具相比，"颜色"面板有更强大的功能。例如，可以指定 RGB 值获得一个准确的颜色；还可以通过颜色类型列表选择填充风格。

执行"窗口" | "颜色"命令，即可打开"颜色"浮动面板，如图 4-44 所示。

左上角是笔触颜色和填充颜色按钮。通过单击这两个按钮，可以分别设置笔触颜色和填充色。

右上角的"颜色类型"下拉列表是填充风格列表，包括无、纯色、线性渐变、径向渐变和位图填充五种方式，如图 4-45 所示。

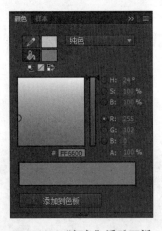

图4-44　"颜色"浮动面板

图4-45　颜色类型

1. 无

不使用任何方式对图形进行填充。

2. 纯色

使用单一的颜色对图形进行填充。

选择此项后，单击"颜色"面板左上角的"笔触颜色"或"填充颜色"按钮，即可打开颜色选择器选择颜色。此时，"颜色"面板底部的颜色编辑条将显示选中的颜色，面板中间右侧的调色板中也将选中相应的颜色，调色板底部的文本框中显示当前选中的颜色的十六进制颜色值，如图 4-46 所示。

↘ **RGB**：RGB 模型是一种以红（Red）、绿（Green）、蓝（Blue）三色为基本色的加色模型。通过改变每个像素点上的每个基色的亮度（256 个亮度级），可以将这三种颜色调成成千上万种颜色。RGB 颜色模型的颜色数值是十进制数，范围是 0 ~ 255。

➥ **HSB**：HSB 颜色模型以色调（Hue）、饱和度（Saturation）和亮度（Brightness）的值表示颜色。色调是组成可见光光谱的单色，单位为度，范围是 0 ~ 360；饱和度指色彩的纯度，单位是%，值为 0 时，表示灰色；亮度指色彩的明亮度，单位是%，值为 0 时，表示全黑。

➥ **Alpha**：是一个调整颜色透明度的数值，值为 100% 时，表示完全不透明；为 0% 时则完全透明。

此外，用户也可以在"颜色"面板中通过拖动滑块和单击色板调制颜色。

如果想调配出的颜色保存起来，应用于其他对象，可以单击"颜色"面板底部的"添加到色板"按钮。

3. 线性渐变

这种颜色类型的特点是，颜色从起始点到终点沿直线逐渐变化。在"颜色类型"下拉列表中选择"线性渐变"选项后，面板底部的颜色编辑条将显示一种渐变色，如图 4-47 所示。

图4-46 "颜色"面板

图4-47 线性渐变

➥ **流**：指定一段渐变结束，还不够填满某个区域时，如何处理多余的空间的方法。

➥ **扩展颜色**：将所指定的颜色应用于渐变末端之外。

例如，缩小如图 4-48（a）所示的红黄蓝渐变色的宽度后，图形将以扩展模式填充：缩窄后的渐变色居于中间，渐变的起始色（红色）和结束色（蓝色）一直向边缘蔓延开来，填充空出来的区域，如图 4-48（c）所示。

➥ **反射颜色**：以反射镜像效果来填充形状，指定的渐变色以下面的模式重复：从渐变的开始到结束，再以相反的顺序从渐变的结束到开始，直到选定的形状填充完毕，效果如图 4-49 所示。

➥ **重复颜色**：从渐变的开始到结束重复渐变，直到选定的形状填充完毕，效果如图 4-50 所示。

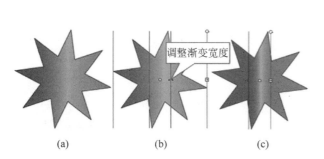

(a)　　　　　(b)　　　　　(c)

图4-48 扩展模式的效果

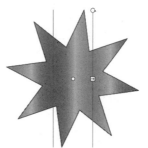

图4-49 镜像模式的效果

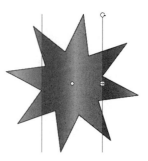

图4-50 重复模式的效果

➥ **线性 RGB**：该选项用于创建 SVG 兼容的渐变。

4. 径向渐变

在"颜色类型"下拉列表中选择"径向渐变"选项后，面板底部的颜色编辑条将显示一种从中心向外侧径向放射的渐变色，如图 4-51 所示。

最左边的色标显示径向渐变最中心的颜色，最右边的色标显示径向渐变最外侧的颜色。

5. 位图填充

使用位图填充矢量图形。要使用这种填充风格，必须先导入外部的位图素材，或者从"库"面板中选择位图素材进行填充。

（1）打开"颜色"面板，在"颜色类型"下拉列表中选择"位图填充"。

如果已在舞台上导入过外部位图素材，将切换到如图 4-52（a）所示的"颜色"面板。否则将弹出"导入到库"对话框，要求用户先导入一幅位图。

（2）如果对导入的位图不满意，可以单击"颜色"面板上的"导入"按钮，在打开的"导入到库"对话框中选中需要的位图。单击"打开"按钮后，导入的位图将出现在"颜色"面板底部的位图列表框中。

图4-51　径向渐变

（3）将鼠标指针移到导入的位图缩略图上，此时鼠标指针变为滴管形状，单击鼠标即可将位图指定为"笔触颜色"或"填充颜色"，如图 4-52（b）所示。

（4）选择一种形状绘制工具，在舞台上拖动鼠标绘制形状。释放鼠标后，绘制的形状将以指定的位图进行填充，如图 4-53 所示。

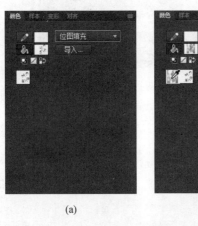
(a)

(b)

图4-52　"颜色"面板

图4-53　位图填充效果

将位图打散后，选中要修改填充的图形，使用"滴管工具"单击位图，活动工具将自动切换为"颜料桶工具"，且自动使用打散的位图填充图形。

4.4.3　上机练习——自定义渐变色

如果复合颜色面板中的七种渐变色不能满足创作的需要，用户可以自定义渐变色。本节练习使用"颜色"面板自定义一种渐变色，通过操作步骤的详细讲解，使读者熟练掌握"颜色"面板的使用方法。

4-3　上机练习——自定义渐变色

设计思路 首先打开"颜色"面板,选择要定义的颜色类型,然后调整颜色游标的颜色,定义渐变色的组成颜色(图4-54(a)),根据需要增加颜色游标,并调整游标之间的宽度,最终效果如图4-54(b)所示。

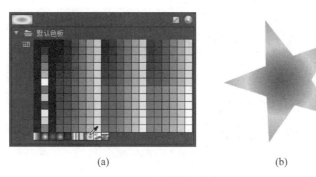

(a)　　　　　　　　　　(b)

图4-54　创建的径向渐变色

操作步骤

(1)执行"窗口"|"颜色"命令,调出"颜色"面板。

(2)在面板右上角的"颜色类型"下拉列表中选择一种渐变类型,在"颜色"面板底部将显示一个横向颜色条和两个已经定义好位置的颜色游标,本例选择"径向渐变",如图4-55所示。

(3)单击颜色条下方的游标,拖动色谱右侧的滑块选择需要的颜色,然后在色谱中单击指定所需的颜色,在Alpha文本框中指定当前颜色的透明度,如图4-56所示。同样的方法,为其他颜色游标指定颜色。

(4)在颜色条上单击,可以添加一个颜色游标,然后重复第(3)步设置游标的颜色,如图4-57所示。

图4-55　"颜色"面板　　　　图4-56　设置游标颜色　　　　图4-57　添加颜色游标

提示: 如果要删除渐变色中的某种颜色,只需要将代表该颜色的游标拖离横向颜色条即可。

(5)拖动游标的位置改变不同颜色之间的渐变宽度。

(6)设置渐变色后,单击"颜色"面板底部的"添加到色板"按钮,即可将创建的渐变色添加到复合颜色面板中,如图4-58所示。

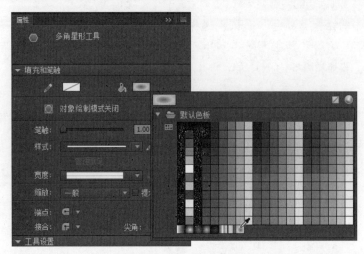

图4-58　自定义的渐变色

此时，使用绘图工具绘制一个图形，即可使用自定义的渐变色进行填充，如图 4-54 所示。

4.5　使用外部位图

由于 Animate CC 2018 生动、形象的表现方式，以及文件小的特点，在很多领域都有广泛的应用，而图形是动画制作过程中必不可少的元素。如果所有的图形都自己动手绘画，花费不少时间和精力不说，对于不擅长美术的制作者来说，绘画出的图形效果也很难保证。通常情况下，一个很简单的解决办法就是直接使用表现力丰富的外部位图。

 知识拓展： -

矢量图像与位图的区别

计算机图像主要有矢量图像（矢量）和位图图像（位图）两种类型。

1. 矢量图像

矢量图像用包含颜色和位置属性的线条描述图像属性。对于矢量图像来说，路径（Path）和点（Point）是其中最基本的元素，可以通过修改路径和路径点改变矢量图像。

由于矢量图像中记录的图像信息是路径点及各个路径点之间的关系，在缩放矢量图像时，实际上仅改变了路径点的坐标位置。操作完成后，计算机会重新计算新坐标下的路径，并绘制相应的矢量图像。因此，矢量图像可以任意缩放，且不会影响图像效果，如图 4-59 所示。

图4-59　放大矢量对象

2. 位图图像

位图图像是对区域中所有像素点的位置和颜色信息进行描述，这种方式是"一对一"的，可以如实地反应需要的任何画面。

　　位图图像的分辨率不是独立的，缩放位图图像会改变其显示效果。例如在放大位图图像时，由于增加了未定义的像素点个数，因此会出现马赛克效果，如图 4-60 所示。

图4-60　放大位图图像

4.5.1　导入位图

　　Animate CC 2018 能识别多种位图格式，包括 BMP、JPG、TIFF、TGA、GIF、PNG、PIC 和 PSD 等。对于导入的图像资源，Animate CC 2018 能够进行压缩处理，极大地优化图像显示质量，并有效地缩小文件体积。

　　Animate CC 2018 可以通过导入命令将位图导入到库中，还可以通过将位图粘贴到舞台上的方式进行导入。

　　（1）执行"文件"｜"导入"｜"导入到舞台"或"导入到库"命令，如图 4-61 所示。

　　（2）在弹出的"导入"对话框中选择需要的位图文件，然后单击"打开"按钮。

　　如果选择的是"导入到舞台"命令，选择的位图文件将直接以原本的尺寸显示在舞台上。用黑色箭头工具单击图片，图片四周会显示一个矩形边框，表示该图片为位图，不是矢量图，如图 4-62 所示。图 4-62（a）为矢量图，图 4-62（b）为位图。

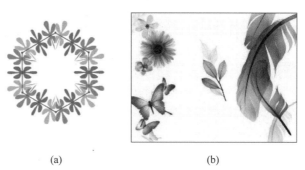

(a)　　　　　　　　(b)

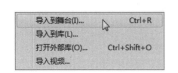

图4-61　"导入"菜单下的命令　　　　　　　　图4-62　导入位图

　　如果选择的是"导入到库"命令，则选择的文件不会出现在舞台上。执行"窗口"｜"库"命令，打开"库"面板后，在库项目列表中选中导入的文件，如图 4-63 所示。然后按下鼠标左键拖动到舞台上，释放鼠标，即可将导入的位图显示在舞台上。

　　事实上，使用"导入到舞台"命令导入的位图也存放在"库"面板中。

图4-63　"库"面板

提示：　如果导入的图像文件名称以数字结尾，而且文件夹中还存在其他按顺序编号的图像，Animate CC 2018 会提示是否导入全部图像序列，这在通过导入连续图片制作逐帧动画时很方便。

4.5.2　将位图转换为矢量图

如果导入的位图只是作为背景使用，不需要很高的显示质量，可以考虑将位图转换为矢量图，以减小文件的大小。

（1）使用"选择工具"选中舞台上导入的位图。

（2）执行"修改"｜"位图"｜"转换位图为矢量图"命令，弹出如图 4-64 所示的"转换位图为矢量图"对话框。

（3）在"颜色阈值"文本框中输入一个介于 1～500 之间的值。

当两个像素进行比较后，如果它们在 RGB 颜色值上的差异低于该颜色阈值，则认为两个像素的颜色是相同的。如果增大该阈值，则意味着降低颜色的数量。

（4）在"最小区域"文本框中输入一个 1~1000 之间的值，用于设置在指定像素颜色时要考虑的周围像素的数量。

图4-64　"转换位图为矢量图"对话框

（5）在"角阈值"下拉列表中选择对转角的平滑处理程度。

（6）在"曲线拟合"下拉列表中选择一个确定绘制的轮廓的平滑程度的选项。

提示：　如果要创建最接近原始位图的矢量图形，可以在"颜色阈值"文本框中输入 10；在"最小区域"文本框中输入 1；在"角阈值"下拉列表中选择"较多转角"；在"曲线拟合"下拉列表中选择"像素"。

（7）单击"确定"按钮关闭对话框，并转换位图。转换后的矢量图如图 4-65 所示。

转换位图为矢量图

图4-65　转换位图为矢量图

注意　将位图转换为矢量图形后，矢量图形不会链接到"库"面板中的位图元件。如果导入的位图包含复杂的形状和许多颜色，且需要很高的显示质量，最好不要将其转换为矢量图。因为转换后的文件大小很可能比原来的位图还要大许多，而且还会有一个很漫长的转换过程。

4.5.3　上机练习——处理矢量插画

　　本节练习处理导入的位图，制作一幅矢量插画。通过操作步骤的详细讲解，使读者熟练掌握处理外部位图的方法和技巧。

　　本例我们将使用位图处理一副如图 4-66 所示的矢量插画效果，使用"转换位图为矢量图"命令可以有效地将位图转换为矢量图。

4-4　上机练习——处理矢量插画

　　首先导入一幅位图，使用"转换位图为矢量图"命令将位图转换为矢量图。然后使用"选取工具""橡皮擦工具"对人物边缘进行适当地擦除，去除背景。接下来绘制圆角矩形边框和背景对矢量图进行修饰，最终效果如图 4-66 所示。

图4-66　矢量插画

操作步骤

　　（1）新建一个 Animate CC 2018 文档（ActionScript 3.0），宽 500 像素，高 300 像素。

　　（2）执行"文件"|"导入"|"导入到舞台"命令，在弹出的对话框中选择需要的位图图像，单击"打开"按钮导入到舞台。

　　（3）执行"修改"|"变形"|"缩放和旋转"命令，在弹出的"缩放和旋转"对话框中设置缩放比例为 32%，如图 4-67 所示。单击"确定"按钮缩小位图，效果如图 4-68 所示。

图4-67　"缩放和旋转"对话框

图4-68　导入的位图效果

　　（4）执行"修改"|"位图"|"转换位图为矢量图"命令，在弹出的对话框中进行如图 4-69 所示的设

置，完成后单击"确定"按钮将位图转换为矢量图，效果如图 4-70 所示。

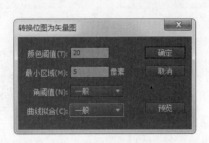

图4-69　设置"转换位图为矢量图"对话框

图4-70　转换为矢量图后的效果

（5）使用绘图工具箱中的"选择工具"，单击人物以外的区域，然后按 Delete 键将其删除。然后使用"橡皮擦工具"对人物边缘进行适当地擦除，使其变得圆滑，效果如图 4-71 所示。

（6）选中绘图工具箱中的"基本矩形工具"，设置笔触颜色为黑色，笔触大小为 3，无填充色，矩形边角半径为 15，绘制如图 4-72 所示的圆角矩形。

图4-71　擦除图形后的效果

图4-72　绘制出的圆角矩形

（7）单击时间轴面板左下角的"新建图层"按钮，新建一个图层，并将该图层拖放到图层 1 之下。执行"文件"|"导入"|"导入到舞台"命令，导入一幅底图。然后执行"修改"|"位图"|"转换位图为矢量图"命令，保留默认设置，完成后单击"确定"按钮将位图转换为矢量图，如图 4-73 所示。

（8）使用"选择工具"框选圆角矩形以外的图形，并将它们删除，效果如图 4-74 所示。

图4-73　将位图转换为矢量图

图4-74　图形删除后的效果

（9）单击时间轴面板左下角的"新建图层"按钮，新建一个图层，选择"文件"|"导入"|"导入到舞台"命令，导入需要的位图，并适当调整其大小，然后使用前面所讲的方法，将导入的图像转换为矢量图，效果如图 4-75 所示。

图4-75　选择的图形

（10）使用"选择工具"选择文字以外的区域，然后使用"滴管工具"单击底纹图像左下角的橘红色区域，改变选中区域的颜色，效果如图 4-66 所示。

4.5.4　打散位图

分离位图会将图像进行打散，从而可以使用 Animate CC 2018 工具箱中的各种绘画工具对位图中的像素进行自由选择和修改。

（1）选择舞台上的位图实例。

（2）执行"修改" | "分离"命令，或按 Ctrl+B 键将位图进行分离，如图 4-76 所示。

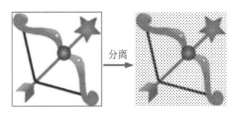

图4-76　位图打散前后的外观

4.6　实例精讲——特殊造型文字

本节练习制作一个特殊造型的文字效果，通过操作步骤的详细讲解，使读者熟练掌握各种变形工具、修改工具以及"颜色"面板的使用方法。

4-5　实例精讲——特殊造型文字

首先使用"文本工具"输入文本，并将文本在水平方向上进行拉伸。然后使用"扭曲"命令创建基本造型，接下来将文本分离为形状，使用"部分选取工具"对形状进行造型。最后对图形进行描边和填充，并通过将图形转换为影片剪辑，应用斜角滤镜，最终效果如图 4-77 所示。

图4-77　特殊文字造型效果

操作步骤

（1）执行"文件" | "新建"命令，新建一个 Animate CC 2018 文件。

（2）选择"文本工具"，在属性面板上设置字体为 Impact，大小为 60，在舞台上输入"Animate"字符串，然后选择"任意变形工具"，横向拉伸文本。以同样的方法，输入"2017"，在水平方向上拉伸文本，效果如图 4-78 所示。

（3）选中舞台上的所有文本，连续执行"修改"|"分离"命令两次，将文本转换为图形。然后执行"修改"|"变形"|"扭曲"命令，拖动变形框上的控制手柄修改文本形状，效果如图 4-79 所示。

图4-78　输入文本对象

图4-79　变形后效果

（4）选中工具箱中的"部分选取工具"，选择并拖动文本的路径点，对其进行变形修改，修改后的效果如图 4-80 所示。

（5）选择"墨水瓶工具"，在属性面板上设置笔触颜色为蓝色，笔触大小为 4，单击文本的轮廓进行描边，效果如图 4-81 所示。

图4-80　文字变形效果

图4-81　描边效果

（6）按住 Shift 键依次单击文本的填充区域，然后打开"颜色"面板，设置颜色类型为"线性渐变"，单击渐变色带，添加一个颜色游标，然后从左至右设置三个颜色游标分别为红色、黄色、绿色，如图 4-82 所示。文本填充后的效果如图 4-83 所示。

图4-82　设置填充颜色

图4-83　填充效果

（7）使用"选择工具"框选舞台上的所有文本对象，执行"修改"|"转换为元件"命令，在弹出的对话框中设置元件类型为"影片剪辑"。然后打开属性面板，在"滤镜"区域单击"添加滤镜"按钮，在弹出的下拉菜单中选择"斜角"命令，并设置斜角类型为"全部"，如图 4-84 所示。

此时，在舞台上可以看到文本的最终效果，如图 4-77 所示。

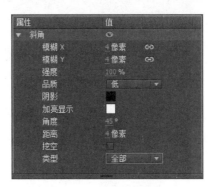

图4-84   设置斜角参数

4.7 答 疑 解 惑

1. 常见的矢量图有哪些格式?

答: 常见的矢量图格式有 *.ai、*.eps、*.wmf、*.cdr,其中前三种可以在 Aniamte CC 2018 中直接引用。

2. 有些透明背景的 GIF 图片导入到 Animate CC 2018 中后,为什么背景就变为不透明?

答: 为了导入透明的位图,必须保证含有透明部分的 GIF 图片使用的是 Web216 色安全调色板,而不是其他调色板。

4.8 学习效果自测

一、选择题

1. 要把对象完全居中于整个舞台,可以使用(   )。

　　A. "信息" 面板　　　　　　　　　　　　　　B. "属性" 面板

　　C. "变形" 面板　　　　　　　　　　　　　　D. "对齐" 面板

2. 如果要给图形填充位图,应用使用(   )面板。

　　A. 属性　　　　　　　B. 颜色　　　　　　　C. 对齐　　　　　　　D. 库

3. 编辑位图图像时,修改的是(   )。

　　A. 像素　　　　　　　B. 曲线　　　　　　　C. 直线　　　　　　　D. 网格

4. 下面关于矢量图形和位图图像的说法错误的是(   )。

　　A. 允许用户创建并产生动画效果的是矢量图形而位图图像不可以

　　B. 用户可以导入并操作在其他应用程序中创建的矢量图形和位图图像

　　C. 用 Animate CC 2018 的绘图工具画出来的图形为矢量图形

　　D. 一般来说,矢量图形比位图图像文件大

5. 使用选择工具可以改变图形的形状,下面说法正确的是(   )。

　　A. 使用选择工具选择需要修改的形状,单击并拖动鼠标即可调整该图形的形状

　　B. 在未选中形状的状态下,将鼠标指针移动到需要调整处,单击并拖动,即可调整其弧度

　　C. 使用选择工具选择需要修改的形状,按住 Ctrl 键拖动鼠标

　　D. 以上均不正确

6. 使用任意变形工具可以对图形进行(   )操作。

　　A. 缩放　　　　　　　B. 旋转　　　　　　　C. 倾斜扭曲　　　　　　D. 封套

7. 下面说法正确的是（　　）。

　　A. 位图图像不可分离　　　　　　　　　　B. 形状不可分离

　　C. 取消组合命令同样可以分离元件　　　　D. 以上均正确

二、填空题

1. 在"对齐"面板中选中 _____ 选项，可以以整个舞台为标准，使舞台上的对象相对于舞台进行对齐，即使更改了舞台大小，舞台上的对象也不会偏离舞台进入工作区。

2. 分离动画图形可以使用快捷键 _____ 。

3. 组合动画图形可以使用快捷键 _____ 。

4. "排列"命令只能用来改变 _____ 的对象之间的排列关系，不能改变 _____ 的对象排列关系。

5. 将位图转换为矢量图形后，矢量图形与"库"面板中的位图元件 _____ 有关联。

第 **5** 章

图 层 与 帧

本章导读

　　一个动画往往需要用到很多图层，将不同的图形或动画添加到不同的层上，最终合并起来就是一幅生动而且有深度感的作品。图层的数量没有限制，但在实际应用中，要考虑计算机的性能，适当地分配图层的数量。

　　动画最基本的单位是帧，对帧的操作事实上就是对时间轴的编辑。时间轴窗口是对所有动画以及图层的组成对象进行编辑的地方，是动画作品创作的核心内容。

　　本章将介绍动画制作中必不可少的图层工具的常用操作，以及动画制作中的一些基本概念。

学习要点

- ❖ 了解图层模式
- ❖ 管理图层
- ❖ 帧的相关操作

5.1 了解图层模式

图层可以理解为摆放在舞台上的一系列透明的"画布",在"画布"上用户可以随意摆放想要的内容,这些内容之间是相互独立的。每个层的显示方式与其他层的关系非常重要,这是因为各层中的对象是叠加在一起的,最上面的层是影片的前景,最下面的层是影片的背景,被遮挡住的部分不可见。

图层有如下四种模式,不同模式的图层以不同的方式工作。通过单击层名称栏上的适当位置,可以随时改变层的模式。

- **当前层模式**:当前层的名称栏上显示左右控件◀▮▶,如图 5-1 所示的"图层 2"。在任何时候,只能有一层处于这种模式,这一层就是当前操作的层。

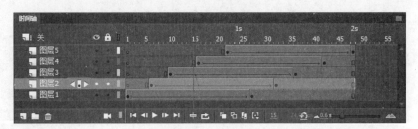

图5-1 当前层模式

单击图层名称,即可将选中的层指定为当前层,且突出显示。在舞台上添加的新对象都将被分配给这个层。

- **隐藏模式**:隐藏图层的名称栏上显示一个✕图标,如图 5-2 所示的"图层 3"。要集中处理舞台上的某一部分时,隐藏一层或多层中的某些内容很有用。

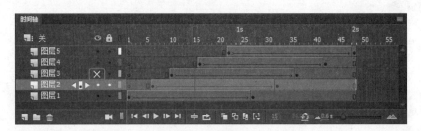

图5-2 隐藏模式

单击指定图层上"显示"图标 对应的位置,即可隐藏或显示图层。

- **锁定模式**:锁定图层的名称栏上显示一个锁图标 ,如图 5-3 所示的"图层 4"。图层被锁定后,可以看见该层上的内容,但是无法对其进行编辑,通常用于暂时不会对其进行修改或防止被误操作的图层。

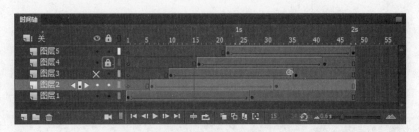

图5-3 锁定模式

单击指定图层上"锁定"图标 对应的位置,即可锁定或解锁图层。

➥ **轮廓模式**：层的名称栏上显示彩色方框，而不是实心方块时，该图层上的内容仅显示轮廓线，轮廓线的颜色由方框的颜色决定。如图5-4所示的"图层5"。

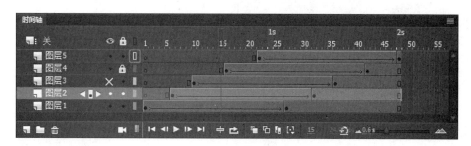

图5-4　轮廓模式

单击指定图层上"轮廓"图标对应的彩色方块，即可以轮廓模式或正常模式显示图层内容。

5.2　管理图层

虽然在舞台上无法识别出单个的图层，但可以通过图层面板便捷地显示和访问各个图层中的内容。时间轴窗口的左侧部分就是图层面板，如图 5-5 所示。

5.2.1　创建、重命名图层

1. 创建图层

新建一个 Animate CC 2018 文档时，文件默认的图层数为 1。尽管用一个图层也可以制作动画，但是在 Animate CC 2018 中，同一时间一个图层只能设置一个动画，所以制作较复杂的动画时，就需要多个图层了。

图5-5　有多种图层的图层面板

创建一个新的图层有以下三种方法：

➥ 执行"插入" | "时间轴" | "图层"命令。

➥ 单击图层面板左下角的"新建图层"按钮。

➥ 右击图层面板上的任意一层，在弹出的快捷菜单中选择"插入图层"命令。

注意 　　新建一个图层时，Animate CC 2018 自动在层上添加足够多的帧，以与时间轴中的最长帧序列匹配。也就是说，如果最长帧序列为 20 帧，Animate CC 2018 将自动在所有新图层上添加 20 个帧。

2. 重命名图层

新建一个图层后，Animate CC 2018 将按序号自动为不同的层分配不同的名字，如图层 1、图层 2 等。尽管用户可能不需要为层起不同的名字，但是笔者仍然建议读者在创建图层时，依照图层之间的关系或内容重命名图层，以便日后对图层中的对象进行组织、管理。

重命名层可选用以下两种方法之一：

➥ 右击要重命名的图层，选择"属性"命令，在弹出的"图层属性"对话框中的"名称"文本框中输入图层名称，如图 5-6 所示。

➥ 双击图层名称，当图层名称变为可编辑状态时（图 5-7 所示）输入一个新的名称，输入完毕，按 Enter 键，或单击其他空白区域。

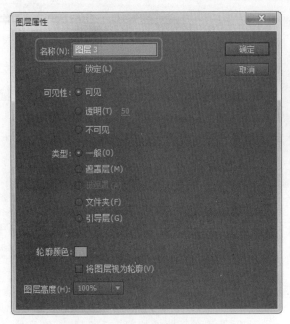

图5-6　"图层属性"对话框

图5-7　更改图层名称

5.2.2　上机练习——制作按钮图形

本节练习制作一个被按下的按钮图形，通过操作步骤的详细讲解，加强读者对图层概念的理解，使读者熟练掌握创建图层以及重命名图层的方法。

5-1　上机练习——制作
按钮图形

本实例的要点是按钮的立体感把握，首先绘制一个正圆并进行线性填充，然后复制该图形，将两个图形放在不同的图层中，最后对复制的图形进行缩放和旋转，从而创建立体感，最终效果如图 5-8 所示。

操作步骤

图5-8　按钮的效果

（1）执行"文件"｜"新建"命令，新建一个 Animate CC 2018 文件（ActionScript 3.0）。

（2）在工具箱中选择"椭圆工具"，并在对应的属性面板上设置笔触颜色"无"，填充色任意，然后按住 Shift 键的同时拖动鼠标在舞台上绘制一个正圆。

（3）执行"窗口"｜"颜色"命令，打开"颜色"浮动面板。在"颜色类型"下拉列表中选择"线性渐变"，然后在颜色编辑栏上设置第一个颜色游标为白色，第二个颜色游标为淡红色，如图 5-9 所示。填充后的效果如图 5-10 所示。

（4）选中填充后的圆形，执行"编辑"｜"复制"命令，复制图形。

（5）单击图层面板左下角的"新建图层"按钮，然后双击图层名称栏，当该区域变为可编辑状态时，输入"小圆"，并按 Enter 键，将图层名称修改为"小圆"。

（6）执行"编辑"｜"粘贴到当前位置"命令粘贴图形，然后执行"修改"｜"变形"｜"缩放和旋转"命令，在弹出的对话框中设置缩放比例为80%，旋转角度为180°，如图 5-11 所示。

（7）单击"确定"按钮关闭对话框，即可得到最终效果，如图 5-8 所示。

图5-9　"颜色"面板

图5-10　填充圆形效果

图5-11　调整小球的填充颜色

5.2.3　改变图层顺序

通过修改图层的层叠顺序，可以创建不同的叠加效果。

（1）选择需要调整顺序的图层，如图 5-12（a）所示的"图层 8"。

（2）在图层上按下鼠标左键不放，拖到需要的位置。目标位置将显示一条粗黑线，如图 5-12（b）所示。

（3）释放鼠标，即可将选中图层移到指定位置，如图 5-12（c）所示。

(a)

(b)

(c)

图5-12　更改图层顺序

5.2.4　修改图层属性

创建图层之后，用户还可以修改图层的属性，如图层名称、状态、类型、轮廓颜色和图层单元格的高度，等等。

（1）选中要修改属性的图层，然后右击该图层的名称栏。

（2）在弹出的快捷菜单中选择"属性"命令，打开"图层属性"对话框，如图 5-13 所示。

- **名称**：用于修改选定图层的名称。
- **锁定**：选中该项，则图层处于锁定状态，不能选中或编辑该图层上的对象；否则处于解锁状态，该图层上的对象能够被选择或编辑。
- **可见性**：用于设置图层内容在舞台上是否可见。如果选择"透明"，该图层在图层面板上会显示透明图标■，舞台上的内容以指定的透明度显示。设置为 100 时，在舞台上不可见。
- **类型**：用于指定图层的类型。
  - **一般**：将选定的图层设置为普通图层。
  - **遮罩层**：将选定的图层设置为遮罩图层。

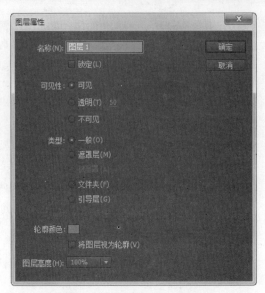

图5-13　"图层属性"对话框

➤ **被遮罩**：将选定的图层设置为被遮罩图层。
➤ **文件夹**：将选定的图层设置为图层文件夹。
➤ **引导层**：将选定的图层设置为普通引导图层，通常用于辅助定位。

> **提示：**
> 　　如果要创建运动引导层，可以在图层上右击，在弹出的快捷菜单中选择"添加传统运动引导层"命令。

➥ **轮廓颜色**：指定当图层以轮廓显示时的轮廓线颜色。在一个包含很多层的复杂场景中，轮廓颜色可以使用户能够快速识别选择的对象所在的层。
➥ **将图层视为轮廓**：选中的图层以轮廓的方式显示图层中的所有对象。
➥ **图层高度**：用于调整图层单元格的高度，如图 5-14 所示。图 5-14（a）中"图层 3"的高度为100%，图 5-14（b）中"图层 3"的高度为 200%。

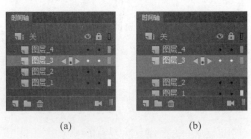

(a)　　　　　　　　　(b)

图5-14　图层高度调整前后对比

（3）修改图层属性之后，单击"确定"按钮，即可关闭对话框，并将所做修改应用于选定的图层。

5.2.5　标识不同图层

　　在一个包含很多图层的复杂场景中，要确定某个对象属于哪一个图层似乎并不是一件容易的事情。事实上，Animate CC 2018 提供一个很有用的工具以快速识别选中对象所在的层。
　　Animate CC 2018 默认为每一个图层在名称栏上指定一种轮廓颜色，用以标记不同层上的对象。
　　单击图层名称栏右侧的彩色方块，实心方块将变为彩色方框，舞台上对应的图层内容也随之仅以轮廓线显示，如图 5-15 所示。

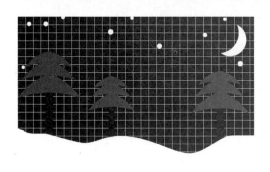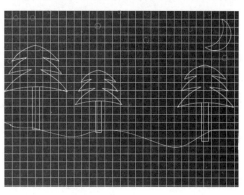

图5-15　轮廓标识前、后，层上的对象效果对比

再次单击彩色方框，图标又变为彩色方块，该层中的对象又恢复正常显示。

　注意　轮廓线显示方式对文本和打散的文本的显示效果有所不同。在轮廓显示模式下，分解为图形之后的文字只显示轮廓线，而未分解的文字将以轮廓线的颜色完全显示，如图 5-16 所示。

图5-16　轮廓标识前、后，图形与文字的效果对比

用户还可以修改默认的轮廓颜色。

（1）在要修改的图层名称栏上右击，在弹出的快捷菜单中选择"属性"命令，弹出"图层属性"对话框。

（2）单击"轮廓颜色"右侧的色块，可以设置轮廓的颜色，然后选中"将图层视为轮廓"复选框，如图 5-17 所示。

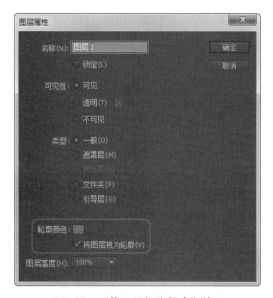

图5-17　"将图层视为轮廓"选项

提示：
在舞台上选中某个对象时，它所在的层将突出显示，从而可以轻松地识别对象所在的层。

5.2.6 复制、删除图层

如果要制作两个或多个内容相同或相似的图层，可以复制一个图层上的全部或部分内容以建立一个新图层。在输出动画之前，也应及时删除多余的图层，以减少文件体积。

1. 复制图层

在 Animate CC 2018 中，甚至可以同时选中一个场景的所有层，将它们粘贴到其他任何位置以复制场景。

（1）选择要复制的层，单击要复制的第 1 帧，然后按住 Shift 键的同时单击要复制的最后一帧。选择的帧区域将高亮显示，表明被选中，如图 5-18 中图层 2 的第 5 帧~第 30 帧。

图5-18 选中图层

提示：
如果要选择多个连续图层中的连续帧，可以单击要复制的第一层的第一帧，然后按下鼠标左键拖到最后一层的最后一帧，释放鼠标。如果要复制的层不连续，可以单击要复制的第一个图层的名称，然后按下 Ctrl 键的同时单击其他需要复制的图层的名称。

（2）右击选中的帧，在弹出的快捷菜单中选择"复制帧"命令。

（3）新建一个图层，用于接受被复制层的内容。

（4）右击要粘贴内容的起始帧，在弹出的快捷菜单中选择"粘贴帧"命令。

这样，就完成了对单层的复制与粘贴。如果复制多个层，则 Animate CC 2018 将自动新建其他图层，以容纳复制的图层。

注意
如果在快捷菜单中选择"粘贴并覆盖帧"命令，可用复制的帧替换时间轴上相同数目的帧。例如，复制 10 个帧，然后使用"粘贴并覆盖帧"命令粘贴，则从粘贴处开始的 10 个帧会被复制的帧替换。

2. 删除图层

删除图层的操作也很简单。

（1）选中要删除的图层。

（2）执行以下操作之一删除选中的层。

↘ 单击图层面板右下角的"删除"按钮🗑。

↘ 在要删除的图层上右击，从弹出的快捷菜单中选择"删除图层"命令。

删除图层的同时，该图层上的所有对象也会被一并删除。

5.2.7 用文件夹组织图层

影片越复杂，图层就会越多。当影片复杂到需要由数十个图层组成时，在其中选择一个图层将是一件相当艰难的事情。使用图层文件夹对图层进行分组管理可以很好地解决这个问题。

（1）打开需要进行图层管理的 Animate CC 2018 文件。

（2）单击图层面板左下角的"新建文件夹"按钮█，新建一个图层文件夹，如图 5-19 所示。

（3）双击文件夹名称，当名称区域变为可编辑状态时，输入一个容易记忆的名称，按 Enter 键，或单击其他空白区域确认。

（4）选择要移到该文件夹中的图层，如图 5-20 所示。

（5）在选中的图层上按下鼠标左键并拖到文件夹下方，图层拖放的目的地将显示一条黑色粗线，如图 5-21（a）所示。

（6）释放鼠标，即可将选中的图层置于文件夹之下，效果如图 5-21（b）所示。

（7）单击图层文件夹左侧的三角形按钮，可以折叠或者展开图层文件夹。

利用图层文件夹可以一次性将编辑操作应用于图层文件夹中所有的图层，而不必对其中的每个图层分别进行操作。例如，单击图层文件夹的显示控制按钮，即可隐藏该文件夹中的所有图层。同样，如果删除图层文件夹，其中的所有图层将一并删除。

图5-19　新建一个图层文件夹

图5-20　选中要放入文件夹的图层

(a)

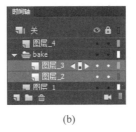

(b)

图5-21　拖动选中的图层到文件夹

5.3　帧的相关操作

动画的制作原理是在动画最小时间里连续显示数十个乃至数百个静态图片，使得用户肉眼看起来，图片中的物体在运动。各个静止的图片称为帧，帧代表时刻，不同的帧就是不同的时刻，动画制作实际上就是改变连续帧的内容的过程。

5.3.1　认识时间轴上的帧

时间轴顶部为时间轴标尺，显示时间（以秒为单位）和帧编号，如图 5-22 所示。

时间轴标尺由帧标记、帧编号和时间标记三部分组成。帧标记就是标尺上的垂直线，每一个刻度代表一帧，每 5 帧显示一个帧编号。帧编号居中显示在两个帧标记之间。时间标记以秒为单位，将帧转换为时间，方便用户知悉在动画过程中设置的每秒帧数值（FPS）。例如，图 5-22 的时间轴显示每秒 24 帧。

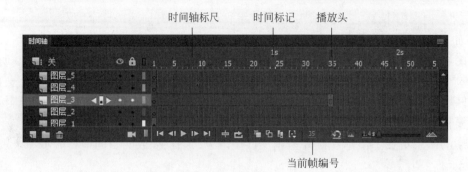

图5-22　时间轴窗口

执行"编辑"|"首选参数"|"常规"命令，选中"在时间轴中隐藏时间标记"复选框，可以在时间轴上隐藏时间标记。

播放头是时间轴上的红色小方块。拖动播放头时，动画会随着播放头的拖动方向向前或向后播放，状态栏上会实时显示播放头所在的帧编号。

5.3.2　了解帧的种类

在制作动画时，常会涉及到关键帧、空白关键帧、普通帧等术语，熟练掌握这些基本概念对制作动画不无裨益。

1. 关键帧

顾名思义，是指动画中具有关键内容的帧，或者说是能改变动画内容的帧。也就是说，如果要更改动画（如添加或删除内容、改变对象的运动方式，等等），就要使用关键帧。关键帧在时间轴上显示为一个小的实心圆点，前一个关键帧与后一个关键帧之间用黑色线段来划分区段，如图 5-23 所示的图层 3 第 1 帧和第 15 帧。

图5-23　关键帧

在同一个关键帧的区段中，关键帧的内容会保留给它后面的帧，例如，图 5-23 中的第 16 帧~35 帧的内容与第 15 帧相同。利用关键帧制作动画，只要确定动画中的对象在开始和结束时的两个关键状态，Animate CC 2018 会自动通过插帧的办法计算并生成中间帧的状态。如果需要制作比较复杂的动画，动画对象的运动过程变化很多，可以通过增加关键帧来达到目的，关键帧越多，动画效果就越细致。如果所有的帧都是关键帧，就形成了逐帧动画。

2. 空白关键帧

如果关键帧中没有任何对象，称为空白关键帧。创建一个新图层时，每一个图层的第一帧将自动被设置为空白关键帧，在时间轴上，空心圆点表示空白关键帧，如图 5-24 所示的图层 3 第 30 帧，以及图层 1 和图层 2 的第 1 帧。

图5-24　空白关键帧

空白关键帧可以清除前一个关键帧保留下来的内容，例如，图 5-24 中的第 30 帧将清除第 15 帧关键帧保留下来的内容，因此，第 30~35 帧为空白。在一个空白关键帧中添加对象以后，空白关键帧变成关键帧。

3. 普通帧

普通帧是在时间轴上能显示实例对象，但不能对实例对象进行编辑操作的帧。在时间轴窗口中，普通帧显示为灰色填充的小方格，且总是在关键帧的后面，并延续关键帧上的内容，直到出现另一个关键帧为止。例如图 5-24 中图层 3 的第 29 帧。

在一个关键帧的后面插入普通帧，这在制作动画中是一个很有用的小技巧。例如，如图 5-25 图层 2 的第 10 帧是一个关键帧，在该层的第 35 帧插入一个普通帧，此时，第 11 帧至第 35 帧中间所有的帧都变为灰色。将播放头移到第 35 帧，可以看到与图层 2 第 10 帧相同的画面。

图5-25　插入普通帧

5.3.3　创建关键帧

在时间轴中，用户可以根据需要添加关键帧，让它们按照设计的顺序进行排列，从而制作出精美、流畅的动画。

（1）在时间轴上单击选择一个或多个普通帧或空白帧。

（2）执行"插入"｜"时间轴"｜"关键帧"命令，或在需要添加关键帧的位置右击，从弹出的快捷菜单中选择"插入关键帧"命令。

如果选择的是普通帧，由于该帧中已有内容，该操作只是将它转换为关键帧，如图 5-26 所示。

图5-26　转换为关键帧

如果选择的是空白帧，由于没有添加内容，该操作将添加一个空白关键帧，如图 5-27 所示。

图5-27　创建关键帧

创建空白关键帧和普通帧的方法与创建关键帧的方法基本相同，不同的是在弹出的菜单中选择"插入空白关键帧"或"插入帧"命令。

5.3.4 关键帧与普通帧相互转换

在实际的动画制作过程中，常常需要把普通帧转换为关键帧，或把关键帧转换为普通帧。

（1）选中需要转换为关键帧的普通帧。

（2）在选中的帧上右击，在弹出的快捷菜单中选择"转换为关键帧"命令。

该命令可以将多个选定的帧同时转换为关键帧。

如果要将关键帧转换为普通帧，可以在选中的关键帧上右击，在弹出的快捷菜单中选择"清除关键帧"命令。

5.3.5 选择帧

要对帧进行操作，首先需要选择帧。在 Animate CC 2018 中，用户可以选择单个帧，也可以选择连续的或不连续的多个帧，甚至可以选择所有的帧。

1. 选择单个帧

在时间轴上单击帧，即可使帧处于选中状态。

使用图层上的左右控件 ◄▮► 可以在当前图层上的关键帧之间导航。

2. 选择多个连续帧

执行以下操作之一：

（1）单击要选择的帧范围的第一帧，然后按住 Shift 键的同时单击帧范围的最后一帧，所有被选中的帧将高亮显示，如图 5-28（a）所示。

（2）在需要选择的帧范围的第一帧按下鼠标左键并拖动框选，拖到帧范围内的最后一帧时释放鼠标，如图 5-28（b）所示。

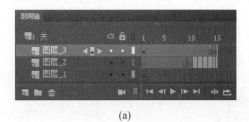
(a)

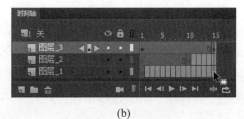
(b)

图5-28 选择多个连续的帧

> **提示：** 执行"编辑"｜"时间轴"｜"选择所有帧"命令，或使用快捷键 Ctrl + Alt + A，可以选中时间轴上所有的帧。

3. 选择不连续的帧

单击要选择的帧范围的第一帧，然后按住 Ctrl 键的同时单击其他需要的帧，可以选择多个不连续的帧。所有被选中的帧将高亮显示，如图 5-29 所示。

图5-29 选中不连续的帧

5.3.6　移动、复制帧

1. 移动帧

（1）在时间轴上选择要移动的一个或一系列帧。

（2）在选中的帧上拖动鼠标，拖到目的位置将显示一个边框，如图 5-30 所示。

（3）释放鼠标，即可将选中的帧移动到新的位置，如图 5-31 所示。

图5-30　拖动选中的帧　　　　　　　　　图5-31　移动帧到新的位置

2. 复制帧

（1）在时间轴上选择要复制的一帧或一系列帧，如图 5-32 所示。

（2）在选中的帧上右击，从弹出的快捷菜单中选择"复制帧"命令。

（3）在需要粘贴帧的位置右击，从弹出的快捷菜单中选择"粘贴帧"命令或"粘贴并覆盖帧"。粘贴后的效果如图 5-33 所示。

 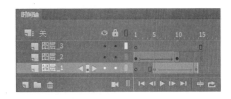

图5-32　在时间轴窗口中选中要复制的帧　　　　　图5-33　粘贴帧的效果

读者需要注意的是，"粘贴并覆盖帧"命令与"粘贴帧"的不同之处在于，"粘贴并覆盖帧"使用复制的帧替换粘贴位置同等数量的帧，而"粘贴帧"是在粘贴位置插入复制的帧。

选中要复制的帧序列之后，按住 Alt 键将它拖动到目标位置可以复制帧。与"复制帧"和"粘贴帧"命令不同，该操作将原来该位置的帧替换为复制的帧，而不是插入。

5.3.7　上机练习——闪烁的五角星

　　本节练习制作一个闪烁的五角星，通过对操作步骤的详细讲解，使读者进一步熟练掌握添加帧、选择帧，以及复制、移动帧的操作。

5-2　上机练习——闪烁的五角星

　　首先使用"线条工具"绘制线条，通过"变形"面板对线条进行旋转和复制，并使用"选择工具"将复制的线条进行调整，形成五角星形，然后添加关键帧，并修改关键帧中图形的大小，制作星形逐渐变小的动画。最后通过反向复制并粘贴帧，形成图形逐渐变大的动画。最终效果如图 5-34 所示，五角星形逐渐变小，然后逐渐变大。

图5-34　动画效果

操作步骤

（1）执行"文件"｜"新建"命令，新建一个 Animate CC 2018 文档（ActionScript 3.0），舞台大小为 365 像素 ×435 像素，帧频为 12fps。

（2）双击当前图层名称栏，将图层重命名为"背景"。执行"文件"｜"导入"｜"导入到舞台"命令，导入一幅背景图像。

（3）选中图像，执行"窗口"｜"信息"命令，打开"信息"面板，设置图像的大小和坐标，如图 5-35 所示。使图像大小与舞台大小相同，且图像左上角与舞台左上角对齐。

（4）单击图层面板左下角的"新建图层"按钮，新建一个图层，重命名为"星"。然后在工具箱中选择"线条工具"，按照图 5-36 设置线条的笔触属性，在舞台上绘制一条直线。

（5）选中绘制的线条，执行"窗口"｜"变形"命令，打开"变形"面板。设置旋转角度为 36，然后连续单击"重制选区并变形"按钮 4 次，如图 5-37 所示。此时的舞台效果如图 5-38 所示。

图5-35　设置图像大小与位置　　　图5-36　设置线条的笔触属性　　　图5-37　设置变形参数

（6）在工具箱中选择"选择工具"，按住 Shift 键选中形成夹角的两条相邻线条，拖动线条位置，形成五角星形，如图 5-39 所示。

图5-38　变形后的效果　　　　　　　　　　　　　　图5-39　五角星形效果

　　接下来绘制五角星形的内部线条。

　　（7）在工具箱中选择"线条工具"，在属性面板上设置笔触颜色为黄色，笔触大小为1，在五角星形内部绘制从中心点到各个角的线条，如图 5-40 所示。

　　（8）执行"窗口"｜"颜色"命令，打开"颜色"面板。设置颜色类型为"线性渐变"，填充色为黄色到红色的渐变，如图 5-41 所示。然后在工具箱中选择"颜料桶工具"，在星形的各个封闭区域单击进行填充，如图 5-42 所示。

图5-40　绘制星形内部线条　　　　　图5-41　设置填充样式　　　　　图5-42　填充效果

提示：　　　　如果某些区域不能填充，可能是端点之间的连接存在空隙。可以在工具箱底部单击"间隔大小"按钮 ○，在弹出的下拉菜单中选择要封闭的空隙大小，再进行填充。

　　（9）在工具箱中选择"渐变变形工具"，分别单击各个填充区域，通过拖动渐变框上的手柄调整渐变范围和方向，使星形更具立体感，效果如图 5-43 所示。

　　接下来通过添加关键帧创建星形的变形效果。

　　（10）右击第 2 帧，在弹出的快捷菜单中选择"插入关键帧"命令。然后选中星形，执行"修改"｜"变形"｜"缩放和旋转"命令，设置缩放比例为80%，如图 5-44 所示。

　　（11）重复上一步的操作，依次在第 3 帧到第 10 帧插入关键帧，并分别缩放舞台上的图形。此时，单击状态栏上的"绘图纸外观"按钮，可以看到图形的变化过程，如图 5-45 所示。

图5-43 调整星形的渐变效果

图5-44 设置缩放比例

图5-45 图形的变化过程

（12）右击第 9 帧，在弹出的快捷菜单中选择"复制帧"命令；然后选中第 11 帧右击，在弹出的快捷菜单中选择"粘贴帧"命令。同样的方法，依次将第 8~1 帧复制粘贴到第 12~19 帧。

（13）按下 Shift 键单击第 11 帧和第 19 帧，当鼠标指针将显示为 时，按下鼠标左键向右拖动一帧，如图 5-46 所示。

（14）释放鼠标左键，即可移动选中的帧，此时第 11 帧变为普通帧，如图 5-47 所示。

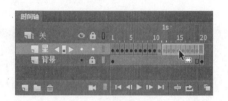

图5-46 选中帧并拖动

图5-47 移动帧的效果

（15）右击图层"背景"的第 20 帧，在弹出的快捷菜单中选择"插入帧"命令，将背景图像扩展到第 20 帧。

（16）按 Ctrl+Enter 键测试动画效果，如图 5-34 所示。然后执行"文件" | "保存"命令保存文件。

5.3.8 删除、清除帧

选择需要删除的帧，然后右击，从弹出的快捷菜单中选择"删除帧"命令，即可删除选定的帧及其中的内容。也就是说，使用该命令的关键帧将变为空白帧，如图 5-48 所示。

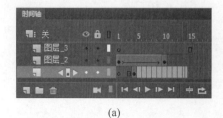

(a)

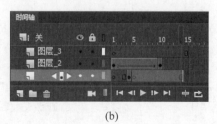

(b)

图5-48 删除帧前后的效果

如果在弹出的快捷菜单中选择"清除帧"命令，则清除选定帧中所有的内容，也就是说，使用该命令的关键帧将变为空白关键帧。例如，清除图 5-48（a）中选定帧之后的效果如图 5-49 所示。

图5-49　清除帧的效果

5.3.9　使用绘图纸工具查看帧

默认情况下，用户只能观看播放头所在位置的帧内容，只能对当前帧进行编辑。在编辑连续运动的帧动画时，通常需要参考它在前一帧中的位置，如果反复跳转到前一帧查看位置，然后再返回调整下一帧中的位置，不仅花费很多的时间和精力，而且很可能出错。使用绘图纸工具则可以轻松解决这种问题。

绘图纸工具通常也称为洋葱皮工具，这种来自传统笔绘动画技术的概念可以让用户一次看到多帧画面，各帧内容就像用半透明的绘图纸绘制的一样叠放在一起。

绘图纸工具按钮位于时间轴面板底部的状态栏上，如图 5-50 所示。

➥ **绘图纸外观** ▣：单击此按钮，时间轴标尺上出现方括号标记，方括号范围内的帧可以被看到，但只有当前帧完全显示，其他帧半透明显示，且当前帧之前的轮廓为蓝色，当前帧之后的轮廓为绿色，如图 5-51 所示。

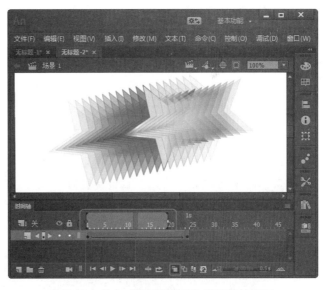

图5-50　绘图纸工具　　　　　图5-51　单击"绘图纸外观"按钮的效果图

拖动方括号两边的圆圈可以增大或缩小显示的帧数。当前帧颜色最深，其他帧的颜色依次变浅，但是此时只能对当前帧进行编辑。

➥ **绘图纸外观轮廓** ▣：单击该按钮，绘图纸工具范围内的帧以轮廓方式显示，当前帧的轮廓显示为红色，之前的帧轮廓显示为蓝色，之后的帧轮廓显示为绿色，如图 5-52 所示。

➥ **编辑多个帧** ▣：单击此按钮后，可以同时编辑方括号内的所有帧，而不用从一帧移动到另一帧。

➥ **修改标记** ▣：单击该按钮时，会打开一个下拉菜单，如图 5-53 所示。其中的每个选项都能影响绘图纸标记以及所显示的帧的位置。

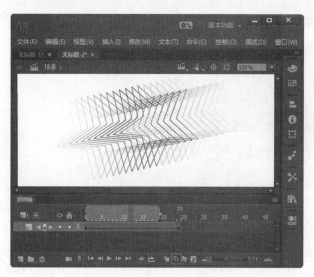

图5-52　绘图纸外观轮廓的效果　　　　　　　　　　图5-53　修改标记下拉菜单

（1）始终显示标记：不管绘图纸工具是否被打开，都会在时间轴标尺上显示方括号标记。

（2）锚定标记：使绘图纸标记静止在当前位置，而不会随着播放头的移动而移动。

（3）标记范围2：当前帧的前后2帧处于绘图纸标记的控制范围。

（4）标记范围5：当前帧的前后5帧处于绘图纸标记的控制范围。

（5）标记所有范围：在当前场景中所有帧都处于绘图纸标记的控制范围。

5.4　实例精讲——新年倒计时

　　本节练习利用关键帧的原理制作一个倒计时效果，通过对操作步骤的详细讲解，使读者进一步理解各种类型的帧的含义和功能，并熟练掌握图层和帧的各种操作。

5-3　实例精讲——新年倒计时

　　首先导入一幅背景图像，并添加扩展帧。然后新建一个图层，使用"椭圆工具"和"颜色"面板绘制一个位图填充的图形；接下来再新建一个图层放置变化的内容。通过修改间隔时间为1秒的关键帧中的数字和文本，实现倒计时的效果；最后删除多余的帧。最终效果如图5-54所示，从5开始倒计时，每隔一秒数字减小1；当倒计时结束时，带圆的数字消失，显示新年祝福。

图5-54　动画效果

操作步骤

（1）执行"文件"｜"新建"命令，新建一个 Animate CC 2018 文档（ActionScript 3.0），舞台大小为 600 像素 ×482 像素，帧频为 10fps。

（2）双击当前图层的名称栏,将图层重命名为"背景"。执行"文件"｜"导入"｜"导入到舞台"命令，导入一幅新年的背景图。调整图片位置，使图片左上角与舞台左上角对齐，如图 5-55 所示。然后右击第 80 帧，选择"插入帧"命令。

（3）单击图导面板左下角的"新建图层"按钮，新建一个图层，并将图层重命名为"圆圈"。选中图层的第 1 帧,在工具箱中选择"椭圆工具",设置笔触颜色为淡黄色,笔触大小为 15,填充色任意,如图 5-56 所示。按下 Shift 键的同时拖动鼠标绘制一个正圆。

（4）选中圆形的填充区域，执行"窗口"｜"颜色"命令，打开"颜色"面板。在"颜色类型"下拉列表中选择"位图填充"，单击"导入"按钮，在弹出的对话框中选择要用于填充的图像，单击"打开"按钮。此时，鼠标指针变为滴管的形状，在导入的图像上单击，如图 5-57 所示。即可用指定的图像填充图形。

（5）在工具箱中选择"渐变变形工具"，调整图案填充的范围和方向，效果如图 5-58 所示。

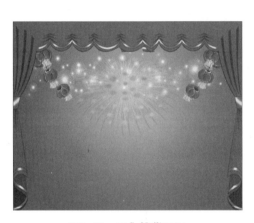

图5-55　导入的背景图

图5-56　设置笔触属性

图5-57　设置填充样式

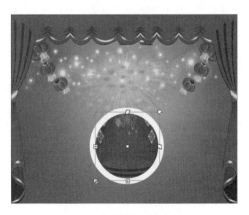

图5-58　调整位图填充效果

（6）单击图层面板左下角的"新建图层"按钮，新建一个图层，并将图层重命名为"数字"。选中图层的第 1 帧,在工具箱中选择"文本工具",按照图 5-59 设置文本属性,然后在舞台上单击,输入数字"5",效果如图 5-60 所示。

图5-59　设置文本属性

图5-60　文本效果

（7）右击第 10 帧，在弹出的快捷菜单中选择"转换为关键帧"命令。然后使用"文本工具"将数字修改为"4"，效果如图 5-61 所示。

图5-61　第10帧的舞台效果

（8）按照第（7）步同样的方法，依次将第 20 帧、第 30 帧和第 40 帧转换为关键帧，并将数字分别修改为 3、2、1，如图 5-62 所示。

图5-62　第20帧、30帧和40帧的舞台效果

（9）右击第 50 帧，在弹出的快捷菜单中选择"转换为空白关键帧"命令。然后选择"文本工具"，按照图 5-63 设置文本属性，在舞台上输入"Happy New Year!"，效果如图 5-64 所示。

　　本例要实现的效果是，当倒计时结束时，带圆的数字消失，显示祝福语。接下来通过修改帧范围，去除舞台上的圆圈图形。

图5-63　设置文本属性

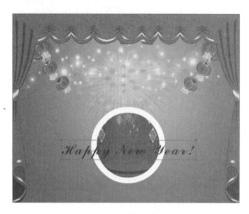

图5-64　文本效果

（10）单击图层"圆圈"的第 50 帧，然后按住 Shift 键单击该图层的第 80 帧，选中第 50 帧~80 帧。右击，在弹出的快捷菜单中选择"删除帧"命令。此时的舞台效果如图 5-65 所示。

至此，实例制作完毕，时间轴面板如图 5-66 所示。

（11）按 Ctrl+Enter 键测试动画效果，如图 5-54 所示。然后执行"文件"｜"保存"命令保存文件。

图5-65　第50帧的舞台效果

图5-66　时间轴面板

5.5　答 疑 解 惑

1. 插入的新图层是怎样排序的？

答：在删除图层后，如果再次插入一个新图层，新图层的默认名称的数字排列不受已经删除的图层的影响，仍然会以曾经添加过的图层总数继续排序。比如删除一个图层 2，新增一个图层，它的名称不会仍旧是图层 2（尽管目前时间轴上只有图层 1），而是图层 3。

2. 图层的显示轮廓功能有什么用处？

答：在制作复杂的画面时，有时只需要看清楚某些内容的轮廓线，此时只需要在该图层上单击显示图层轮廓标识即可，单击后原来的实心矩形标识变成空心矩形的形状，舞台上的对象将只显示轮廓线，矩形标识的边框颜色即为舞台上对象的轮廓颜色。边框颜色可以任意选定，只要双击空心矩形标识，在弹出的对话框中设置即可。

3. 删除帧和清除帧的操作有什么区别？

答：删除帧和清除帧的区别在于，删除帧可以直接删除不需要的帧，而清除帧只清除帧中的内容，但图层中的帧仍以空白关键帧的形式存在。

4. 图层之间的位置如何放置？

答：在创建新图层的时候，往往观察新图层的帧出现和结束的范围是不是有别的图层的帧同时出现，若没有，则在此时新图层的帧独一无二，将新图层放在哪里都无所谓；若同时有其他图层的帧，则要研究一下新图层和其他图层的关系，最后确定究竟哪个图层在上方。一般来讲，作为背景的图层都在动画人物和动物所处图层的下方。

5. 如何让动画停留一段时间后继续播放？

答：在时间轴上要停留的位置加入空白帧可以让动画停留，根据要停留的时间和帧频调整空白帧的数量。

6. "插入帧"和"插入关键帧"命令有什么区别？

答：插入帧操作只能延续它前面最接近的关键帧的内容，而插入关键帧可以为帧设置新的内容。另外，不论是形状补间动画还是传统补间动画，都只能在关键帧之间设立。

5.6　学习效果自测

一、选择题

1. 在制作一个动画时，首先在第 1 帧绘制一个太阳，然后在第 10 帧按下 F6 键，则第 7 帧上显示的内容是（　　　）。

　　A. 不能确定　　　　　B. 有图形，但不是太阳　　　　　C. 一个太阳　　　　　D. 空白

2. Animate CC 2018 动画中插入空白关键帧的快捷键是（　　　）。

　　A. F5　　　　　　　　B. F6　　　　　　　　　　　　C. F7　　　　　　　　D. F8

3. 一个最简单的动画最少应该有（　　）个关键帧。

　　A. 1　　　　　　　　　B. 2　　　　　　　　　　　　C. 3　　　　　　　　　D. 4

4. 如果我们想向后延续关键处的动作 20 帧，通常最简单的方法是（　　　）。

　　A. 在该关键帧之后再插入 20 个关键帧　　　　　B. 在该关键帧之后的第 20 帧插入关键帧

　　C. 在该关键帧之后的第 20 帧插入普通帧　　　　D. 在该关键帧之后再插入 20 个普通帧

5. 以下关于插入关键帧的描述正确的是（　　　）。

　　A. 选择要插入关键帧的方格，在右键快捷菜单中执行"插入关键帧"命令

　　B. 执行"插入"|"时间轴"|"关键帧"命令

　　C. 按快捷键 F6

　　D. 以上描述均正确

二、判断题

1. 隐藏图层即为删除图层。（　　　）

2. 插入关键帧可以使用快捷键 F7。（　　　）

3. 只要图层之间的顺序改变，那么整个动画也可能改变。（　　　）

4. 制作动画时，好的习惯是将不同运动对象放在同一图层以达到节省图层的目的。（　　　）

5. 一般来讲，动画中的背景图层均处于最下方。（　　　）

三、填空题

1. _____ 用于定义在动画中的变化的帧。

2. 绘图纸是一种允许用户同时 _____ 的技术，它可以使每一帧像只隔着一层透明纸一样相互层叠显示。使用"绘图纸外观"工具只能编辑 _____ 。

3. 如果要将关键帧转换为普通帧，可以在选中的关键帧上右击，在弹出的快捷菜单中选择 _____ 命令。

4. 图层属性设置为 _____ 时，该图层在图层面板上会显示▨图标，舞台上的内容以指定的透明度显示。设置为 100 时，在舞台上 _____ 。

5. 图层名称栏右侧的彩色方块变为彩色方框时，舞台上对应的图层内容以 _____ 方式显示。

6. 要扩展动画的帧，可以执行 _____ 操作；要扩展关键帧，可以执行 _____ 操作。

7. 编辑图层是为了防止两个图层相互影响而错误改动另外图层的内容，可以将不需要改动的图层 _____ 。

第 **6** 章

元件、实例与库

本章导读

　　在制作动画的过程中，常常会遇到这样的情况，动画中有多个元素相同，或大致相同（如大小、形状相同），但又不完全相同（如颜色不同）。如果通过多次复制该对象并修改来达到创作目的，不仅花费大量的时间和精力，而且复制之后的每个对象都具有独立的文件信息，势必增大整个影片的容量，影响影片的下载速度。借助元件，可以避免这些问题。

　　元件是 Animate 项目中的一个特殊的对象，存放在"库"面板中，只创建一次，就可以在整部影片中被反复调用（即实例），且不管引用多少次，引用元件对文件大小都只有很小的影响。

学习要点

- ❖ 认识元件与实例
- ❖ 元件的类型
- ❖ 编辑元件和实例
- ❖ 管理元件

6.1　认识元件与实例

每个元件都有自己的时间轴和图层，元件制作出来之后，放于"库"中。一个形象的比喻是，元件是尚在幕后，还没有走到舞台上的"演员"；元件一旦走上舞台，就称之为"实例"，也就是说，实例是元件在舞台上的具体体现。使用元件可以大大缩减文件的体积，加快影片的播放速度，还可以使编辑影片更加简单化。

元件的功能强大还体现在可以将一种类型的元件放置于另一种元件中。例如，可以将按钮及图形元件的实例放置于影片剪辑元件中，也可以将影片剪辑元件放置于按钮元件中，甚至可以将影片剪辑放置于另一个影片剪辑中。

 注意　一个元件可以产生多个实例，且每个实例都可以有不同的外观，提供不同的动作。修改元件后，所有基于该元件生成的实例将自动更新，而修改实例只会对该实例本身发生影响，而对其他的实例不会发生影响，即使两个实例是同一个元件的拷贝。

6.1.1　新建元件

使用"新建元件"命令是创建一个元件最直接的方法，可以先创建新元件，然后在其中填充内容。

（1）执行"插入"｜"新建元件"命令，弹出"创建新元件"对话框，如图 6-1 所示。

↘ **名称**：为新元件指定名称。

↘ **类型**：指定元件类型，如图形、按钮或影片剪辑。

↘ **文件夹**：指定存放元件的位置。默认情况下，创建的新元件存放在"库"面板的根目录之下。

 提示：　单击"库根目录"可以打开如图 6-2 所示的"移至文件夹 ..."对话框，指定元件的保存路径之后，单击"选择"按钮，即可把元件存放在相应的文件夹之中。

图6-1　"创建新元件"对话框

图6-2　"移至文件夹..."对话框

（2）单击"确定"按钮，Animate CC 2018 将新建一个元件，并自动进入元件编辑窗口，如图 6-3 所示。

元件编辑模式中的加号（＋）表示元件的注册点，默认情况下，导入的位图左上角与该点对齐，即属性面板上的 X 和 Y 属性值均为 0.0。

图6-3 元件编辑窗口

 注意 　　在 Animate CC 2018 的舞台上，左上角的坐标是 (0, 0)，然后从左往右，横坐标依次增大；从上往下，纵坐标依次增大。而对于元件而言，坐标原点位于元件的中心，向右横坐标增大，向左横坐标减小；向上纵坐标减小，向下纵坐标增大。

（3）使用工具箱中的工具绘制元件外观，或执行"文件" | "导入"命令，导入外部资源进行编辑。

（4）编辑完毕，单击编辑栏上的"返回"按钮 ，返回到主场景。

至此，一个简单的元件就创建完成了。执行"窗口" | "库"命令，即可打开"库"面板，在"库"面板的库项目列表中看到刚创建的元件。

6.1.2　上机练习——制作花朵元件

 　　本节练习制作一个花朵图形元件，通过操作步骤的详细讲解，使读者熟练掌握使用"新建元件"命令创建一个新元件的方法。

6-1　上机练习——制作花朵元件

 　　首先使用"新建元件"命令创建一个空白的图形元件，在元件编辑窗口使用绘图工具和色彩填充工具绘制一个花瓣。然后再新建一个空白的图形元件，将制作好的花瓣实例拖放到场景，并使用"任意变形工具"调整实例的变形中心点，最后使用"变形"面板重制实例并旋转，得到花朵造型，最终效果如图6-4所示。

图6-4　花朵元件

操作步骤

（1）新建一个 Animate CC 2018 文件，执行"插入" | "新建元件"命令，或按快捷键 Ctrl+F8，在弹出的"创建新元件"对话框中输入元件名称 ban，设置元件类型为"图形"，如图 6-5 所示。单击"确定"按钮，即可打开一个工作场景，也就是元件编辑窗口。

图6-5　设置"创建新元件"对话框

该元件用于绘制花瓣。

（2）选择"椭圆工具"，在属性面板上设置笔触颜色任意，笔触大小为1，填充颜色无，在场景中绘制一个椭圆，然后使用"选择工具"调整椭圆形状，制作花瓣形状，如图6-6所示。

由于在后续步骤中，需要以花瓣的底部中点为中心点旋转花瓣，为便于调整实例位置，先将图形的底部中点与元件注册点对齐。

（3）选中花瓣图形，打开"信息"面板，修改图形的坐标，使图形底部中点与元件注册点对齐，如图6-7所示。

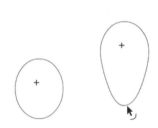

图6-6　将椭圆整形为花瓣形状　　　　　　图6-7　修改图形的注册点

接下来对花瓣图形进行填充。

（4）执行"窗口"｜"颜色"命令，打开"颜色"面板。设置颜色类型为"线性渐变"，渐变色为玫红色到黄色的渐变，如图6-8（a）所示。使用"颜料桶工具"单击花瓣的填充区域进行填充，然后使用"渐变变形工具"修改渐变范围和方向，最后选中图形的轮廓线并删除，效果如图6-8（b）所示。

至此，花瓣元件制作完成，下面将使用该元件实例制作花朵元件。

（5）单击编辑栏上的"返回"按钮，返回主场景。按Ctrl+F8键打开"创建新元件"对话框，输入元件名称为flower，类型为"图形"，如图6-9所示。单击"确定"按钮进入元件编辑窗口。

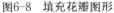

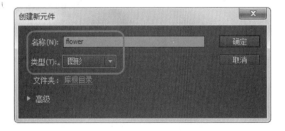

（a）　　　　　　　　（b）

图6-8　填充花瓣图形　　　　　　图6-9　设置"创建新元件"对话框

（6）打开"库"面板，将制作的花瓣元件拖放到场景中，然后打开"信息"面板，修改实例坐标，使实例注册点与场景中的元件注册点对齐，如图6-10所示。

（7）选中"任意变形工具"，将实例的变形中心点拖放到实例底部中心，如图6-11所示。

（8）执行"窗口"｜"变形"命令，打开"变形"面板，设置旋转角度为60，然后连续单击面板底部的"重制选区并变形"按钮5次，如图6-12所示。即可完成花朵的制作，效果如图6-4所示。

图6-10　修改实例位置　　　图6-11　调整实例的变形中心点　　　图6-12　设置变形参数

（9）单击编辑栏上的"返回"按钮返回主场景，然后执行"文件" | "保存"命令保存文件。

从本实例可以看出，如果没有创建花瓣图形元件，要修改花朵的颜色或造型，就必须一瓣一瓣地进行调整，工作量增大不说，还容易出错。使用图形元件则容易得多，只需要打开花瓣元件进行修改，其他花瓣实例将自动更新以反映所做的修改。

6.1.3　将对象转换为元件

在 Animate CC 2018 中，将舞台上已有的对象转化为元件可以简化元件的制作过程。

（1）选择舞台上要转化为元件的对象。这些对象包括形状、文本甚至其他元件。

（2）执行"修改" | "转换为元件"命令。

（3）在弹出的"转换为元件"对话框中为新元件指定名称和类型，以及保存路径。

（4）如果需要修改元件注册点位置，单击"对齐"图标 ![icon] 上的小方块，如图 6-13 所示。默认情况下，以元件的左上角为注册点。

图6-13　设置元件的注册点

（5）单击"确定"按钮关闭对话框。此时舞台上的对象左上角多一个加号（+），对象中央出现一个小圆圈，如图 6-14 所示。

事实上，此时舞台上带有小加号（+）的对象被称为"实例"，对应的元件保留在"库"面板中。

如果在第（4）步将元件的注册点修改为中心点，则舞台上的对象如图 6-15 所示，小圆圈与加号（+）重合。

图6-14　创建的元件

图6-15　修改注册点后的元件

6.1.4 创建实例

元件创建完成之后，就可以在影片中任何需要的地方，包括在其他元件内，创建该元件的实例。还可以根据需要，对创建的实例进行修改，以得到元件的更多效果。

（1）在时间轴上选择一帧用于放置实例。

（2）选择"窗口"｜"库"命令，打开"库"面板。

（3）在显示的库项目列表中，选中要使用的元件，按下鼠标左键将其拖放到舞台上。

（4）释放鼠标，舞台上将显示一个与元件相同的对象，该对象即为所选元件的一个实例。

6.2 元件的类型

元件有三种类型：图形、影片剪辑和按钮。在 6.1 节中，我们学习了在 Animate CC 2018 中创建元件的通用方法。用户可以使用几乎相同的方法来创建任意类型的元件。但是，元件类型不同，添加内容的方式及元件时间线相对于主时间线的工作方式也有所不同。

6.2.1 图形元件

图形元件通常由在影片中多次使用的静态或不具有动画效果的图形组成，它主要用于制作动画中的静态图形。它也可以作为运动对象，根据要求在画面中自由运动，例如飘落的雪花。

图形元件还可以应用于其他元件，例如多个图形元件可以组成鲜花绽放的影片剪辑，如图 6-16 所示。

图6-16 多个图形元件组成的影片剪辑

动态按钮的各个状态也可以由多个图形元件组成，如图 6-17 所示。

图6-17 动态按钮的不同状态

因此，图形元件可以说是最基本的元件类型。图形元件与主时间轴同步运行，也就是说，当且仅当主时间轴工作时，图形元件才能工作；如果主时间轴停止播放，图形元件的实例动画也将停止，即使图形元件的时间轴还未结束。

6.2.2 上机练习——制作转盘和指针

6-2 上机练习——制作转盘和指针

本节练习制作一个彩色转盘和一个指针，通过对操作步骤的详细讲解，使读者熟练掌握制作图形元件的一般方法。

首先执行"新建元件"命令，在元件编辑窗口使用"椭圆工具"和"线条工具"绘制基本图形，并使用"变形"面板对线条进行复制和旋转，再使用"颜料桶工具"进行填充，完成转盘元件的制作。然后采用类似的方法，使用"矩形工具"、"选择工具"和"颜料桶工具"制作指针图形元件，最终效果如图 6-18 所示。

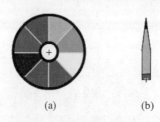

(a)　　　　(b)

图6-18　转盘和指针图形元件

操作步骤

1. 新建一个Animate CC 2018文档（ActionScript 3.0），舞台属性保留默认设置

2. 制作转盘图形元件

（1）执行"插入"｜"新建元件"命令,在弹出的对话框的"名称"文本框中输入"plate",并在"类型"下拉列表中选择"图形",然后单击"确定"按钮,关闭对话框,进入元件编辑窗口。

图形元件的舞台和时间轴与主舞台相同,因此创建图形元件的方法与在主场景的舞台上创建对象相同。

（2）在工具箱中选择"椭圆工具",在属性面板上设置笔触颜色为黑色,笔触大小为4,无填充颜色,然后按下 Shift 键的同时在舞台上拖动鼠标绘制一个正圆。

（3）选中正圆,打开"信息"面板,修改图形坐标,使圆心与注册点对齐,如图 6-19 所示。

（4）在工具箱中选择"线条工具",设置笔触颜色为绿色,笔触大小为3,然后绘制一条正圆的直径,此时的效果如图 6-20 所示。

（5）双击选中直线,执行"窗口"｜"变形"命令,打开"变形"面板。单击"旋转"单选按钮,设置旋转角度为 45,如图 6-21 所示。然后连续单击"重制选区并变形"按钮三次,此时的效果如图 6-22 所示。

图6-19　修改图形坐标

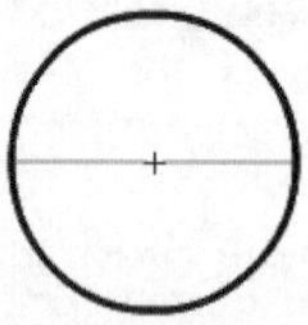

图6-20　图形效果

图6-21　"变形"面板

（6）选择"椭圆工具",在属性面板上设置笔触颜色为黑色,笔触大小为3,无填充颜色,然后按下 Shift 键的同时在舞台上拖动鼠标,绘制一个与大圆同心的小圆,效果如图 6-23 所示。

（7）按住 Shift 键选中小圆中的线条,然后按 Delete 键将其删除,删除后的效果如图 6-24 所示。

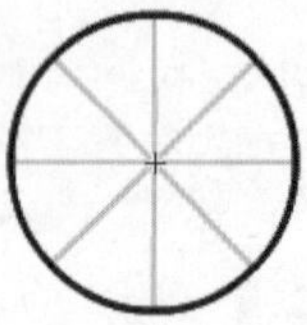

图6-22　图形效果

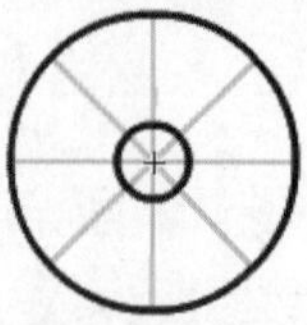

图6-23　图形效果

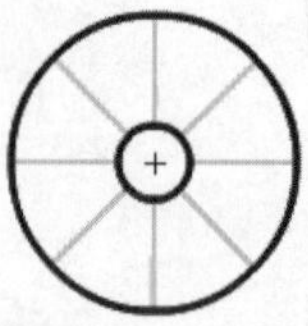

图6-24　图形效果

（8）选择"颜料桶工具"，设置填充颜色为黄色，"间隔大小"为"封闭大空隙"，然后在图形上的一个扇形填充区域单击，填充颜色。

（9）修改填充的颜色，然后在其他扇形填充区域填充颜色。填充完成后的效果如图6-18（a）所示。

（10）单击编辑窗口编辑栏上的"返回"按钮 ← 回到主窗口，完成图形元件"plate"的制作。

3. 制作指针图形元件

（1）执行"插入"｜"新建元件"命令，在弹出的对话框的"名称"文本框中输入"pencil"；在"类型"下拉列表中选择"图形"，然后单击"确定"按钮，进入元件编辑窗口。

（2）选择"矩形工具"，在属性面板上设置笔触颜色为黑色，笔触大小为1，填充颜色为浅黄色（#FFCC66），然后在舞台上绘制一个矩形。

（3）选择"部分选取工具"，在矩形上单击，即可显示矩形的路径轮廓。然后选择"钢笔工具"，在矩形的上边框中间双击，添加一个路径点，如图6-25所示。

（4）切换到"部分选取工具"，在添加的路径点上按下鼠标左键向上拖动，如图6-26（a）所示。拖到合适的位置后释放鼠标，此时的图形效果如图6-26（b）所示。

（5）单击"钢笔工具"按钮，在变形后的图形上添加两条横线，此时的效果如图6-27所示。

（6）选择"颜料桶工具"，在属性面板上设置填充颜色为黑色，在图形顶部的三角形填充区域单击；然后将填充颜色修改为紫红色，单击图形底部的矩形区域。填充后的效果如图6-28所示。

图6-25　添加路径点　　　　图6-26　图形效果　　　　图6-27　图形效果　　　　图6-28　图形效果

（7）将舞台上的对象全部选中，打开"信息"面板调整铅笔的大小，然后将其底部的中点与元件编辑窗口中的注册点（+）对齐，效果如图6-18（b）所示。

（8）单击编辑窗口编辑栏上的"返回"按钮 ← 回到主窗口，完成图形元件"pencil"的制作。

4. 保存文档

执行"文件"｜"保存"命令保存文档。

这两个图形元件将在6.23节中用于制作影片剪辑。

6.2.3　影片剪辑

影片剪辑通常是一小段动画，比如夜空闪闪发光的星星、不停旋转的图标；也可以与图形元件类似，是简单的静态或动态图像。

与图形元件不同，影片剪辑拥有自己独立的时间轴，不依赖主场景的时间轴，只要该影片剪辑被激活，不管主影片的时间轴是否已停止，它都会无休止地循环播放下去，除非对其加以控制使其停止或限制循环播放次数。

实际上，影片剪辑元件就是一个单独的Animate CC 2018影片，可以包含主影片中的所有组成部分，甚至另一个影片剪辑。

6.2.4 上机练习——转盘和指针旋转动画

本节练习使用已制作好的转盘元件和指针元件制作两个旋转的影片剪辑，通过对操作步骤的详细讲解，使读者熟练掌握创建影片剪辑元件的常用方法。

6-3 上机练习——转盘和指针旋转动画

首先使用"新建元件"命令创建一个空白的影片剪辑，在元件编辑窗口将已制作好的两个图形元件实例拖放到舞台上，然后使用"任意变形工具"调整实例旋转的中心点，最后通过在不同关键帧设置实例的旋转角度，创建实例旋转的动画，如图6-29所示。同样的方法，制作转盘旋转动画，最终效果如图6-30所示。

  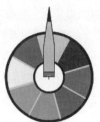 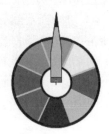

图6-29 指针旋转运动的轨迹 图6-30 转盘影片剪辑第3帧、第6帧和第10帧的效果

操作步骤

1. 指针旋转动画

（1）执行"插入"｜"新建元件"命令，在弹出的对话框的"名称"文本框中输入"plate1"，"类型"选择"影片剪辑"，然后单击"确定"按钮，进入元件编辑窗口。

（2）执行"窗口"｜"库"命令，在打开的"库"面板中将制作好的图形元件"plate"拖到元件编辑窗口。打开"信息"面板，修改实例坐标，如图6-31所示。使实例中心与舞台注册点对齐，效果如图6-32所示。

（3）在时间轴上的第12帧按F5键，将第1帧中的内容延长到第12帧。

（4）单击图层面板左下角的"新建图层"按钮，新建一个图层。选中新图层的第1帧，然后从"库"面板中将图形元件"pencil"拖放到舞台上，调整实例位置，使实例注册点与舞台注册点对齐，效果如图6-33所示。

由于在本影片剪辑中需要指针绕正圆的中心点旋转，所以需要将指针的中心点移到铅笔的底部。

（5）单击指针实例，并选中绘图工具箱中的"任意变形工具"，然后将指针的中心点拖到指针底部中间，如图6-34所示。

  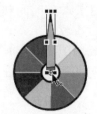

图6-31 修改实例坐标 图6-32 图形效果 图6-33 图形效果 图6-34 移动中心点

（6）选中图层2（指针图层）的第12帧，然后按F6键创建关键帧。

（7）右击1~12帧之间的任意一帧，从弹出的快捷菜单中选择"创建传统补间"命令。此时的时间轴如图6-35所示。

（8）选中图层2上1~12帧之间任意一帧，打开对应的属性面板，在"旋转"下拉列表中选择"顺时针"，并设置旋转次数为1，如图6-36所示。

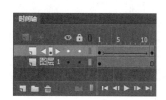

图6-35　创建传统补间动画

图6-36　设置旋转选项

（9）执行"文件"｜"保存"命令保存文档，按Enter键，即可看到铅笔以其底部的中点为中心点开始旋转。单击状态栏上的"绘图纸外观"按钮，可以查看指针运动的轨迹，如图6-29所示。

（10）单击编辑栏上的"场景1"按钮返回主窗口，完成对影片剪辑"plate1"的制作。

接下来制作另一个影片剪辑元件。

2. 转盘旋转动画

（1）执行"插入"｜"新建元件"命令，在弹出"创建新元件"对话框的"名称"文本框中输入"plate2"，"类型"选择"影片剪辑"，然后单击"确定"按钮进入元件编辑窗口。

（2）执行"窗口"｜"库"命令，在打开的"库"面板中将制作好的图形元件"plate"拖到舞台上，使实例注册点与舞台注册点对齐。

（3）在时间轴上的第12帧按F6键，插入一个关键帧。然后右击1~12帧之间任意一帧，从弹出的快捷菜单中选择"创建传统补间"命令。此时的时间轴如图6-37所示。

图6-37　创建传统补间动画

（4）打开属性面板，在"旋转"下拉列表中选择"顺时针"，并设置旋转次数为1。

（5）单击图层面板左下角的"新建图层"按钮，新建一个图层。选中新图层的第1帧，从"库"面板中将图形元件"pencil"拖放到舞台上，且指针元件的注册点与圆心对齐。

（6）执行"文件"｜"保存"命令保存文档后。按Enter键，可以看到指针不动，而圆盘以其圆心为中心点开始旋转。第3帧、第6帧和第10帧的效果如图6-30所示。

（7）单击编辑栏上的"场景1"按钮返回主窗口，完成对影片剪辑"plate2"的制作。

从上面的例子可以看出，创建影片剪辑的内容与创建主影片内容的方法相同。用户甚至可以将主时间轴中的所有或部分内容转化为影片剪辑。也就是说，可以在项目的不同地方重复使用主时间轴动画或动画的一部分。

教你一招

如果主时间轴存在已制作好的动画，可以通过复制粘贴图层和帧的方式将该动画创建为影片剪辑，方便在其他位置反复调用。步骤如下：

（1）在主时间轴上选中组成动画的帧和图层，如图 6-38 所示。

（2）右击选定帧，从弹出的菜单中选择"复制帧"命令。

（3）执行"插入"｜"新建元件"命令，在弹出的"创建新元件"对话框中为新元件命名并指定元件类型。

（4）单击"确定"按钮，进入元件编辑模式。

此时的舞台是空的，只有一个图层和一个空白关键帧。

（5）在时间轴上右击，从弹出的快捷菜单中选择"粘贴帧"命令，将复制的帧粘贴到指定的帧，如图 6-39 所示。

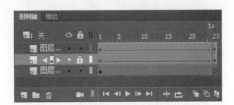 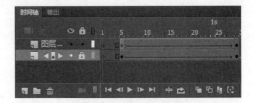

图6-38　选择帧　　　　　　　　　图6-39　复制到影片剪辑时间轴上的帧

6.2.5　按钮元件

按钮元件与图形元件不同，它不是一个单一的图形，而是动画作品中最常用的一种交互式元素，通常与 ActionScript 结合使用。

创建按钮元件时，按钮元件有相对独立的编辑区域和播放时间轴，如图 6-40 所示。在这里可以分别编辑按钮元件的四种状态：弹起、指针经过、按下和点击，每种状态都可以通过图形、元件以及声音来定义。

图6-40　按钮元件的时间轴

- 弹起：此帧表示鼠标指针未放在按钮上时按钮的外观。
- 指针经过：此帧表示鼠指针放在按钮上，但没有按键时按钮的外观。
- 按下：此帧表示当用户按下鼠标键时按钮的外观。
- 点击：此帧表示鼠标键弹起并且鼠标事件已经发生后按钮的外观，在主影片中不显示，像一个热点，决定了按钮响应鼠标事件的活动区域。

按钮元件的时间轴实际上并不运动，它通过跳转至基于鼠标指针的位置和动作的相应帧，来响应鼠标的运动与操作。如果希望按钮在某一特定状态下发出声音，或播放动画，或触发某种动作，可以在此状态的某个图层中放置所需的声音或影片剪辑或动作控制命令，从而创建动态按钮。

6.2.6　上机练习——制作动态按钮

 本节练习使用两个已制作好的影片剪辑制作动态按钮，通过操作步骤的详细讲解，使读者熟练掌握制作按钮元件的一般方法。

6-4　上机练习——制作动态按钮

设计思路　　　首先使用"新建元件"命令创建一个空白的按钮元件，在元件编辑窗口的"弹起"帧拖入转盘图形实例；在"指针经过"帧插入空白关键帧，清空内容，然后拖入转盘旋转的影片剪辑实例；同样的方法，在"按下"帧拖入指针旋转的影片剪辑实例；"点击"帧延续上一帧的内容。在制作过程中要注意的是，各帧中实例的中心位置要一致。最终效果如图6-41和图6-42所示：鼠标指针未移到转盘上时，显示静止的彩色转盘；如图6-41所示；将鼠标指针移到转盘上但未按下时，显示指针，且指针绕圆心旋转，如图6-42所示；按下鼠标左键时，指针不动，转盘开始旋转。

图6-41　静止的彩色圆盘

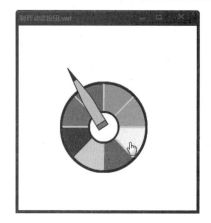

图6-42　指针绕圆心旋转

操作步骤

（1）新建一个 Animate CC 2018 文档（ActionScript 3.0），舞台宽 300 像素，高 300 像素。

（2）执行"插入"｜"新建元件"命令，打开"创建新元件"对话框，在"名称"文本框中输入"button"，"类型"选择"按钮"，然后单击"确定"按钮进入元件编辑窗口，如图 6-43 所示。

（3）选中"弹起"帧，然后从"库"面板中将图形元件"plate"拖到元件编辑窗口。然后使用"信息"面板调整实例位置，使实例中心与舞台注册点对齐，效果如图 6-44 所示。

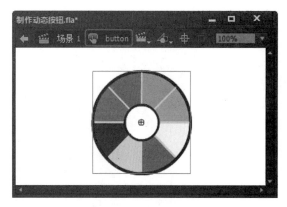

图6-43　进入元件编辑窗口　　　　　图6-44　实例效果

（4）选中"指针经过"帧，按下鼠标右键，在弹出的快捷菜单中选择"转换为空白关键帧"命令，或直接按 F7 键。然后从"库"面板中将制作的影片剪辑"plate1"拖放到舞台上，使用"信息"面板调整实例位置，使实例中心与舞台注册点对齐，如图 6-45 所示。

（5）选中"按下"帧，按 F7 键插入一个空白关键帧，然后从"库"面板中将制作的影片剪辑"plate2"拖放到舞台上。使用"信息"面板调整实例位置，使实例中心与舞台注册点对齐，如图 6-46 所示。

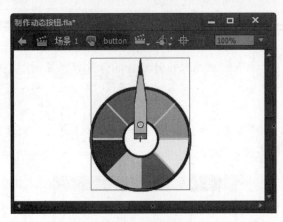

图6-45　插入影片剪辑plate1

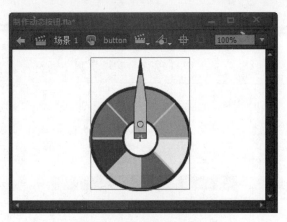

图6-46　插入影片剪辑plate2

（6）选中"点击"帧，按F5键将前一帧的内容复制到当前帧，此时的时间轴如图 6-47 所示。

（7）单击编辑栏上的"场景 1"按钮返回主场景。

（8）在"库"面板中将名为"button"的按钮元件拖到舞台上，执行
"文件" ｜ "保存"命令保存文档。

（9）按 Ctrl + Enter 键，即可预览、测试动画，效果如图 6-41 和图 6-42
所示。

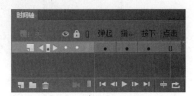

图6-47　按钮的时间轴效果

知识拓展：---

制作隐形按钮

在动画中，很多时候并不需要直接将按钮放在场景中，而是将隐形的按钮放置在图片或影片剪辑等元件
之上，以实现按钮的功能。制作隐形按钮最重要的是有效区的编辑，由于在最终影片中不可见，过大或过小
都会影响按钮的功能。隐形按钮常用的制作方法有两种：

1. 填充透明

在按钮时间轴上的"弹起"帧绘制一个图形，无笔触颜色，填充颜色的 Alpha 值为 0%；同样的方法绘制
其他几个状态的图形。这种方法制作的隐形按钮存在但不可见，如图 6-48（a）所示。

2. 无填充内容

在按钮时间轴上连续插入 4 个空白关键帧，然后使用绘图工具在"点击"帧中绘制一个图形。这种方法
制作的隐形按钮在舞台上显示为其有效区的图形，如图 6-48（b）所示。

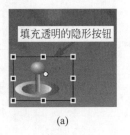

（a）　　　　　　　　　　　（b）

图6-48　两种隐形按钮的对比

这两种隐形按钮虽然制作方式不同，在舞台中上的显示效果也不同，但是发布成影片后的效果和功能是
完全相同的。

6.3 编辑元件和实例

任何一个复杂的动画制作，都离不开元件的使用。因此，创建元件或把已有的图形元素转换为元件，是非常重要且非常有意义的。

一旦制作完一个元件，就可以在影片中任何需要的地方，包括在其他元件内，创建该元件的实例。用户可以根据需要对元件的不同实例进行修改或分配不同的行为，使元件的每个实例具有不同的颜色、大小、旋转角度等属性。

6.3.1 复制元件

对一个已创建的复杂元件进行复制，然后再把它添加到舞台上，可以作为创建新元件的起点，且不会影响舞台上的元件实例。

Animate CC 2018 提供两种复制元件的方法——使用"库"面板复制、通过选择实例复制。

1. 使用"库"面板复制元件

（1）在"库"面板中选中要复制的元件。

（2）单击"库"面板右上角的选项按钮 ，在弹出的选项菜单中选择"直接复制"...命令，弹出"直接复制元件"对话框，如图 6-49 所示。

（3）在对话框中输入复制后的元件副本的名称，并指定元件类型，然后单击"确定"按钮。

此时，在"库"面板中可以看到复制的元件，如图 6-50 所示。

图6-49 "直接复制元件"对话框

图6-50 复制的元件

2. 通过选择实例复制元件

（1）在舞台上选择要复制的元件的一个实例，如图 6-51 所示。

（2）执行"修改"|"元件"|"直接复制元件"命令，弹出如图 6-52 所示的"直接复制元件"对话框。

（3）输入元件名称，单击"确定"按钮，复制的元件自动保存在"库"面板中。

图6-51 舞台上的一个实例

图6-52 "直接复制元件"对话框

注意 　　与使用"库"面板复制元件不同，通过舞台上的实例复制元件时，不能修改元件的类型，复制出来的元件的类型与实例对应的元件类型一致。

6.3.2 修改元件

创建元件后，常常需要对元件进行修改以满足设计需求。Animate CC 2018 提供多种不同的元件编辑环境。

1. 元件编辑模式

（1）在舞台上选中需要编辑的元件实例。

（2）在实例上按下鼠标右键，在弹出的快捷菜单中选择"编辑"命令，即可进入元件编辑窗口。编辑栏上显示正在编辑的元件类型和名称，如图 6-53 所示。

图6-53　元件编辑模式

 提示： 　　单击编辑栏上的"编辑元件"按钮 ，在弹出的下拉菜单中选择其他元件，可切换到其他元件的编辑窗口。

（3）编辑完成后，单击编辑栏上的"场景 1"或"返回"按钮 ，即可返回到主场景。

2. 在当前位置编辑

（1）在舞台上选中需要编辑的元件实例。

（2）在实例上按下鼠标右键，从弹出的快捷菜单中选择"在当前位置编辑"命令，即可进入该编辑模式，如图 6-54 所示。

图6-54　当前位置编辑模式

在这种编辑模式中，舞台上的所有对象都可见，但只右击的实例所对应的元件可以编辑，而其他对象都以半透明显示，仅供参考，不可编辑，如图 6-54 中的文本。

（3）编辑完成后，单击编辑栏上的"场景 1"或"返回"按钮 ，即可返回到主场景。

3. 在新窗口中编辑

（1）在舞台上选中需要编辑的元件实例。

（2）在实例上按下鼠标右键，从弹出的菜单中选择"在新窗口中编辑"命令，即可打开一个新窗口编辑元件，如图 6-55 所示。

正在编辑的元件名称

图6-55 新窗口中编辑模式

从图 6-55 可以看出，在新窗口中编辑元件时，主场景窗口并没有关闭；正在编辑的元件名称会显示在新窗口舞台上方的编辑栏中。与上两种编辑模式不同的是，在这种编辑模式中编辑完元件后，需要单击新窗口右上角的"关闭"按钮 ▇ ✕ ▇ 关闭该窗口，才可返回到原来的工作区。

6.3.3 改变实例属性

在动画制作过程中，可按照时间的变化修改实例的属性以创建丰富多彩的视觉效果。

1. 改变实例类型

创建一个实例后，可以在实例的属性面板中根据创作需要改变实例的类型，重新定义该实例在动画中的类型。例如，如果一个图形实例包含独立于主影片的时间轴播放的动画，则可以将该图形实例重新定义为影片剪辑实例。

（1）在舞台上单击选中要改变类型的实例。

（2）打开属性面板，在"实例行为"下拉列表中选择需要的类型，如图 6-56 所示。

图6-56 更改实例类型

> **注意**
>
> 改变实例的类型后，影片效果可能会发生改变。例如，将一个"蝴蝶飞舞"的影片剪辑实例转换为图形元件实例后，如果主场景只有一帧，则播放影片时会发现影片剪辑的实例以各种不同的姿态飞舞，而转换为图形元件的蝴蝶始终不动。这是因为图形元件由多个帧组成，而主场景只有 1 帧，没等图形元件内部的动画开始播放，主时间轴就停止，图形元件的实例也停止。

2. 改变实例的颜色和透明度

（1）单击舞台上的一个实例，打开对应的实例属性面板。

（2）在"色彩效果"区域单击"样式"下拉按钮，从弹出的下拉菜单中选择颜色样式，如图 6-57 所示。

图6-57　"色彩效果"下拉列表

- ↘ **无**：实例按其原本方式显示，不产生任何颜色和透明度效果。
- ↘ **亮度**：调整实例的总体灰度。设置为 100% 时实例变为白色，设置为 –100% 时实例变为黑色。
- ↘ **色调**：使用色调为实例着色。此时可以使用滑块设置色调的百分比。如果需要使用颜色，可以在文本框中输入红、绿、蓝的值调制一种颜色。
- ↘ **高级**：分别调节实例的红、绿、蓝值，以及 Alpha 百分比和 Alpha 偏移值。
- ↘ **Alpha**：调整实例的透明度。设置为 0% 时实例全透明，100% 完全不透明。

注意　色彩效果只在元件实例中可用，不能对其他对象（如文本、导入的位图）进行这些操作。

3. 设置图形实例的动画效果

（1）在舞台上选中要设置动画效果的图形元件实例。

（2）打开图形实例的属性面板，在"循环"区域可以设置图形实例的动画效果，如图 6-58 所示。

图6-58　设置实例动画效果

- ↘ **选项**：指定图形实例中动画的播放方式。
  - ➢ **循环**：使实例循环重复，但主时间轴停止时，实例也将停止播放。
  - ➢ **播放一次**：使实例从指定的帧开始播放，播放一次后停止。
  - ➢ **单帧**：只显示图形实例的单个帧，此时需要指定显示的帧编号。
- ↘ **第一帧**：图形元件实例从给定的帧数开始播放。

6.3.4　上机练习——水中花

　　本节练习使用图形元件制作一个漂亮的水中花场景，通过操作步骤的详细讲解，使读者进一步了解元件和实例的关系，熟练掌握修改实例颜色和显示外观的方法。

首先新建一个 Animate CC 2018 文档，并导入一幅背景图像。然后将已制作好的图形元件拖放到舞台上创建实例。通过对实例变形，并修改实例的色彩效果，实现五彩缤纷的水中花随波飘浮的最终效果，如图 6-59 所示。

图6-59　水中花效果图

操作步骤

（1）新建一个 Animate CC 2018 文档，舞台属性保留默认设置。

（2）执行"文件"｜"导入"｜"导入到舞台"命令，导入一幅背景图像。在"信息"面板中修改图像的大小和坐标，使图像尺寸与舞台尺寸相同，且左上角与舞台左上角对齐，如图 6-60 所示。

（3）执行"文件"｜"导入"｜"打开外部库"命令，在弹出的对话框中选择前面章节已做好的"花朵元件 .fla"，单击"打开"按钮，即可以外部库的形式打开该文件中的"库"面板，如图 6-61 所示。

图6-60　导入的背景图像

图6-61　打开外部库

（4）在"库"面板中将已制作好的花朵元件拖放到舞台上，创建一个花朵实例，然后使用"任意变形工具"调整实例的大小，效果如图 6-62 所示。

（5）使用"任意变形工具"将舞台上的"花朵"实例略微压扁，形成漂浮在水面上的效果，如图6-63所示。

图6-62　添加实例

图6-63　对实例进行变形

（6）选中实例，按住 Alt 键的同时拖放"花朵"实例，复制一些花朵，随机地摆放在舞台上，然后使用"任意变形工具"对实例进行缩放、旋转和倾斜操作，效果如图 6-64 所示。

（7）选中一个实例，打开对应的属性面板，在"色彩效果"区域的"样式"下拉列表中选中"高级"选项，通过修改各个颜色属性值设置实例的颜色效果，如图 6-65 所示。

图6-64　实例效果

图6-65　"高级"效果选项

（8）按照第（7）步的方法，调整其他实例的颜色、透明度以及色调等属性，最终效果如图 6-59 所示。

（9）执行"文件"｜"保存"命令保存文件。

6.3.5　交换实例

在实际的动画制作过程中，用户也许会遇到这样一种情况：在一个复杂的场景中，需要使用一个实例替换另一个实例，且要确保新的实例放置在与原实例完全相同的位置。使用 Animate CC 2018 的实例交换功能可以轻松解决这个问题。

（1）在舞台上选择要替换的元件实例，如图 6-66 所示的文本"Beauty"，即实例"text"。

（2）打开包含有需要交换的实例的场景，并在实例对应的属性面板上单击"交换"按钮，如图 6-67所示。

（3）在弹出的"交换元件"对话框右侧的元件列表中选择要交换的元件，对话框左上角将显示该元件的缩略图，如图 6-68 所示。本例选择影片剪辑"icon"。

（4）单击"确定"按钮关闭对话框，舞台上选定的实例即可被指定的元件实例替换，效果如图 6-69 所示。

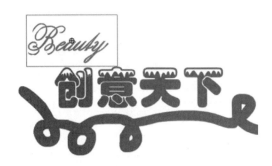

图6-66 选择要替换的实例

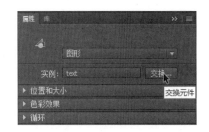

图6-67 单击"交换"按钮

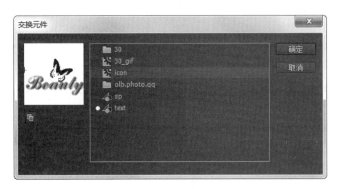

图6-68 "交换元件"对话框

图6-69 交换元件后的效果

对比交换前后的两幅图，可以看出，替换前后的实例位置相同，即对应的属性面板上的 X 和 Y 坐标相同，如图 6-70 所示。

图6-70 交换实例前后的坐标

6.4 管 理 元 件

Animate CC 2018 项目可包含成百上千个数据项，例如元件、声音、字型、位图及视频等资源，要对这些数据项进行操作并进行跟踪是一项让人望而生畏的工作。Animate CC 2018 提供一个管理数据项的强大工具——"库"面板。

"库"可以理解为保存元件和创作资源的文件夹，简化了在 Animate CC 2018 文件中查找、组织及使用可用资源的工作流程，如果需要使用某个库项目，直接从库面板中拖到舞台上就可以了，十分方便。

6.4.1　认识元件库

"库"在创建一个新的 Animate CC 2018 文件时就已经存在，但不包含任何元件。如果创建元件或导入外部的素材，这些元件或素材将自动保存并显示在"库"面板中。

执行"窗口"｜"库"命令，即可调出"库"面板，如图 6-71 所示。

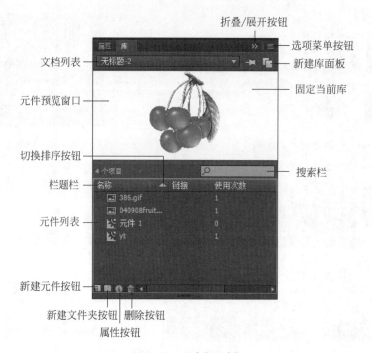

图6-71　"库"面板

- ➥ **选项菜单按钮** ：单击该按钮打开库选项菜单，其中包括使用库中的项目所需的所有命令。
- ➥ **文档列表**：显示当前打开的动画文件的名称，单击下拉按钮，可以在当前打开的多个动画文件的库面板之间进行切换。
- ➥ **预览窗口**：预览当前选中的库项目的外观。
- ➥ **标题栏**：描述元件信息的内容，包括项目名称、类型、使用次数，等等。
- ➥ **切换排序按钮**：单击该按钮可以将库项目按指定类别进行升序或降序排列。
- ➥ **新建元件按钮** ：在"库"面板中创建新元件，与"插入"｜"新建元件"命令的作用相同。
- ➥ **新建文件夹按钮** ：在库项目列表中创建一个新文件夹。
- ➥ **属性按钮** ：单击此按钮打开"元件属性"对话框，可以更改选定项的设置。
- ➥ **删除按钮** ：单击该按钮可以删除当前"库"面板中选定的库项目。
- ➥ **搜索栏** ：利用该功能，用户可以快速地在"库"面板中查找需要的库项目。不仅可通过元件名称搜索元件，还可以通过链接名称搜索元件。

6.4.2　使用库中的元件

在"库"面板中，用户可以快速浏览或改变元件的属性、更改其类型，以及编辑其内容和时间轴。

1. 查看元件属性

（1）在"库"面板中选中一个元件。

（2）单击"库"面板底部的"属性"按钮 ，弹出如图 6-72 所示的"元件属性"对话框。

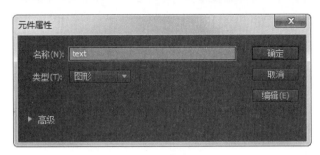

图6-72　"元件属性"对话框

2. 进入元件编辑模式

（1）在"库"面板中选中要编辑的元件，选中的元件突出显示。

（2）在"库"面板的选项菜单中选择"编辑"命令，或者直接双击选中的元件。

3. 库项目排序

（1）单击其中某一栏标题，指定排序依据。

（2）单击排序按钮切换排序方式。

注意　在排序时每个文件夹独立排序，不参与项目的排序。

4. 删除库项目

（1）在"库"面板中选中要删除的项目。选定的项目将突出显示。

（2）单击"库"面板底部的"删除"按钮🗑。

提示:　按住 Ctrl 键或 Shift 键单击，可以选中"库"面板中的多个库项目。

6.4.3　使用其他影片中的元件

　　每个 Animate CC 2018 文件都自带一个库，用于存放自己的元件。Animate CC 2018 还支持导入其他文档中的元件，将元件导入当前项目后，可以像编辑自身的元件一样对其进行操作。由于不同文件中的元件之间没有联系，因此编辑一个元件并不影响其他文件中相同的元件。

　　（1）打开多个 Animate CC 2018 文档，并将要引用其他文档中的元件的文档作为当前文档。

　　（2）打开"库"面板，在面板顶部的"文档列表"下拉列表中选择包含有要调用的元件的 Animate CC 2018 文件，库面板下方将显示打开的 Animate CC 2018 文件中使用的所有元件，如图 6-73 所示。

　　（3）将库中的元件拖放至当前影片的舞台。

　　调用的元件以初始名称自动添加到当前文档的库项目列表中。如果调用的元件与当前库中的某个元件具有相同的名称，Animate CC 2018 将在调用的元件名称后添加一个数字以示区别。

　　将元件导入当前文档中后，就可以像操作当前文档中的元件一样对其进行操作了。

图6-73　库面板中的元件列表

教你一招

执行"文件"|"导入"|"打开外部库"命令，将打开另一个 FLA 文件的"库"面板，而不是将选中文件的库项目导入到当前文件的"库"面板中，如图 6-74 所示。在打开的外部库中拖放一个元件到舞台上，该元件即可自动保存在当前文档的"库"面板中。

图6-74　打开选中文件的"库"面板

6.4.4　更新库项目

在导入一个外部的声音文件或是位图文件后，又用其他的软件编辑了这些文件，此时 Animate CC 2018 中的数据项内容就会与原始的外部文件有差异。在 Animate CC 2018 中，可以方便地更新导入的项目以反映库项目的最新版本，而不用重新导入。

（1）打开要更新库项目的 Animate CC 2018 文件。

（2）在"库"面板中选中要更新的库项目，然后按下鼠标右键，在弹出的快捷菜单中选择"更新"命令，弹出如图 6-75（a）所示的"更新库项目"对话框。

（3）单击"更新"按钮，即可开始更新。完成后，库项目右侧将显示✓，如图 6-75（b）所示。

(a)　　　　　　　　　　　　　　　　　　　　(b)

图6-75　"更新库项目"对话框

6.4.5　上机练习——更新背景图

6-6　上机练习——更新
　　　背景图

本节练习使用外部编辑器修改动画的背景图，通过对操作步骤的详细讲解，使读者熟练掌握更新导入的库项目的操作方法。

首先打开一个 Animate CC 2018 文档，在"库"面板中选择要修改的背景位图。然后指定外部编辑器，并在编辑器中修改图像。最后通过"更新"命令自动更新动画的背景，最终效果如图 6-76 所示。

图6-76　更新背景图之后的效果

操作步骤

（1）执行"文件"｜"打开"命令，打开已制作的实例文件"水中花 .fla"。

（2）在"库"面板中选择需要修改的库项目按下鼠标右键，在弹出的快捷菜单中选择"编辑方式"命令，然后在弹出的"选择外部编辑器"对话框中选择外部编辑器的应用程序。本例选择 Fireworks。单击"打开"按钮，系统将自动启动 Fireworks，并弹出如图 6-77 所示的"查找源"对话框，询问用户是编辑当前选中图像的 PNG 或 PSD 源文件，还是直接编辑当前选中的图像文件。

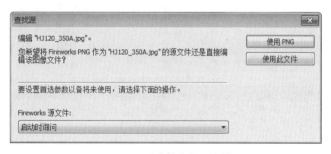

图6-77　"查找源"对话框

提示：　　如果已指定外部编辑器 Fireworks，快捷菜单上会出现"使用 Fireworks 进行编辑"命令，如图 6-78 所示。

（3）单击"使用此文件"按钮，将在 Fireworks 中打开指定的位图文件。对图像进行修改，在位图上添加特效文本，效果如图 6-79 所示。

图6-78　选择外部编辑器

图6-79　位图修改之后的效果

（4）修改完成后，单击编辑窗口左上角的"完成"按钮，将其以原文件名保存在原来的路径。然后切换回 Animate CC 2018 应用程序。

（5）单击"库"面板右上角的选项菜单按钮，或直接在分类窗口中的位图上按下鼠标右键，在弹出的快捷菜单中选择"更新"命令，弹出如图 6-80 所示的"更新库项目"对话框。

图6-80 "更新库项目"对话框

在该对话框中将显示所有需要更新的库项目的名称和路径。如果不希望更新列表中的某些库项目，可以取消勾选库项目标签前的复选框。

（6）单击"更新"按钮，即可开始更新列表中选中的库项目。更新完毕后，单击"关闭"按钮关闭对话框。此时，"库"项目中的元件及舞台上的实例都将自动更新，效果如图6-76所示。

6.4.6 删除无用项

在制作动画的过程中，往往会在"库"中增加许多始终没有用到的库项目，它们可能是试验创作效果的产物，也可能是不小心放入库中的对象。当作品完成时，应将这些没有用到的库项目删除，以减小作品的体积。

（1）找到始终没用到的库项目，有以下两种方式：

➥ 单击"库"面板右上角的选项菜单按钮▤，在弹出的快捷菜单中选择"选择未用项目"选项。

➥ 在"库"面板中使用"使用次数"排序，使用次数为0的项目在作品中没有用到。

（2）按住 Ctrl 键或 Shift 键选中这些无用项目。

（3）单击"库"面板底部的"删除"按钮🗑。

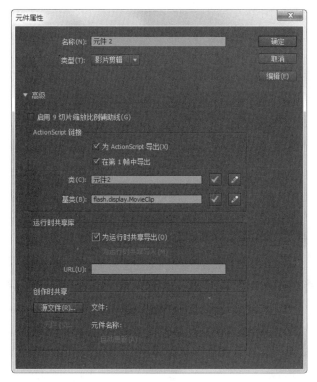

图6-81 "元件属性"对话框

6.4.7 定义共享库

共享库资源允许在一个 FLA 文件中使用来自其他 FLA 文件的资源。对于运行时共享库资源，源文档的资源以外部文件的形式链接到目标文档中，在文档播放期间（即在运行时）加载到目标文档中。

（1）打开一个需要定义成共享库的动画文件，执行"窗口"｜"库"命令，打开"库"面板。

（2）在"库"面板中选择一个要共享的元件，单击面板左下角的"属性"按钮ⓘ，弹出"元件属性"对话框。

（3）单击"高级"折叠按钮展开高级选项，然后在"运行时共享库"部分选中"为运行时共享导出"复选框，此时，"URL"文本框变为可编辑状态，"ActionScript 链接"区域的"为 ActionScript 导出"、"在第 1 帧中导出"复选框自动勾选，"类"和"基类"文本框自动填充，如图 6-81 所示。

提示：

为了让共享资源在运行时可供目标文档使用，源文档必须发布到 URL 上。

（4）在"类"文本框中输入元件的类名称。

（5）单击"确定"按钮关闭对话框。

创作时共享库资源

Animate CC 2018 支持在创作时共享库资源，可以避免在多个 FLA 文件中使用资源的多余副本。例如，如果为 Web 浏览器、iOS 和 Android 分别开发一个 FLA 文件，则可以在这 3 个文件之间共享资源。在一个 FLA 文件中编辑共享资源时，使用该资源的其他 FLA 文件将自动更新。

（1）在如图 6-81 所示的"元件属性"对话框中单击"源文件"按钮，在弹出的"查找 FLA 文件"对话框中选中要共享的库资源所在的 FLA 文件。

（2）单击"打开"按钮，弹出"选择元件"对话框。在元件列表中选中需要的元件，对话框左上角将显示该元件的缩略图，如图 6-82 所示。

图6-82　"选择元件"对话框

（3）单击"确定"按钮关闭对话框。此时，在"元件属性"对话框底部会显示创作时共享的源文件和元件名称，如图 6-83 所示。

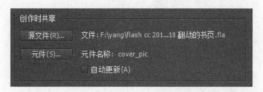

图6-83　创作时共享资源

（4）选择"自动更新"复选框，可以在编辑共享资源时，自动更新使用该资源的其他 FLA 文件。

（5）设置完成，单击"确定"按钮关闭"元件属性"对话框。

6.5 实例精讲——滚动的水晶球

本节练习将制作一个水晶球的滚动动画，通过操作步骤的详细讲解，使读者进一步掌握制作各种类型的元件、创建实例，以及编辑元件和修改实例属性的操作方法。

首先新建一个 Animate CC 2018 文档，导入背景图像。然后新建一个图形元件，使用绘图工具和"颜色"面板制作水晶球。然后将舞台上的图形实例转换为影片剪辑，双击实例进入元件编辑模式，制作水晶球滚动的动画。最后通过在舞台上创建多个影片剪辑实例，并修改实例的大小和色彩效果实现不同大小和颜色的水晶球滚动的动画，最终效果如图 6-84 所示。

图6-84　水晶球滚动的动画效果

操作步骤

6.5.1　制作水晶球图形元件

（1）新建一个 Animate CC 2018 文件（ActionScript 3.0），执行"文件"｜"导入"｜"导入到舞台"命令，导入一幅背景图像。然后打开"信息"面板，修改图像的大小和位置，使其完全覆盖在舞台上，如图 6-85 所示。

6-7　制作水晶球图形元件

图6-85　导入的舞台背景

（2）执行"插入"丨"新建元件"命令，在弹出的对话框中输入元件名称 ball，类型为"图形"，单击"确定"按钮进入元件编辑窗口。

（3）选择"椭圆工具"，设置笔触颜色无，填充色为径向渐变，按住 Shift 键绘制一个正圆。然后打开"颜色"面板，设置第一个颜色游标为白色，第二个颜色游标为浅绿色，图形的填充效果如图 6-86 所示。

（4）单击图层面板左下角的"新建图层"按钮，新建一个图层。使用"椭圆工具"绘制一个小的椭圆，在"颜色"面板中设置填充色为白色到透明（Alpha 值为 0%）的线性渐变。然后使用"渐变变形工具"调整填充范围和方向，效果如图 6-87 所示。

图6-86　图形的填充效果

图6-87　调整填充效果

（5）单击编辑栏上的"返回"按钮，返回主场景。

6.5.2　制作水晶球滚动的影片剪辑

6-8　制作水晶球滚动的影片剪辑

（1）单击图层面板左下角的"新建图层"按钮，新建一个图层。打开"库"面板，拖放一个水晶球实例到舞台上，然后使用"任意变形工具"适当调整实例大小，效果如图 6-88 所示。

图6-88　添加实例

（2）选中舞台上的实例，执行"修改"丨"转换为元件"命令，在弹出的"转换为元件"对话框中输入元件名称 running，类型为"影片剪辑"，如图 6-89 所示。单击"确定"按钮关闭对话框。

图6-89　"转换为元件"对话框

（3）双击舞台上的实例进入元件编辑窗口，在第60帧按F6键插入关键帧，然后移动实例的位置，并使用"任意变形工具"缩小实例，效果如图6-90所示。

（4）选中第1帧，执行"插入"｜"传统补间"命令，在两个关键帧之间创建传统补间动画。然后打开属性面板，设置"缓动"值为10，如图6-91所示。

图6-90　第60帧的实例大小和位置

图6-91　设置缓动值

在默认情况下，物体匀速运动，设置缓动值可以模拟加速或减速效果。本例中设置为正值，表示运动速度越来越慢。有关缓动值的具体介绍，请参见第9章的介绍。

接下来制作水晶球的倒影动画。

（5）在图层1的名称栏按下鼠标右键，在弹出的快捷菜单中选择"复制图层"命令，即可复制图层1的所有帧和动画设置。

（6）选中第1帧的实例，执行"修改"｜"变形"｜"垂直翻转"命令对实例进行变形，然后打开属性面板，在"色彩效果"区域的"样式"下拉列表中选择Alpha选项，值为30%，如图6-92所示。最后将实例向下移动，效果如图6-93所示。

图6-92　设置实例的Alpha值

图6-93　第1帧实例的位置

（7）选中第60帧的实例，按照第（6）步的方法翻转实例，并向下移动实例位置，效果如图6-94所示。

（8）单击编辑栏上的"返回"按钮返回主场景，按Ctrl+Enter键测试动画效果，如图6-95所示。

图6-94　第60帧实例的效果

图6-95　测试动画效果

6.5.3　添加多个实例

6-9　添加多个实例

（1）打开"库"面板，拖放一个水晶球滚动的影片剪辑 running 到舞台上，使用"任意变形工具"调整实例的大小，效果如图 6-96 所示。

（2）选中实例，打开属性面板，在"色彩效果"区域的"样式"下拉列表中选择"高级"选项或"色调"选项，调整实例的颜色效果，如图 6-97 所示。舞台上的实例效果如图 6-98 所示。

（3）用同样的方法，在舞台上添加多个实例，修改实例的大小和位置，然后修改实例的色彩效果，如图 6-99 所示。

图6-96　添加第二个实例

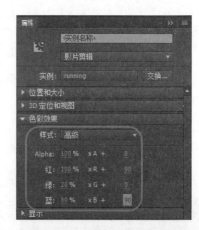

图6-97　设置实例的色彩效果

图6-98　修改色彩效果后的实例效果

图6-99　舞台效果

（4）执行"文件"｜"保存"命令保存文件，然后按 Ctrl+Enter 键测试动画效果，如图 6-84 所示。

6.6 答疑解惑

1.元件的注册点和中心点的区别是什么？

答：元件的注册点就是元件上的十字标记，是使用 ActionScript 控制元件的坐标和缩放的参照点；元件的中心点是元件的几何变形点，是使用任意变形工具后的圆圈所在的位置，是元件变形的参照点。

2.在元件与实例之间，是否元件绝对控制实例？

答：并不是元件绝对地控制实例。例如将实例分离打散后，这个实例就与创造它的元件脱离了关系。但是如果没有分离打散由元件创造的实例，则当元件的性质（形状、大小和颜色）改变，这个实例的性质也会随之改变。但值得一提的是，没有被分离打散的实例仍旧可以通过任意变形工具来调整大小。

3.影片剪辑在场景中是如何播放的？

答：把影片剪辑拖到场景中，动画播放时它就会自动播放，如果没有在最后一帧加上 Stop，影片剪辑默认循环播放。要观看影片剪辑播放的效果，须同时按下 Ctrl+Enter 键。另外，一个很长的影片剪辑放入场景中也只占据一帧的位置，如果将它拖了好多帧，执行时每隔一帧都会重放。

4.制作按钮元件时，"点击"区域有什么作用？

答："点击"区域是指按钮的触发区域，该区域在播放时不会显示出来。

5.为什么用文字做的按钮不灵敏？

答：可能是因为在制作按钮时，没有指定"点击"区。用文字做按钮时，最好能定义一个矩形作为触发区，如果没有指定"点击"区域，Animate CC 2018 会默认将按钮形状所在区域作为触发区域，也就是将文字作为按钮的触发区，在用的时候自然不是很灵敏。

6.在两个不同的 Animate CC 2018 文件中，可否共享库？

答：可以的。在要调用其他文件库的文档中执行"文件"｜"导入"｜"打开外部库"命令，找到要调用的库所在的文件，将其打开，该文件中的库即可出现在当前文档中。

6.7 学习效果自测

一、选择题

1.元件与导入到舞台上的图片存储在（　　）面板中。

A. 库　　　　　　　　B. 属性　　　　　　　　C. 组件　　　　　　　　D. 对齐

2.鼠标指针移到图片上后，图片消失，在图所在的位置显示文字，要制作这种效果，用（　　）元件最方便。

A. 影片剪辑元件　　　B. 图形元件　　　　　　C. 按钮元件　　　　　　D. 哪一种都可以

3. Alpha 表示（　　）。

A. 透明度　　　　　　B. 浓度　　　　　　　　C. 厚度　　　　　　　　D. 深度

4.将舞台上的对象转换为元件的步骤是（　　）。

A. 选中舞台上的对象，执行"修改"｜"转换为元件"命令,打开"转换为元件"对话框；填写"转换为元件"对话框，并单击确定

B. 执行"修改"｜"转换为元件"命令,打开"转换为元件"对话框；选定舞台上的对象；填写"转换为元件"对话框，并单击确定

C. 选中舞台上的对象，并将选定元素拖到库面板上，执行"修改"｜"转换为元件"命令,打开"转换为元件"对话框，填写"转换为元件"对话框，并单击确定

    D. 执行"修改"|"转换为元件"命令，打开"转换为元件"对话框，选中舞台上的对象并将选
       定元素拖到库面板上，填写"转换为元件"对话框，并单击确定

5. 按钮元件的"指针经过"状态的意思是（　　　　）。

    A. 当鼠标指针经过按钮区域时激活

    B. 事件将被激活

    C. 当从按钮对象中拖出对象范围时，事件被激活

    D. 当指定的键盘被按下时就激活事件

6. 可以独立于主场景时间轴播放的元件是（　　　　）。

    A. 图形元件　　　　　　　B. 影片剪辑元件　　　　　C. 按钮元件　　　　　　　D. 以上都可以

7. 在影片剪辑元件和图形元件中可以做动画吗？（　　　）

    A. 仅影片剪辑元件可以　　　　　　　　　　　B. 仅图形元件可以

    C. 两者都可以　　　　　　　　　　　　　　　D. 两者都不可以

二、判断题

1. 元件只存在于库中。（　　　）

2. 库除了放置各种元件，还可以存放各种实例。（　　　　）

3. 任何元件都可以创建自己的实例。（　　　　）

4. 添加新元件只能在库中操作。（　　　）

5. 一个元件只能创建一个实例。（　　　）

三、填空题

1. 元件分为_____、_____、_____三种类型。

2. 按钮元件有_____种状态。

3. 通常情况下，Animate CC 2018 会自动按照按钮的_____状态时的区域作为鼠标的反应范围。

4. 影片剪辑元件主要用于_____。

5. 把绘制好的图形转换为元件可以按快捷键_____。

第 7 章

应用滤镜和混合模式

本章导读

　　熟悉 Photoshop、Fireworks 等图形图像处理软件的用户对"滤镜"和"混合模式"一定不会感到陌生。使用滤镜，可以为文本、按钮和影片剪辑添加许多常见的视觉效果，更让广大设计者欣喜的是，这些效果还保持着矢量的特性。

　　使用混合模式，可以通过混合两个或两个以上重叠对象的透明度或者颜色，加强图像的层次感，从而创造具有独特效果的复合图像。

学习要点

- ❖ 认识滤镜
- ❖ Animate CC 2018 的内置滤镜效果
- ❖ 滤镜的基本操作
- ❖ 认识混合模式

7.1 认 识 滤 镜

所谓滤镜，就是具有图像处理能力的过滤器，是扩展图像处理能力的主要手段。滤镜功能能极大地增强 Animate CC 2018 的设计能力，可以为文本、按钮和影片剪辑增添有趣的视觉效果。不仅如此，Animate CC 2018 还可以使用补间动画让应用的滤镜活动起来。

7.1.1 滤镜的功能

使用滤镜可以完成很多常见的设计处理工作，以丰富对象的显示效果。Animate CC 2018 允许根据用户需要对滤镜进行编辑，或删除不需要的滤镜，或者调整滤镜顺序以获得不同的组合效果。此外，还可以暂时禁用或者启用、复制粘贴滤镜。如果用户修改已经应用滤镜的对象，应用到对象上的滤镜会自动适应新对象。

 注意　Animate CC 2018 中的滤镜只适用于文本、影片剪辑和按钮。

例如，图 7-1（a）是应用了"投影"的原始图；图 7-1（b）是进行编辑后的图形；图 7-1（c）显示滤镜自适应图形后的效果。可以看到，在对对象进行修改后，滤镜会根据修改后的结果重新进行绘制，以确保图形图像正确显示。

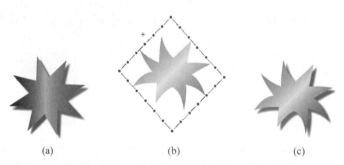

（a）　　　　　　　　　　（b）　　　　　　　　　　（c）

图7-1　滤镜根据修改后的结果重新进行绘制

有了上面这些特性，意味着在 Animate CC 2018 中制作丰富的视觉效果会更加方便，无需为了一个简单的效果进行多个对象的叠加，或启动 Photoshop 之类的软件了。

7.1.2 添加滤镜

使用滤镜处理对象时，可以直接在对象属性面板中的"滤镜"选项中选择需要的滤镜。

（1）选中要应用滤镜的对象，可以是文本、影片剪辑或按钮。

（2）在属性面板中单击"滤镜"折叠按钮，打开"滤镜"面板，单击"添加滤镜"按钮 ，打开滤镜菜单。

（3）选中需要的滤镜效果，打开对应的参数设置对话框。

（4）设置完参数后单击文档的其他区域，完成效果设置。

（5）再次单击"添加滤镜"按钮 ，打开滤镜菜单。通过添加新的滤镜，可以实现多种效果的叠加。此时，"滤镜"下方将显示所用滤镜的名称和选项列表，如图 7-2 所示。

 注意　应用于对象的滤镜类型、数量和质量会影响 SWF 文件的播放性能。对于一个给定对象，建议只应用有限数量的滤镜。

图7-2　所用滤镜列表

7.2　Animate CC 2018 的内置滤镜效果

Animate CC 2018 提供七种滤镜，如图 7-3 所示。

图7-3　滤镜列表

　　滤镜的应用效果是通过滤镜的多个参数进行设置的，参数值不同，最终的显示效果可能千差万别。因此，在实际的设计过程中，设计者（尤其是初学者）常常需要对滤镜的参数进行多次修改试验，以达到满意的设计效果。

7.2.1　投影

　　"投影"滤镜可模拟对象在一个表面投影的效果，或者在背景中剪出一个形似对象的洞，来模拟对象的外观。投影的参数面板如图 7-4 所示。

➦ 模糊 X 和模糊 Y：设置阴影模糊柔化的宽度和高度。右侧的 图标按钮用于限制 X 轴和 Y 轴的阴影同时柔化，单击 按钮可单独调整某一个轴。

图 7-5（a）是同步模糊 X 和 Y 的效果，图 7-5（b）是增大模糊 X 值后的效果。

➦ 强度：设置阴影暗度。图 7-6（a）的投影强度为 100%，图 7-6（b）的投影强度为 20%。

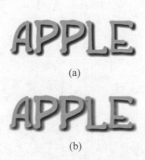

图7-4　投影选项设置　　　　图7-5　模糊柔化不同的投影效果　　　图7-6　投影强度不同的投影效果

➦ 品质：用于设置阴影模糊的质量，质量越高，过渡越流畅，反之越粗糙。

> **注意**　阴影质量过高是以牺牲执行效率为代价的。如果在运行速度较慢的计算机上创建回放内容，建议将质量级别设置为低，以实现最佳的回放性能。

➦ 角度：设置阴影相对于对象本身的方向，图 7-7（a）角度为 260°，图 7-7（b）为 360°。
➦ 距离：设置阴影相对于对象本身的远近，图 7-8（a）投影距离为 5，图 7-8（b）为 15。

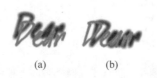

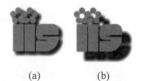

图7-7　投影角度不同的投影效果　　　　　　图7-8　投影距离不同的投影效果

➦ 挖空：该选项的效果是从视觉上隐藏源对象，并在挖空图像上只显示投影。图 7-9（b）选择"挖空"复选框，图 7-9（a）未选中该选项。
➦ 内阴影：在对象边界内应用阴影。图 7-10（a）未选中该选项，图 7-10（b）选中"内阴影"复选框。
➦ 隐藏对象：不显示对象本身，只显示阴影。图 7-11（a）未隐藏对象，图 7-11（b）选中"隐藏对象"选项。

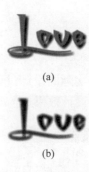

图7-9　挖空的投影效果　　　　图7-10　内侧阴影　　　　图7-11　隐藏对象

↘ **颜色**：设置阴影的颜色。

7.2.2　模糊

　　模糊滤镜可以柔化对象的边缘和细节。将模糊应用于对象，可以让它看起来好像位于其他对象的后面，或者使对象看起来具有动感。该滤镜的参数面板如图 7-12 所示。

　　↘ **模糊 X 和模糊 Y**：与投影滤镜中相应的选项相同。图 7-13（a）为同时柔化，图 7-13（b）为单独柔化，且 X 轴模糊值加大。

　　↘ **"品质"**：模糊的质量。设置为"高"时近似于高斯模糊。

图7-12　模糊选项设置

(a)　　　　　　(b)

图7-13　模糊XY效果

7.2.3　发光

　　"发光"滤镜可以为对象的边缘应用颜色，使对象周边产生光芒的效果。"发光"滤镜的参数面板如图 7-14 所示。

　　↘ **颜色**：用于设置光芒的颜色。

　　↘ **强度**：用于设置光芒的清晰度。

　　↘ **挖空**：该选项用于隐藏源对象，只显示光芒。图 7-15（a）是未挖空效果，图 7-15（b）是挖空的效果。

　　↘ **内发光**：在对象边界内发出光芒。图 7-16（a）是外侧发光效果，图 7-16（b）是内侧发光效果。

图7-14　发光滤镜的参数面板

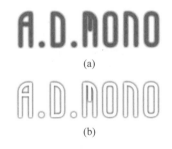

(a)

(b)

图7-15　挖空效果

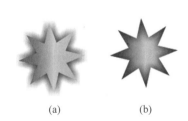

(a)　　　　　(b)

图7-16　外侧发光和内侧发光效果

7.2.4　斜角

　　"斜角"滤镜包括内侧斜角、外侧斜角和全部斜角三种效果，可以创建三维视觉效果，使对象看起来凸出于背景表面。参数设置不同，可以产生各种不同的立体效果。"斜角"滤镜的参数面板如图 7-17 所示。

　　↘ **阴影**：斜角的阴影颜色。

　　↘ **加亮显示**：斜角的高亮显示颜色，如图 7-18 所示。阴影色为黑色，图 7-18（a）加亮色为白色，图 7-18（b）加亮色为淡黄色。

　　↘ **角度**：斜边投下的阴影角度。

图7-17　斜角选项设置

(a)　　　　(b)

图7-18　阴影和加亮效果

➥ **距离**：斜角的宽度。

➥ **挖空**：隐藏源对象，只显示斜角。

➥ **类型**：要应用到对象的斜角类型。各种类型的斜角效果分别如图 7-19 所示。

原图　　　　内侧斜角　　　　外侧斜角　　　　全部斜角

图7-19　不同类型的斜角效果

7.2.5　上机练习——制作画框

练习目标

本节练习使用斜角和发光滤镜效果制作一个相框，通过操作步骤的详细讲解，使读者熟练掌握添加滤镜和设置滤镜参数的方法。

7-1　上机练习——制作画框

设计思路

首先在舞台上导入一幅风景画，并将图像转换为影片剪辑。然后为影片剪辑添加"斜角"滤镜，并使用"挖空"选项隐藏图片，接下来为影片剪辑添加"发光"滤镜，形成相框。最后，在舞台上添加一个影片剪辑实例，通过调整图层位置，使其显示在相框中，最终效果如图 7-20 所示。

图7-20　实例效果

操作步骤

（1）新建一个 Animate CC 2018 文档（ActionScript 3.0），将图层 1 重命名为 frame，执行"文件"｜"导入"｜"导入到舞台"命令，导入一幅风景画。然后使用"任意变形工具"修改图片尺寸。

（2）选中导入的图片，执行"修改"｜"转换为元件"命令，将选中对象转换为影片剪辑，如图 7-21 所示。

（3）在属性面板中单击"滤镜"折叠按钮，展开"滤镜"面板，单击"添加滤镜"按钮，在弹出的滤镜菜单中选择"斜角"命令。然后在对应的参数列表中设置滤镜属性，如图 7-22 所示。应用滤镜后的效果如图 7-23 所示。

图7-21 将导入的图片转换为影片剪辑

图7-22 滤镜参数面板

（4）用同样的方法添加"发光"滤镜，参数设置如图 7-24 所示。应用滤镜后的效果如图 7-25 所示。

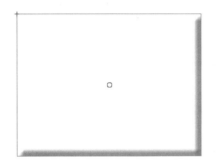

图7-23 滤镜效果

图7-24 发光滤镜的参数设置

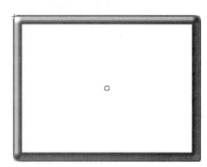

图7-25 应用滤镜后的效果

（5）单击图层面板左下角的"新建图层"按钮，新建一个图层 pic。然后将新建图层拖放到"图层 1"下方。

（6）打开"库"面板，在库项目列表中选中影片剪辑，并拖动到舞台上。调整影片剪辑的位置和大小，使其显示在利用滤镜生成的边框中，效果如图 7-20 所示。

（7）执行"文件" | "保存"命令保存文档。

7.2.6 渐变发光

"渐变发光"滤镜可以在发光表面产生渐变颜色的光芒效果，参数面板如图 7-26 所示。

↘ **类型**：发光类型，有内侧发光、外侧发光和全部发光三种，效果如图 7-27 所示。

图7-26 渐变发光的选项

原图   外侧发光   内侧发光   全部发光

图7-27 不同类型的渐变发光效果

↘ ：光芒的渐变颜色。

渐变开始颜色称为 Alpha 颜色，该颜色的 Alpha 值为 0。无法移动此颜色的位置，但可以改变该颜色。在渐变栏上单击，可以添加最多 15 个颜色游标。

渐变发光的其他设置参数与发光滤镜相同，不再赘述。

7.2.7　渐变斜角

"渐变斜角"滤镜可以产生一种凸起的三维效果，使对象看起来好像从背景上凸起，且斜角表面有渐变颜色。"渐变斜角"的参数面板如图 7-28 所示。

- **类型**：指定斜角类型：内侧斜角、外侧斜角或者全部斜角。
- **▧**：斜角的渐变颜色。不同类型的渐变斜角的效果如图 7-29 所示。

图7-28　渐变斜角的选项

原图　　内侧斜角　　外侧斜角　　全部斜角

图7-29　不同类型的渐变斜角的效果

与"渐变发光"滤镜的渐变色不同，"渐变斜角"滤镜中间的颜色游标控制渐变的 Alpha 颜色，值为 0。可以更改该颜色游标的颜色，但是不能更改该颜色在渐变中的位置。

渐变斜角的其他设置参数与斜角滤镜相同，不再赘述。

7.2.8　调整颜色

"调整颜色"滤镜可以调整所选影片剪辑、按钮或者文本对象的亮度、对比度、色相和饱和度。该滤镜的参数面板如图 7-30 所示。

- **亮度**：调整图像的亮度，值的范围为 –100~100。按下鼠标左键并拖动，或者在右侧的文本框中输入数值，即可调整相应的值，效果如图 7-31 所示。

图7-30　调整颜色的选项

原图　　增强亮度　　减小亮度

图7-31　调整颜色的亮度

- **对比度**：调整图像的加亮、阴影及中调。数值范围为 –100~100，效果如图 7-32 所示。

MAX MAX MAX

原图　　　　增强对比度　　　减小对比度

图7-32　调整颜色的对比度

↘ **饱和度**：调整颜色的强度，其数值范围为 –100~100，效果如图 7-33 所示。

↘ **色相**：用于调整颜色的深浅，其数值范围为 –180~180，效果如图 7-34 所示。

原图　　　增强饱和度　　　减小饱和度　　　　　原图　　　增大色相值　　　减小色相值

图7-33　调整颜色的饱和度　　　　　　　　　图7-34　调整颜色的色相

 教你一招

如果只希望调整对象的亮度，建议读者使用对象属性面板中"色彩效果"区域"样式"下拉列表中的"亮度"选项。与应用滤镜相比，使用该选项性能更高。

7.2.9　上机练习——五子棋盘

 **练习目标**　　本节练习使用投影和渐变斜角滤镜制作一个五子棋盘，通过操作步骤的详细讲解，使读者熟练掌握位图填充的技巧和滤镜的使用方法。

7-2　上机练习——五子棋盘

 设计思路　　首先新建一个 Animate CC 2018 文档，使用"矩形工具"、"颜色"面板和"渐变变形工具"制作一个棋盘。然后使用"椭圆工具"制作棋子，通过将图形转换为影片剪辑，添加投影滤镜，再将应用了滤镜的实例转换为影片剪辑存放在"库"中。最后通过为文本添加渐变斜角滤镜，创建立体字效果，最终效果如图 7-35 所示。

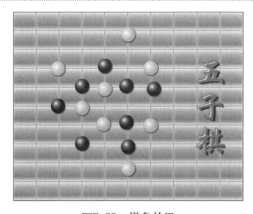

图7-35　棋盘效果

操作步骤

（1）执行"文件"｜"新建"命令，新建一个 Animate CC 2018 文件，舞台大小为 500 像素 × 400 像素。

（2）执行"文件"｜"导入"｜"导入到库"命令，在弹出的对话框中选择棋盘样式图案，如图 7-36 所示。

（3）选择工具箱中的"矩形工具"，在属性面板上设置笔触颜色无，填充色为上一步导入的位图，如图 7-37 所示。在舞台上绘制一个矩形。

（4）选中矩形，打开"信息"面板，修改矩形的尺寸和坐标，使矩形大小与舞台大小相同，且与舞台左上角对齐，如图 7-38 所示。

图7-36　棋盘样式

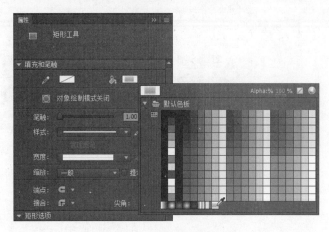

图7-37 设置矩形的填充色

图7-38 设置矩形大小和位置

（5）选择"渐变变形工具"，拖动变形中心点到左上角的位置，如图7-39所示。使矩形完全使用完整的位图填充，然后锁定图层1。

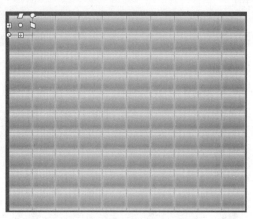

图7-39 修改矩形的填充方式

（6）单击图层面板左下角的"新建图层"按钮，新建一个图层。选择工具箱中的"椭圆工具"，在属性面板上设置无笔触颜色，填充色为白黑径向渐变，按住 Shift 键的同时拖动鼠标，在舞台上绘制一个大小合适的圆形。然后使用"渐变变形工具"调整渐变中心点的位置，如图7-40所示。

（7）选中圆形，执行"修改"｜"转换为元件"命令，将选中的图形转换为影片剪辑，名称为black_org。

（8）选中舞台上的实例，在属性面板上单击"添加滤镜"按钮，在弹出的滤镜列表中选择"投影"命令，设置投影强度为60%，距离为2，颜色为黑色，如图7-41所示。此时的实例效果如图7-42所示。

图7-40 调整渐变效果

图7-41 设置投影参数

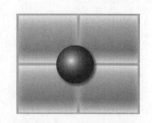

图7-42 应用滤镜后的效果

提示：

　　　由于棋盘中的棋子是一样的，因此可以将黑色棋子转换为元件。需要时，从"库"中拖放到舞台上即可。

（9）选中舞台上的实例，执行"修改" | "转换为元件"命令，将舞台上的实例转换为影片剪辑，名称为 black。

接下来制作白色棋子。由于白棋子的制作方法与黑色棋子基本相同，只是填充色不一样，因此，可以复制影片剪辑 black_org 进行修改。

（10）打开"库"面板，右击元件 black_org，在弹出的快捷菜单中选择"直接复制"命令，然后在弹出的"直接复制元件"对话框中输入元件名称 white_org，如图 7-43 所示。单击"确定"按钮关闭对话框。

（11）在"库"面板的元件列表中双击复制的元件名称 white_org，进入元件编辑窗口。打开"颜色"面板，修改元件的填充色为白灰径向渐变，如图 7-44 所示。然后使用"渐变变形工具"调整渐变中心点的位置，使图形更具立体感。

图7-43　"直接复制元件"对话框　　　　　　　图7-44　设置白棋子的填充效果

（12）从"库"面板中将元件 white_org 拖放到舞台上，在属性面板上单击"添加滤镜"按钮，在弹出的滤镜列表中选择"投影"命令，设置投影强度为 60%，距离为 2，颜色为黑色。应用滤镜后的实例效果如图 7-45 所示。

（13）选中白棋子实例，执行"修改" | "转换为元件"命令，将实例转换为影片剪辑，名称为 white。然后从"库"中拖放多个黑白棋子实例到舞台上，调整它们的位置，效果如图 7-46 所示。

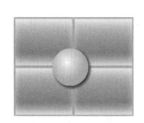

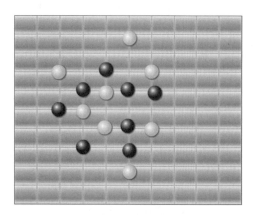

图7-45　白棋子效果　　　　　　　　　图7-46　图像效果

（14）单击图层面板左下角的"新建图层"按钮，新建一个图层 text。选择工具箱中的"文本工具"，在属性面板上设置字体为"华文新魏"，大小为 70，颜色为橙色，如图 7-47 所示。在舞台上拖动鼠标绘制一个固定宽度文本框，输入文字"五子棋"，如图7-48所示。

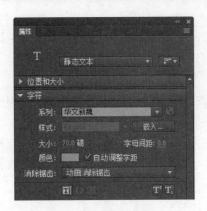

图7-47　设置文本属性

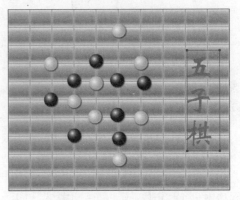

图7-48　输入文本的效果

（15）选中文本，在属性面板上单击"添加滤镜"按钮，在弹出的滤镜菜单中选择"渐变斜角"命令，设置角度为210°，类型为"外侧"；单击渐变条，设置最后一个颜色游标为黑色，如图7-49所示。此时的舞台效果如图7-35所示。

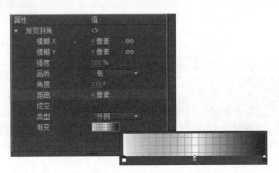

图7-49　设置渐变斜角属性

（16）执行"文件" | "保存"命令，保存文件。

7.3　滤镜的基本操作

应用滤镜后，通常会暂时禁用滤镜以提高计算机性能，或改变滤镜顺序生成新的视觉效果，或将创建的滤镜效果应用到其他对象上，以提高工作效率。

7.3.1　禁用、恢复滤镜

在对象上应用滤镜，修改对象时，系统会进行重绘，从而影响系统的性能。如果应用到对象上的滤镜较多且较复杂，修改对象后，重绘操作可能占用很多计算机时间。同样，在打开这类文件时也会变得很慢。

很多有经验的用户在设计图像时，通常会先在一个很小的对象上应用各种滤镜，并查看效果，设置满意后，将滤镜临时禁用，然后修改对象，修改完毕后再启用滤镜，获得最后的结果。

（1）在滤镜列表中单击要禁用的滤镜名称，然后单击属性面板上的"启用或禁用滤镜"按钮，此时，滤镜名称变为斜体，"启用或禁用滤镜"按钮变为，如图7-50所示。

（2）如果要禁用应用于对象的全部滤镜，单击"添加滤镜"按钮，在弹出的下拉菜单中选择"禁用全部"命令，如图7-51所示。

（3）选择禁用后的滤镜，然后单击属性面板上的"启用或禁用滤镜"按钮，即可恢复滤镜。在如图7-51所示的菜单中选择"启用全部"命令，可恢复禁用的全部滤镜。

图7-50 禁用指定滤镜

图7-51 禁用指定对象上应用的全部滤镜

7.3.2 改变滤镜的应用顺序

一个对象可以应用多个滤镜，且滤镜的应用顺序会影响对象最终的显示效果。

提示: 一般而言，应先应用改变对象内部的滤镜，如斜角滤镜，然后再应用改变对象外部外观的滤镜，如调整颜色、发光滤镜或投影滤镜等。

（1）在滤镜列表中单击希望改变应用顺序的滤镜。选中的滤镜将高亮显示。

（2）在滤镜列表中拖动被选中的滤镜到需要的位置，然后释放鼠标。

注意 滤镜列表中的滤镜以从上至下的顺序应用于对象。

例如，图7-52（a）依次应用了"调整颜色"和"发光"滤镜的效果；在滤镜列表中将"发光"滤镜拖放到"调整颜色"滤镜之前，效果如图7-52（b）所示，可以看出两者有较大的区别。

(a)   (b)

图7-52 不同的滤镜应用顺序产生不同的效果

7.3.3 上机练习——复制、粘贴滤镜

练习目标

在实际的设计过程中，设计者可能常常需要制作多个外观效果相同或相似的对象，如果一个一个地进行设置，既费时费力，且很可能出错。本节练习使用 Animate CC 2018 提供的复制和粘贴滤镜功能，轻松地将一个对象的全部或部分滤镜设置应用到其他对象。通过操作步骤的详细讲解，使读者熟练掌握复制、粘贴滤镜的操作方法。

7-3 上机练习——复制、
粘贴滤镜

首先新建一个 Animate CC 2018 文档，使用"文本工具"输入文本，然后添加"斜角"和"调整颜色"滤镜，效果如图 7-53（a）所示。然后复制"斜角"滤镜，应用于第二个文本，效果如图 7-53（b）所示。最后复制所有滤镜，应用于第三个文本，效果如图 7-53（c）所示。

CHILD　HOOD　TIMES

　　　（a）　　　　　　　（b）　　　　　　　（c）

图7-53　复制、粘贴滤镜的效果

操作步骤

　　（1）新建一个 Animate CC 2018 文档，使用工具箱中的"文本工具"在舞台上输入需要的文本，如图 7-54 所示。

　　（2）选中文本，在"滤镜"面板中对文本依次应用"斜角"和"调整颜色"滤镜，参数设置如图 7-55（a）所示。应用滤镜后的文本效果如图 7-55（b）所示。

CHILD　　　　　　　　　　　　　　　　　CHILD

　　　　　　　　　　　　　　　　（a）　　　　　　　　　　（b）

图7-54　输入文本　　　　　　　　　　　图7-55　滤镜设置及效果

　　（3）选择"文本工具"，使用相同的设置在舞台上输入"HOOD"，如图 7-56 所示。

　　（4）选择舞台上的"CHILD"，并打开相应的"滤镜"面板。在滤镜列表中选择要复制的滤镜"斜角"，然后单击"滤镜"面板右上角的"选项"按钮 ，在弹出的下拉菜单中选择"复制选定的滤镜"命令，如图 7-57 所示。

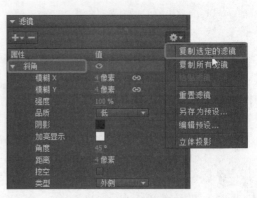

HOOD

　　　　图7-56　输入文本　　　　　　　　　　图7-57　复制选定的滤镜

　　（5）选择舞台上要应用滤镜的文本对象"HOOD"，然后单击"滤镜"面板右上角的"选项"按钮

，在弹出的下拉菜单中选择"粘贴滤镜"命令，如图 7-58（a）所示。即可将选中的"斜角"滤镜应用于所选文本，效果如图 7-58（b）所示。

（6）选择"文本工具"，使用相同的设置在舞台上输入"TIMES"，如图 7-59 所示。

(a)　　　　(b)

图7-58　粘贴滤镜及效果

图7-59　输入文本

（7）选择舞台上的"CHILD"，并打开相应的"滤镜"面板。单击"滤镜"面板右上角的"选项"按钮，在弹出的下拉菜单中选择"复制所有滤镜"命令，如图 7-60 所示。

（8）在舞台上单击"TIMES"，然后单击"滤镜"面板右上角的"选项"按钮，在弹出的下拉菜单中选择"粘贴滤镜"命令，即可将"斜角"和"调整颜色"滤镜都应用于所选文本，效果如图 7-61 所示。

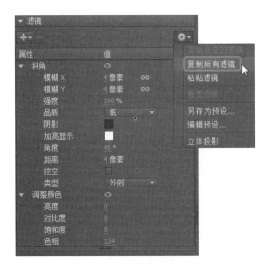

图7-60　复制所有滤镜

图7-61　粘贴所有滤镜后的效果

7.3.4　删除滤镜

（1）选中要删除滤镜的影片剪辑、按钮或文本对象。

（2）打开对应的属性面板，在滤镜列表中单击要删除的滤镜名称。

（3）单击滤镜面板上的"删除滤镜"按钮■。

若要从所选对象中删除全部滤镜，单击"添加滤镜"按钮■，在弹出的下拉菜单中选择"删除全部"命令。

7.3.5 创建滤镜预设库

如果希望将同一个滤镜或一组滤镜设置应用到其他多个对象，可以将编辑好的滤镜或滤镜组保存为预设滤镜。

（1）选中应用了滤镜或滤镜组的对象，如图7-62所示的文本。在"滤镜"面板上选中要保存为预设的滤镜组，然后单击右上角的"选项"按钮。

 注意 将滤镜另存为预设滤镜，可以将一个对象上应用的所有滤镜应用到其他对象，但不能复制对象上的部分滤镜。

（2）在弹出的下拉菜单中选择"另存为预设"命令，弹出"将预设另存为"对话框，如图7-63所示。

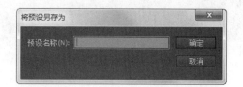

图7-62 应用滤镜后的文本　　　　　　图7-63 "将预设另存为"对话框

（3）输入预设名称（如"立体投影"），单击"确定"按钮关闭对话框。

此时，"选项"下拉菜单上即会显示添加的预设滤镜，如图7-64所示。以后在其他对象上使用该滤镜时，直接单击"选项"按钮，在弹出的下拉菜单中选择相应的滤镜名称即可，如图7-65所示。

图7-64 添加的预设滤镜　　　　　　图7-65 应用预设滤镜前后的效果

 注意 将预设滤镜应用于对象时，Animate CC 2018会将应用于所选对象的所有滤镜替换为预设中使用的滤镜。

此外，在"选项"下拉菜单中通过"编辑预设"命令重命名或删除预设滤镜，但不能重命名或删除标准Animate CC 2018滤镜。

7.4 认识混合模式

混合模式就像调酒，将多种原料混合在一起产生更丰富的口味。至于口味的喜好、浓淡，取决于放入各种原料的多少以及调制的方法。在Animate CC 2018中，使用混合模式，可以自由发挥创意，改变两个或两个以上重叠对象的透明度或者颜色相互关系，制作出层次丰富、效果奇特的合成图像。

一个混合模式包含四种元素：混合颜色、不透明度、基准颜色和结果颜色。

➥ **混合颜色**：填充工具的填充色或将要应用混合模式的图层已有的色彩。

➥ **不透明度**：应用于混合模式的透明度。

    ↘ **基准颜色**：混合颜色下的像素的颜色。

    ↘ **结果颜色**：基准颜色混合后的色彩效果。

    对于任何混合模式来说，必须有至少两个对象或者两个包含像素的图层。混合模式的结果取决于每一个对象上的像素如何通过选择的模式发生变化。

7.4.1　添加混合模式

（1）选择要应用混合模式的影片剪辑实例或按钮实例。

 注意　在 Animate CC 2018 中，混合模式只能应用于影片剪辑和按钮。

（2）展开"属性"面板中的"显示"区域，在"混合模式"下拉列表中，选择要应用于影片剪辑或按钮的混合模式，如图 7-66 所示。

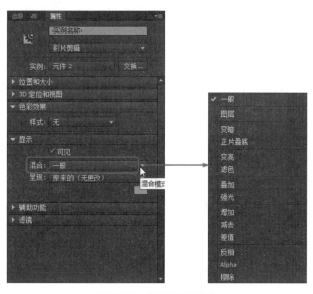

图7-66　选择混合模式

    ↘ **一般**：正常应用颜色，不与基准颜色有相互关系。

    ↘ **图层**：层叠各个影片剪辑，而不影响其颜色。

    ↘ **变暗**：只替换比混合颜色亮的区域，比混合颜色暗的区域不变。

    ↘ **正片叠底**：将基准颜色复合以混合颜色，从而产生较暗的颜色。

    ↘ **变亮**：只替换比混合颜色暗的像素，比混合颜色亮的区域不变。

    ↘ **滤色**：用基准颜色复合以混合颜色的反色，从而产生漂白效果。

    ↘ **叠加**：进行色彩增值或滤色，具体情况取决于基准颜色。

    ↘ **强光**：进行色彩增值或滤色，具体情况取决于混合模式颜色。效果类似于用点光源照射对象。

    ↘ **增加**：在基准颜色的基础上增加混合颜色。

    ↘ **减去**：从基准颜色中去除混合颜色。

    ↘ **差值**：从基准颜色减去混合颜色，或者从混合颜色减去基准颜色，具体情况取决于哪种颜色的亮度值较大。效果类似于彩色底片。

    ↘ **反相**：取基准颜色的反色。

    ↘ **Alpha**：应用 Alpha 遮罩层。

    ↘ **擦除**：删除所有基准颜色像素，包括背景图像中的基准颜色像素。

（3）将带有该混合模式的影片剪辑或按钮定位到要修改外观的背景或其他元件上。

 注意 　　　一种混合模式可产生的效果会很不相同，具体情况取决于基础图像的颜色和应用的混合模式的类型。因此，要调制出理想的图像效果，可能需要多次试验影片剪辑或按钮的颜色、透明度以及不同的混合模式。

7.4.2　上机练习——花朵

 　　　本节练习使用混合模式原理制作花朵，通过操作步骤的详细讲解，使读者进一步了解混合模式的效果，并学会使用混合模式创建层次感丰富的图像。

7-4　上机练习——花朵

 　　　首先新建一个 Animate CC 2018 文档，使用辅助线工具将舞台均分为四等份，便于对齐图形。然后使用"矩形工具"绘制矩形，并填充径向渐变。接下来将矩形转换为影片剪辑，复制并旋转实例，最后通过为实例添加"变亮"混合模式创建最终效果，如图 7-67 所示。

图7-67　最终效果

操作步骤

（1）新建一个 Animate CC 2018 文件，舞台大小为 400 像素 × 400 像素，颜色为白色。

（2）执行"视图"｜"标尺"命令，显示标尺。

（3）执行"视图"｜"辅助线"｜"编辑辅助线"命令，在弹出的对话框中选中"显示辅助线"和"贴紧至辅助线"选项，如图 7-68 所示。然后单击"确定"按钮关闭对话框。

（4）拖出水平和垂直两条辅助线，将舞台平分为四等份，如图 7-69 所示。

（5）选择工具箱中的"矩形工具"，设置笔触颜色"无"，填充色任意，绘制一个大小为 200 像素 × 200 像素、左上角与舞台左上角对齐的矩形，如图 7-70 所示。

图7-68　"辅助线"对话框

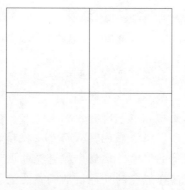

图7-69　添加辅助线

图7-70　绘制矩形

（6）选中矩形的填充区域，执行"窗口"｜"颜色"命令，打开"颜色"面板。设置"颜色类型"为"径向渐变"，第一个游标的颜色为黄色，第二个游标的颜色为红色。矩形的填充效果如图 7-71 所示。

（7）选中矩形，按住 Alt 键拖动矩形至其他三个矩形区域。然后选中四个矩形，执行"修改"｜"转换为元件"命令，在弹出的对话框中设置元件类型为"影片剪辑"。此时的舞台效果如图 7-72 所示。

（8）执行"编辑"｜"复制"命令和"编辑"｜"粘贴到当前位置"命令，复制并粘贴一个元件。

（9）执行"修改"｜"变形"｜"缩放和旋转"命令，在弹出的"缩放和旋转"对话框中设置旋转角度为 30，如图 7-73 所示。单击"确定"按钮，舞台效果如图 7-74 所示。

图7-71　填充效果　　　　　图7-72　复制矩形　　　　　图7-73　"缩放和旋转"对话框

（10）打开属性面板，在"显示"区域设置"混合模式"为"变亮"，此时的效果如图 7-75 所示。

（11）重复（9）~（10）步的操作，效果如图 7-76 所示。执行"视图"｜"辅助线"｜"显示辅助线"命令，隐藏辅助线，最终效果如图 7-67 所示。

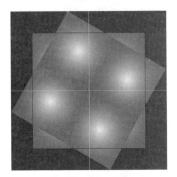

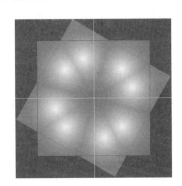

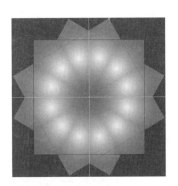

图7-74　图形效果　　　　　图7-75　变亮效果　　　　　图7-76　混合模式

7.5　实例精讲——变幻的画框

　　本节练习使用滤镜效果和传统补间动画制作一个动感画框，通过操作步骤的详细讲解，使读者进一步掌握使用混合模式美化图形的方法，以及学会使用补间动画让应用的混合模式"动"起来的方法。

7-5　实例精讲——变幻的画框

　　首先打开一个 Animate CC 2018 文档，并复制影片剪辑所在图层。然后在复制的实例上添加混合模式，并修改不同关键帧中的实例色彩效果，最后在关键帧之间创建传统补间关系，最终效果如图 7-77 所示。画框中的图片色调不停变化，五光十色，很有美感。

图7-77　第10帧、15帧和20帧的效果

操作步骤

（1）执行"文件"｜"打开"命令，打开 7.2.5 节制作的画框。右击图层 pic 第 1 帧，在弹出的快捷菜单中选择"复制帧"命令。

（2）单击图层面板左下角的"新建图层"按钮，插入一个新的图层 pic_copy。右击第 1 帧，在弹出的快捷菜单中选择"粘贴帧"命令，然后将图层 pic_copy 拖放到图层 frame 下方，此时的效果如图 7-78 所示。

（3）分别右击图层 frame 和图层 pic 的第 20 帧，从弹出的快捷菜单中选择"插入帧"命令，并将这两层锁定。

（4）右击图层 pic_copy 的第 5 帧，从弹出的快捷菜单中选择"插入关键帧"命令。

接下来为图层添加混合模式。

（5）在舞台上单击影片剪辑，然后在属性面板上单击"显示"折叠按钮，在"混合"下拉列表中选择"正片叠底"选项，如图 7-79 所示。

图7-78　调整影片剪辑的位置

图7-79　选择混合模式

（6）在属性面板上单击"色彩效果"折叠按钮展开面板，在"样式"下拉列表中选择颜色样式为"色调"，然后单击"样式"右侧的颜色块，在弹出的色板中选择黄色，"色调"为 52%，如图 7-80 所示。此时，画面的色调变为浅黄色，如图 7-81 所示。

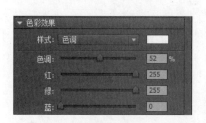

图7-80　设置色调参数

图7-81　应用色调后的效果

注意　同一种混合模式由于基础图像的颜色或透明度的不同，可能产生的效果也会很不相同。因此，要调制出理想的图像效果，必须多次试验不同的颜色和混合模式。

（7）在第 10 帧按 F6 键插入关键帧，然后按照第（6）步的方法设置一种不同的色调和着色量。同理，在第 15 帧和第 20 帧插入关键帧，并设置混合模式。

（8）右击第 1 帧～第 5 帧之间的任意一帧，从弹出的快捷菜单中选择"创建传统补间"命令；同样的方法，在第 5 帧～第 10 帧，第 15 帧～第 20 帧之间创建传统补间动画。

（9）保存动画。然后按 Ctrl + Enter 键测试动画，效果如图 7-77 所示。

7.6 答疑解惑

1. 选中了舞台上的一个对象，为什么不能使用滤镜功能？

答：除文字以外，其他实例或对象必须转换为影片剪辑后才能使用滤镜功能。

2. 为什么要把舞台上的图片转换为影片剪辑元件才能使用混合模式？

答：在 Animate CC 2018 中，混合模式只能在影片剪辑和按钮上使用。也就是说，普通形状、位图和文字等都要事先转换为影片剪辑或按钮才可以。

7.7 学习效果自测

选择题

1. 为文本添加滤镜，下面说法正确的是（　　　　）。

    A. 文本分离两次后还可以添加滤镜　　　　　　B. 文本分离一次后还可以添加滤镜

    C. 文本分离后不可添加滤镜　　　　　　　　　D. 文本不可以添加滤镜

2. 将过于鲜艳的图片处理成正常范围，要降低调整颜色的（　　　　）参数。

    A. 饱和度　　　　　　　　B. 亮度　　　　　　　　C. 对比度　　　　　　　　D. 色相

3. 混合模式可以应用到（　　　　）对象中。

    A. 影片剪辑　　　　　　　B. 文本　　　　　　　　C. 位图　　　　　　　　D. 按钮

第 8 章

逐帧动画

本章导读

　　动画的制作实际上就是改变连续帧的内容的过程。不同的帧代表不同的时刻，画面随着时间的变化而改变，就形成了动画。逐帧动画就是利用人眼的视觉暂留性，在每一帧上创建一个不同的画面，连续的帧组合成连续变化的动画。利用这种方法制作动画，需要投入相当大的精力和时间。不过这种方法制作出来的动画效果非常好，因为对每一帧都进行绘制，所以动画变化的过程非常准确、细腻。

学习要点

❖ 逐帧绘制动画
❖ 导入连续图片制作逐帧动画

8.1 逐帧绘制动画

在使用计算机制作动画之前的时代，动画师制作动画需要辛苦地在每个帧中创建单独的图像，并在每个图像之间稍微地进行一些变化以获得移动的效果。逐帧动画的工作方式与此相同。

（1）在起始空白关键帧中创建图像，内容可以是静态的图片、用画笔绘制的各种矢量图形、文字，也可以导入使用外部图像处理软件制作好的 GIF 动画。

（2）在下一帧插入关键帧，使用修改工具修改图形外观或位置。

（3）重复上一步，创建连续关键帧。

创建逐帧动画存在一个问题。由于每个帧都需要填充和前一帧不同的内容，因此需要创建大量的图像，工作量非常大。此外，由于每一帧的内容都是独立的，计算机需要存储每一帧的信息，因此逐帧动画生成的文件比较大。

8-1 上机练习——写字效果

8.1.1 上机练习——写字效果

 本节练习模仿写字的过程，文字一笔一画逐渐显现在舞台上。通过对实例操作方法的具体讲解，使读者掌握逐帧动画的制作原理和方法。

 首先使用"文本工具"制作一个文本并打散，并将随后的 29 帧转换为关键帧。然后从最后一帧开始，逐帧反向擦除笔画的一部分，直到完全擦除。最终效果是"帧"字出现在舞台上，然后消失，再从无到有一笔一画"写"出来，如图8-1所示。

图8-1 写字效果

操作步骤

（1）执行"文件"｜"新建"命令，新建一个 ActionScript 3.0 文档，舞台宽度为 300 像素，高度为 260 像素，其余选项保留默认设置。

为了使绘制的图形定位更加准确，可以在舞台上显示网格。

（2）执行"视图"｜"网格"｜"显示网格"命令，在舞台上显示网格。网格宽度和高度均为 10 像素，如果希望网格线更加细密，执行"视图"｜"网格"｜"编辑网格"命令，弹出"网格"对话框。在↔和↕右侧的文本框中输入 8，将网格的宽度和高度设置为 8 像素。

（3）单击绘图工具箱中的"文本工具"按钮 T，在属性面板上设置字体为隶书、字号为 180，然后在舞台上输入"帧"字。

（4）选中文字，执行"修改"｜"分离"命令，将文字打散。然后执行"窗口"｜"颜色"命令，在弹出的"颜色"面板中设置颜色类型为"线性渐变"，渐变颜色为红色（#F00）到蓝色（#009）渐变。

填充后的文本效果如图 8-2 所示。

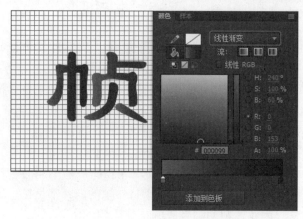

图8-2　输入文字并设置填充样式

（5）右击第 2 帧～第 30 帧，从弹出的快捷菜单中选择"转换为关键帧"命令，将第 2 帧～第 30 帧都转化为关键帧。

（6）选中第 30 帧，然后选择绘图工具箱中的"橡皮擦工具" ，将"帧"字按照写字的先后顺序，从最后一笔反向擦掉一部分，如图 8-3 所示。

（7）选中第 29 帧，利用"橡皮擦工具"进一步反向擦除一部分笔画，如图 8-4 所示。为了使擦出部分更加准确，可以启用绘图纸工具。

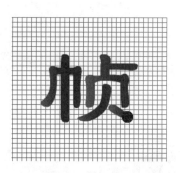 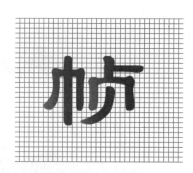

图8-3　擦除笔画　　　　　　　　　　　　图8-4　继续擦除

（8）使用同样的方法擦除其他帧中的笔画，将"帧"字在第 10 帧时刚好完全擦除。

注意　在笔画的交叉处，擦除其中一个笔画时不要破坏另一个笔画的完整性。

（9）右击第 4 帧～第 10 帧，在弹出的快捷菜单中选择"清除关键帧"命令，将选中帧对应的文字全部擦除。剩下的 3 帧不进行擦除。

（10）按 Ctrl+Enter 键测试影片，效果如图 8-1 所示。

8.1.2　导入图片制作动画

逐帧动画每一帧的内容可以是静态的图片、矢量图形、文字，也可以是导入的 GIF 动画。

（1）执行"文件"|"导入"|"导入到舞台"命令。

（2）在弹出的"导入"对话框中选择一幅 GIF 动画文件。

（3）单击"打开"按钮，关闭对话框。

此时，在时间轴上可以看到自动生成的逐帧动画。

8.1.3　上机练习——绽放的花朵

8-2　上机练习——绽放
的花朵

本节练习通过导入多幅图片制作一个花朵逐渐绽放的逐帧动画，读者可以从中掌握制作逐帧动画的一种简单方法。

首先导入一幅位图作为背景图像，并导入一系列图像到库中。然后依次将帧转换为关键帧，并插入导入的图像。插入图像时，要注意图像的位置一致。最终效果的第 1 帧、第 3 帧和第 7 帧如图 8-5 所示。

图8-5　动画效果

操作步骤

（1）执行"文件"｜"新建"命令，在弹出的"新建文档"对话框中选择"常规"选项卡，文件类型选择"ActionScript 3.0"，然后单击"确定"按钮。

（2）执行"文件"｜"导入"｜"导入到舞台"命令，在弹出的对话框中选中一幅背景图片。选中舞台上的图片，打开"信息"面板，修改图片尺寸与坐标，使图片大小与舞台大小相同，且左上角对齐，如图 8-6 所示。

图8-6　导入的背景图片

（3）右击第 7 帧，从弹出的快捷菜单中选择"插入帧"命令，将帧扩展到第 7 帧。

（4）执行"文件"｜"导入"｜"导入到库"命令，在弹出的对话框中选中需要导入的图片文件，如图 8-7 所示。单击"打开"按钮导入 7 张图片。

（5）单击图层面板左下角的"新建图层"按钮，新建一个图层。选中图层的第 1 帧，执行"窗口"｜"库"命令，打开"库"浮动面板。将第（4）步导入的编号为 1 的图片拖入舞台，调整图片位置，如图 8-8 所示。

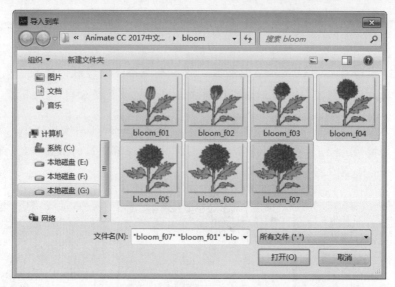

图8-7　选中要导入的图片文件

图8-8　第1帧的舞台效果

（6）右击图层2的第2帧，在弹出的快捷菜单中选择"转换为空白关键帧"命令。然后在"库"面板将编号为2的图片拖放到舞台上，调整图片位置，使其与第1帧的位置相同，如图8-9所示。

图8-9　第2帧的舞台效果

（7）按照第（6）步的操作方法分别将其他5帧转换为空白关键帧，并依次拖入其他5张图片。调整图片位置，与第1帧的位置相同。第7帧的舞台效果如图8-10所示。

此时按Enter键预览动画，由于播放太快，看不到花朵绽放的过程。接下来设置影片的播放速度。

（8）单击舞台的空白处，然后在属性面板上的"FPS"文本框中输入5，如图8-11所示。即设置影片的播放帧频为5 fps。

图8-10　第7帧的舞台效果

图8-11　修改帧频

（9）执行"文件"|"保存"命令保存文件。

8.2　实例精讲——房产公司广告

利用逐帧动画的制作方法可以制作出很多特殊效果的动画。本节练习制作一个简单的房产公司广告。通过对实例操作步骤的详细讲解，使读者熟练掌握逐帧动画的制作方法与技巧。

8-3　实例精讲——房产公司广告

首先新建一个Animate CC 2018文档，背景色为黑色。然后导入一幅背景图像，通过将背景图像转换为元件，并逐帧设置实例的Alpha值，实现背景图像逐渐显现的效果。接下来使用同样的方法，将文本转换为元件，逐帧设置实例的Alpha值和坐标位置，实现文本淡入的效果，最终效果如图8-12所示。

图8-12　某一帧的广告效果图

操作步骤

（1）执行"文件"｜"新建"命令，新建一个 Animate CC 2018 文档（ActionScript 3.0），舞台大小为 960 像素 ×380 像素，背景色为黑色。

（2）将当前图层重命名为 bg，执行"文件"｜"导入"｜"导入到舞台"命令，导入一幅背景图像。调整背景图的大小和位置，使图像左上角与舞台左上角对齐，效果如图 8-13 所示。

图8-13　导入的背景图像效果

由于接下来要设置图像的色彩效果制作背景淡入的动画，因此，应先将图像转换为元件。

（3）选中背景图像，执行"修改"｜"转换为元件"命令，在弹出的"转换为元件"对话框中输入元件名称 view，类型为"图形"，如图 8-14 所示。

（4）选中第 1 帧的实例，打开属性面板，在"色彩效果"区域的"样式"下拉列表中选择 Alpha，值为 0，如图 8-15 所示。此时，舞台上的背景不可见。

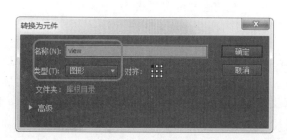

图8-14　设置"转换为元件"对话框

图8-15　设置实例的色彩效果

（5）将第 2 帧转换为关键帧，选中第 2 帧的实例，按照第（4）步同样的方法，设置 Alpha 值为 5%；第 3 帧实例的 Alpha 值为 10%；依此类推，直到第 21 帧实例的 Alpha 值为 100%。然后在第 90 帧按 F5 键插入扩展帧。

此时拖动播放头预览动画，可以看到背景图像逐渐显现。

（6）单击图层面板左下角的"新建图层"按钮，新建图层 title。选中第 23 帧，按 F6 键转换为关键帧，然后在工具箱中选择"文本工具"，按照图 8-16 设置文本属性，在舞台上输入文本"Upgrade your life"。

（7）选中输入的文本，执行"修改"｜"转换为元件"命令，将文本转换为图形元件 title。然后在第 23 帧将文本实例拖放到舞台右侧，在属性面板上设置实例的 Alpha 值为 0%，此时的舞台效果如图 8-17 所示。

图8-16　设置文本属性

图8-17　第23帧的舞台效果

（8）将第 24 帧转换为关键帧，选中第 24 帧的实例，在属性面板上设置 Alpha 值为 5%，并使用方向键向左移动 10 像素；第 25 帧实例的 Alpha 值为 10%，向左移动 10 像素；依此类推，直到第 43 帧实例的 Alpha 值为 100%，实例移到舞台中间位置，效果如图 8-18 所示。

图8-18　第43帧的舞台效果

（9）单击图层面板左下角的"新建图层"按钮，新建图层 item1。选中第 50 帧，按 F6 键转换为关键帧，然后在工具箱中选择"文本工具"，按照图 8-19 设置文本属性，在舞台上输入文本，效果如图 8-20 所示。

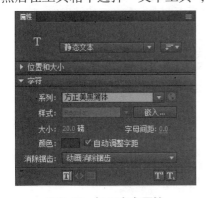

图8-19　设置文本属性

图8-20　输入文本后的效果

（10）选中输入的文本，执行"修改" | "转换为元件"命令，将文本转换为图形元件 item_01。然后在属性面板上设置实例的 Alpha 值为 0%。

（11）将第 51 帧转换为关键帧，选中第 51 帧的实例，在属性面板上设置 Alpha 值为 5%，并使用方向键向左移动 5 像素；第 52 帧实例的 Alpha 值为 10%，向左移动 5 像素；依此类推，直到第 70 帧实例的 Alpha 值为 100%，实例移到舞台中间位置，效果如图 8-21 所示。

图8-21 第70帧的实例效果

（12）单击图层面板左下角的"新建图层"按钮，新建图层 item2。选中第 60 帧（此时实例 item_01 半透明显示），按 F6 键转换为关键帧，然后在工具箱中选择"文本工具"，在舞台上输入文本，初始位置与实例 item_01 的初始位置相同，如图 8-22 所示。

图8-22 文本的初始位置

（13）选中输入的文本，执行"修改" | "转换为元件"命令，将文本转换为图形元件 item_02。然后在属性面板上设置实例的 Alpha 值为 0%。

（14）将第 61 帧转换为关键帧，选中第 61 帧的实例，在属性面板上设置 Alpha 值为 5%，并使用方向键向左移动 5 像素；第 62 帧实例的 Alpha 值为 10%，向左移动 5 像素；依此类推，直到第 80 帧实例的 Alpha 值为 100%，实例移到舞台中间位置。第 70 帧的效果如图 8-23 所示。

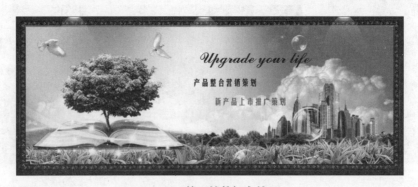

图8-23 第70帧的舞台效果

（15）单击图层面板左下角的"新建图层"按钮，新建图层 item3。选中第 70 帧（此时实例 item_02 半透明显示），按 F6 键转换为关键帧，然后在工具箱中选择"文本工具"，在舞台上输入文本，初始位置与实例 item_01 的初始位置相同，如图 8-24 所示。

图8-24　文本的初始位置

（16）选中输入的文本，执行"修改"｜"转换为元件"命令，将文本转换为图形元件 item_03。然后在属性面板上设置实例的 Alpha 值为 0%。

（17）将第 71 帧转换为关键帧，选中第 61 帧的实例，在属性面板上设置 Alpha 值为 5%，并使用方向键向左移动 5 像素；第 72 帧实例的 Alpha 值为 10%，向左移动 5 像素；依此类推，直到第 90 帧实例的 Alpha 值为 100%，实例移到舞台中间位置。第 90 帧的舞台效果如图 8-25 所示。

图8-25　第90帧的舞台效果

至此，逐帧动画制作完成，时间轴如图 8-26 所示。

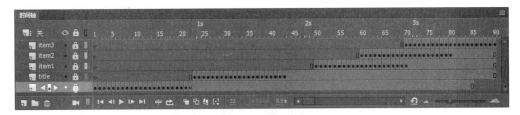

图8-26　时间轴面板

（18）保存文档，按 Ctrl + Enter 键，就可以看到完成的逐帧动画，如图 8-12 所示。

8.3　答 疑 解 惑

1. 如何使用逐帧动画制作一个画圆的动画？

　答：首先执行"视图"｜"网格"｜"显示网格"命令，在舞台上显示网格。然后用"椭圆工具"绘制一个无填充色的圆，并在圆的一侧用"橡皮擦工具"擦除一个小口，延长到尾帧。接下来按本章讲解的"写字动画"的操作步骤逐帧擦除。最后一帧用"选择工具"将小缺口封闭。

2. 怎样做出电视受干扰时的雪花效果？

　答：首先绘制一些短的白线条，然后添加几个关键帧，每帧中随机地添加一些线条。

8.4　学习效果自测

一、选择题

1. 在 Animate CC 2018 中，将 GIF 动画导入到舞台时，可能生成（　　）。

    A. 逐帧动画　　　　　　　B. 按钮　　　　　　C. 图形元件　　　　　　D. 影片剪辑

2. 关于逐帧动画，（　　）说法是正确的。

    A. 每一帧都是关键帧　　　　　　　B. 每一帧的内容可以是静态的图片、矢量图形、文字

    C. 每一帧的内容都是独立的　　　　D. 利用人眼的视觉暂留性

3. 逐帧动画的每一帧都是（　　）。

    A. 关键帧　　　　　　　B. 空白帧　　　　　　C. 普通帧　　　　　　D. 空白关键帧

二、填空题

1. Animate CC 2018 动画的基本原理与电影、电视一样，都是利用了人眼的_____特性。

2. 测试动画可以使用快捷键_____。

第 9 章

补间动画制作

本章导读

在 Animate CC 2018 的"插入"菜单中，读者可以看到三种动画方式：补间动画、形状补间和传统补间。其中，"补间动画"是基于对象的动画形式；而形状补间和传统补间是基于关键帧的动画形式。

每一种动画方式都有它们自己的发展过程和功能。本章将介绍三种基础动画的制作方法，并结合由浅入深、有代表性的动画实例，详细讲解动画制作的技巧和要领，在动画制作完成后如何有效地编辑修改动画，以达到预期的效果。

学习要点

- ❖ 传统补间动画
- ❖ 形状补间动画
- ❖ 补间动画

9.1 传统补间动画

传统补间动画（或称为运动渐变动画）只需要创建几个不同性质特征的关键帧，就可以实现元件实例、群组、位图或文字产生位置移动，大小比例缩放，图像旋转等运动，以及颜色和透明度等方面的渐变效果。渐变的中间效果由 Animate CC 2018 自动生成。

 注意　分离的图形或形状不能产生运动渐变，也就是说，一定要将形状转换成元件或群组对象，才可以做传统补间。如果希望多个物体同时发生渐变运动，可以将它们放在不同的层中。

9.1.1 创建传统补间

（1）在一个关键帧上放置一个对象。

（2）在同一层的另一个关键帧改变这个对象的大小、位置、颜色、透明度、旋转、倾斜、滤镜参数等属性。

（3）选中两个关键帧之间的任一帧，执行"插入"｜"创建传统补间"命令，如图 9-1（a）所示；或按下鼠标右键，在弹出的快捷菜单中选择"创建传统补间"命令，如图 9-1（b）所示。

两个关键帧之间将显示一条黑色的箭头线，且选中的帧范围显示为紫色，如图 9-2 所示。

(a)

(b)

图9-1　创建传统补间

图9-2　建立传统补间关系

9.1.2 修改传统补间属性

创建传统补间动画之后，选择一个关键帧，执行"窗口"｜"属性"命令，打开如图 9-3 所示的属性设置面板。

➥ **"缓动"**：设置对象在动画过程中的变化速度。范围是 −100~100。其中正值表示变化先快后慢；0 表示匀速变化；负值表示变化先慢后快。

Animate CC 2018 增强了缓动预设功能，预设和自定义缓动预设延伸到属性缓动。默认情况下，针对所有属性定义缓动，在"缓动"下拉列表中选择"单独每属性"，可以单独设置各个属性的缓动，如图 9-4 所示。

图9-3　传统补间属性设置

图9-4　传统补间的缓动预设

单击属性右侧的下拉列表框，弹出缓动预设列表，如图 9-5 所示。双击需要的预设类型，即可应用。

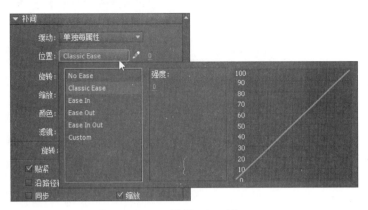

图9-5 缓动预设列表

单击"编辑缓动"按钮 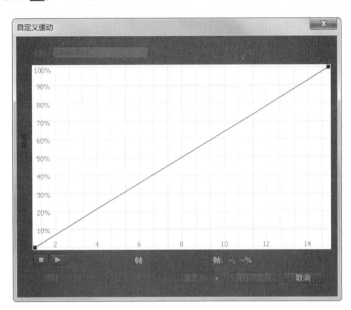，可以在如图 9-6 所示的"自定义缓动"对话框中自定义缓动。

图9-6 "自定义缓动"对话框

该对话框显示一个表示运动程度随时间变化的图形。水平轴表示帧，垂直轴表示变化的百分比。第一个关键帧表示为 0%，最后一个关键帧表示为 100%。图形曲线的斜率表示对象的变化速率。曲线水平时（无斜率），变化速率为零；曲线垂直时，变化速率最大。

在曲线上按下鼠标左键拖动，即可修改曲线。修改完成后，单击"保存并应用"按钮，可保存自定义缓动，并重复使用。

- 旋转：设置旋转类型及方向。
- 贴紧：选择该项时，如果有联接的引导层，可以将动画对象吸附在引导路径上。
- 调整到路径：对象在路径变化动画中可以沿着路径的曲度变化改变方向。
- 沿路径着色：在引导动画中，被引导对象基于路径的颜色变化进行染色。
- 沿路径缩放：在引导动画中，被引导对象基于路径的笔触粗细变化进行缩放。
- 同步：如果对象中有一个对象是包含动画效果的图形元件，选择该项可以使图形元件的动画播放与舞台中的动画播放同步进行。
- 缩放：允许在动画过程中改变对象的比例，否则禁止比例变化。

9.1.3　上机练习——行驶的汽车

本节练习通过向后移动道旁景色模拟汽车行驶的动画，读者可以从中掌握传统补间动画的制作步骤，以及修改补间属性的方法。

9-1　上机练习——行驶的汽车

首先使用绘图工具和填充工具绘制道旁景物，并将景物转换为元件。然后导入一幅汽车行驶的动画 GIF 制作影片剪辑。接下来通过对接两个景物实例，并在关键帧中移动实例，实现汽车向前行驶的动画。最后，通过在关键帧设置补间的缓动，模拟汽车加速和减速的效果，最终效果如图 9-7 所示。

图9-7　动画效果

操作步骤

（1）执行"文件" | "新建"命令，新建一个 Animate CC 2018 文件（ActionScript 3.0），舞台高度为 360 像素。

（2）使用工具箱中的绘图工具在舞台上绘制道旁景色，然后使用"颜料桶"工具进行填充，如图 9-8 所示。

图9-8　道旁景色

注意　填充颜色是对绘制的无空隙轮廓进行填充，如果绘制的轮廓线不封闭，可以在工具箱底部的"间隔大小"选项中选择封闭空隙大小。

（3）选择整个景色图形，执行"修改" | "转换为元件"命令，在弹出的对话框中设置名称为"view"，类型为"图形"，如图 9-9 所示。然后单击"确定"按钮关闭对话框。

（4）执行"窗口" | "库"命令，打开"库"面板。然后从"库"面板中拖动一个景色图形元件到舞台上，并摆放好位置，使两个实例对接，如图 9-10 所示。

图9-9　设置元件名称和类型

图9-10　将两个实例对接

提示： 　　　此时图形会比较大，可以选择"缩放工具"缩小视图，也可以在编辑栏最右侧调整视图显示比例。

（5）选中两个实例，执行"修改"｜"组合"命令，将这两个实例进行群组。

组合后的整体图形一部分位于舞台上，另一部分则处于舞台之外。舞台之外的部分是不可见的，只有这样，在制作传统补间动画之后，景色才会不断地从视线中"倒退"，就像坐在车子中看到路边的景象一样。

（6）在图层面板左下角单击"新建图层"按钮，新建一个图层。执行"文件"｜"导入"｜"导入到库"命令，导入一幅汽车行驶的动画 GIF 到库中。然后打开"库"面板，将自动生成的影片剪辑拖放到舞台上，调整实例位置和大小，如图 9-11 所示。

图9-11　在舞台上添加影片剪辑

（7）在新图层的第 50 帧按 F5 键插入帧，将动画延续到第 50 帧。

（8）选中图层 1 的第 25 帧，按 F6 键插入一个关键帧。然后向左移动建筑群。移动后的效果如图 9-12 所示。

（9）右击第 1 帧，在弹出的快捷菜单中选择"创建传统补间"命令。然后打开属性面板，在"补间"区域设置"缓动"为 -10，如图 9-13 所示。

图9-12　移动景色效果

图9-13　设置缓动

这样，景色向左"后退"的速度将越来越快，模拟汽车开始加速。

（10）选中图层 1 的第 50 帧，按 F6 键插入一个关键帧。然后向左移动建筑群。移动后的效果如图 9-14 所示。

（11）右击第 25 帧，在弹出的快捷菜单中选择"创建传统补间"命令。然后打开属性面板，在"补间"区域设置"缓动"为 1，如图 9-15 所示。

图9-14　移动景色效果

图9-15　设置缓动

这样，景色向左"后退"的速度将越来越慢，模拟汽车开始减速。

（12）执行"文件"｜"保存"命令保存文件。然后按 Ctrl + Enter 键测试动画效果，如图 9-7 所示。

9.1.4　传统补间动画的制作技巧

传统补间动画是 Animate CC 2018 动画最重要的基础之一，熟练掌握它的制作方法，不仅可以完成高难度的动画，而且对以后的动画制作大有裨益。

1. 缩放动画

所谓缩放动画，是指对象在运动的过程中大小发生变化。

（1）在两个关键帧之间创建传统补间。

（2）利用任意变形工具缩放对象；或者执行"窗口"｜"变形"命令，打开"变形"面板，直接在面板中输入宽度和高度的比例，精确控制缩放比例，如图 9-16 所示。

（3）选中第 1 个关键帧，在"属性"面板上选中"缩放"选项，如图 9-17 所示。

图9-16　"变形"对话框

图9-17　选中"缩放"选项

一定要确保在"属性"面板上选中"缩放"选项，这样 Animate CC 2018 就会在物体运动的同时进行缩放。否则会出现这样的结果：物体运动时，大小不变；运动到最后一帧时，大小突然变化。

2. 旋转动画

（1）在两个关键帧之间创建传统补间。

（2）选中第 1 个关键帧，在"属性"面板上的"旋转选项"下拉列表中选择旋转方式，并指定旋转的次数，如图 9-18 所示。即可创建旋转动画效果。

3. 颜色变化动画

（1）在两个关键帧之间创建传统补间。

（2）在关键帧选中群组对象或实例，打开"颜色"面板修改实例的颜色。

4. 淡入淡出动画

（1）在两个关键帧之间创建传统补间。

（2）在关键帧选中群组对象或实例，在属性面板上的"色彩效果"区域设置 Alpha 值，如图 9-19 所示。

（3）同样的方法，设置其他关键帧实例的 Alpha 值。

图9-18　设置旋转方式

图9-19　设置Alpha效果

5. 逐渐模糊动画

（1）在两个关键帧之间创建传统补间。

（2）在关键帧选中文本、影片剪辑或按钮，在属性面板上的"滤镜"区域设置"模糊"滤镜，如图 9-20 所示。

（3）同样的方法，设置其他关键帧对象的模糊数值。

提示：

　　Animate CC 2018 的滤镜功能只应用于文本、影片剪辑和按钮。

6. 加速下落动画

（1）在两个关键帧之间创建传统补间。

（2）选中第 1 个关键帧，在属性面板上的"补间"区域设置"缓动"值，如图 9-21 所示。

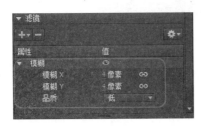

图9-20　"滤镜"面板中的设置

图 9-21　设置缓动

设置速度为负值，就可以看到对象在动画中先慢后快的运动，从而可以得到一种加速下落的效果。

9.1.5 上机练习——游戏网站引导动画

本节练习使用传统补间原理制作一个游戏网站的引导动画，通过操作步骤的详细讲解，使读者进一步掌握位移动画、缩放动画、旋转动画、淡入淡出动画等常见动画形式的制作方法和技巧。

9-2 上机练习——游戏网站引导动画

首先新建一个黑色背景的 Animate CC 2018 文档，然后使用传统补间的动画原理，依次分层制作文本的位移补间动画、指环淡入并旋转动画、红色问号的闪烁动画、标题文本的位移补间动画、欢迎文本的淡入动画，以及指环的缩放、淡入动画，最终效果如图 9-22 所示。

图9-22 游戏网站引导动画

操作步骤

1. 新建文档

执行"文件"｜"新建"命令，新建一个 Animate CC 2018 文档（ActionScript 3.0），舞台大小为 500 像素 ×400 像素，背景色为黑色。

2. 制作文本的位移补间动画

（1）选择"文本工具"，在属性上设置文本类型为"静态文本"，字体为 Arial TUR，字号为 20，颜色为橙色，在舞台右侧输入文本（http://www.gamelover.com.cn）。然后在第 50 帧按 F6 键添加关键帧，将文本拖到舞台左侧。选中第 1 帧，执行"插入"｜"创建传统补间"命令。第 25 帧的效果如图 9-23 所示。

图9-23 第25帧的动画效果

（2）新建图层 2。选择"文本工具"，字体为 Microsoft Sans Serif，字体大小为 20，颜色为灰色，文本方向为"垂直"，在舞台下方输入文本"游民部落——游戏爱好者的天堂"。然后在第 50 帧按 F6 键添加关键帧，将文本拖到舞台的上方。选中第 1 帧，执行"插入"｜"创建传统补间"命令。第 25 帧的效果如图 9-24 所示。

图9-24　第25帧的效果

3. 制作指环淡入、旋转动画

（1）新建"图层3"。执行"文件"｜"导入"｜"导入到舞台"命令，导入一幅黑底的 JPEG 图片，如图 9-25 所示。选中导入的图片，执行"修改"｜"转换为元件"命令，将其转换名称为 ring 的图形元件。

（2）选中舞台上的指环实例，在属性面板上设置颜色样式为"Alpha"，参数为0%，如图 9-26 所示。将图片变成完全透明。在第 60 帧按 F6 键添加关键帧，选中舞台上的实例，按照同样的方法设置颜色样式为"Alpha"，参数为 100%，这样实例在舞台上完全可见。

（3）右击"图层3"的第 1 帧，在弹出的快捷菜单中选择"创建传统补间"命令，然后在属性面板上设置"缓动"为 100，顺时针旋转 6 次。完成后的效果如图 9-27 所示（第 25 帧位置）。

图9-25　导入的JPEG图片

图9-26　设置实例的颜色样式

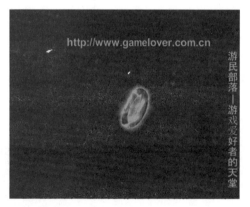
图9-27　第25帧的效果

4. 使用逐帧动画制作闪烁的效果

（1）新建"图层4"。在第 61 帧位置按 F6 键添加关键帧。然后选择工具箱中的"文本工具"，设置文本类型为"静态文本"，字体为"华文琥珀"，大小为 200，颜色为红色，在舞台上输入"？"，如图 9-28 所示。

（2）按住 Shift 键选中第 62~69 帧，按 F6 键转换为关键帧。然后选中第 62 帧，删除舞台上的"？"，同样的方法，删除第 64 帧、第 66 帧和第 68 帧的"？"。这样在播放时形成了闪烁效果。

5. 制作文字的位移动画

（1）新建"图层5"。在第 70 帧按 F6 键添加关键帧。选择"文本工具"，设置字体

图9-28　输入字符

为"华文行楷",大小为200,颜色为橘黄。在舞台的左下方输入"游"字,然后执行"修改"|"转换为元件"命令,将文本"游"转换为"图形"元件。

（2）选中图形实例"游"字,在属性面板上设置颜色样式为"Alpha",参数设置为0%。在第85帧按F6键添加关键帧,将图形实例拖到舞台左上角,并在属性面板上设置Alpha值为100%。然后在两个关键帧之间创建传统补间,最后在第130帧按F5插入帧。打开"绘图纸外观"工具的效果如图9-29所示。

"游"字从舞台底部移到舞台左上角,移动过程中从透明逐渐变成不透明。

（3）按照上面两步的方法,分别制作"民""部""落"依次从舞台底部移动到舞台上的淡入效果,如图9-30所示。

图9-29　"游"的运动轨迹

图9-30　文本的位移动画

提示:　　在时间轴面板上应将4个动画效果设置为依次播放,即"民"字的动画帧为第86帧到第96帧;"部"字和"落"字的动画帧为第96帧到99帧。

6. 制作欢迎文本的淡入动画

（1）新建"图层9"。在第99帧按F6键添加关键帧。选中"文本工具",在属性面板上设置字体为"华文隶书",大小为20,颜色为浅灰色。在"游民"和"部落"之间的区域输入"游戏爱好者的乐园,欢迎光临游民部落!",如图9-31所示。

图9-31　输入文本

（2）执行"修改"|"转换为元件"命令,将文本转换为图形元件"text"。选中舞台上的实例,在属性面板上设置颜色样式为"Alpha",值为0%。在第120帧按F6键添加关键帧,选中实例,在属性设置面板上设置颜色样式为"Alpha",值为100%。

（3）右击第 99 帧~120 帧之间的任意一帧，在弹出的快捷菜单中选择"创建传统补间"命令。

7. 制作指环的缩放、淡入动画

（1）新建"图层 10"，在第 110 帧按 F6 键添加关键帧。打开"库"面板，将图形元件 ring 拖放到舞台上。

（2）在第 120 帧按 F6 键添加关键帧，将实例拖到舞台的右下角。

（3）选中第 110 帧，单击舞台上的 ring 实例，使用"任意变形工具"调整实例大小，将实例拉伸至文档大小，如图 9-32 所示。然后在属性面板上设置颜色样式为"Alpha"，值为 0%。

（4）右击第 110 帧~120 帧之间的任意一帧，在弹出的快捷菜单中选择"创建传统补间"命令。此时的效果如图 9-33 所示。

图9-32　将元件拉伸至文档大小

图9-33　完成效果（第130帧位置）

（5）执行"文件" | "保存"命令保存文件，然后按 Ctrl+Enter 键测试动画效果。

9.1.6 模拟摄像头动画

Animate CC 2018 提供对虚拟摄像头的支持，利用摄像头工具，动画制作人员可以在场景中平移、缩放、旋转舞台，以及对场景应用色彩效果。在摄像头视图下查看动画作品时，看到的图层会像正透过摄像头来看一样，通过对摄像头图层添加补间或关键帧，可以轻松模拟摄像头移动的动画效果。

在 Animate CC 2018 中，摄像头工具具备以下功能：

➥ 在舞台上平移帧主题
➥ 放大感兴趣的对象
➥ 缩小帧以查看更大范围
➥ 修改焦点，切换主题
➥ 旋转摄像头
➥ 对场景应用色彩效果

9.1.7 上机练习——欣赏风景画

9-3 上机练习——欣赏风景画

 本节练习模拟摄像头摇移的动作观察一幅风景画，读者可以从中掌握摄像头工具的使用方法。

 首先导入一幅尺寸大于舞台的位图作为要观察的图像，然后添加摄像头图层，通过在关键帧中调整摄像头工具的缩放控件和旋转控件实现摄像头推近、拉远和旋转的效果，通过移动摄像头工具，实现焦点切换。最后在关键帧之间创建传统补间，模拟摄像头移动的动画，如图 9-34 所示。

图9-34　欣赏风景画

操作步骤

（1）新建一个 Animate CC 2018 文档，执行"文件"|"导入"|"导入到舞台"命令，在舞台中导入一幅位图作为背景，背景大小最好大于舞台尺寸。然后在第50帧按F5键，将帧延长到第50帧，如图9-35所示。

图9-35　导入背景图像

（2）添加摄像头图层。单击图层面板右下角的"添加摄像头"按钮，或在工具箱中单击"摄像头工具"按钮，即可启用摄像头，图层面板上出现一个摄像头图层。舞台底部显示摄像头工具的调节杆，且舞台边界显示一个颜色轮廓，颜色与摄像头图层的颜色相同，如图9-36所示。

图9-36　添加摄像头图层

注意 摄像头仅适用于场景，不能在元件内启用摄像头。如果将某个场景从一个文档复制粘贴到另一个文档中，它会替换目标文档中的摄像头图层。如果有多个场景，可以仅对当前活动场景启用摄像头。

此外，如果要粘贴图层，只能将图层粘贴到摄像头图层的下面，且不能在摄像头图层中添加其他对象。接下来添加关键帧，移动摄像头。

（3）右击摄像头图层的第 10 帧，在弹出的快捷菜单中选择"转换为关键帧"命令。默认情况下，缩放控件 处于活动状态，向右拖动调节杆上的滑块放大舞台上的内容，如图 9-37 所示。

默认状态下，缩放控件 处于活动状态，向左拖动滑块，可缩小舞台内容；向右拖动滑块，则放大舞台内容。用户也可以打开摄像头的属性面板，通过修改缩放的比例值（图 9-38）也可以缩放舞台内容。

图9-37 放大舞台上的内容

图9-38 在属性面板上修改摄像头缩放比例

提示: 如果希望能无限比例地缩放舞台内容，可将滑块朝一个方向拖动，然后松开滑块，滑块将迅速回到中间位置，此时可继续拖放滑块，缩放舞台内容。

（4）将摄像头图层的第 20 帧转换为关键帧，然后将鼠标指针移到舞台边界内，当鼠标指针变为 时，按下鼠标左键向右拖动，舞台上的内容将向左平移；向上拖动，舞台上的内容向下平移，如图 9-39 所示。

图9-39 平移舞台上的内容

如果向左或向下拖动，则舞台内容向右或向上平移；拖动时按住 Shift 键，可以水平或垂直平移舞台内容。

（5）将摄像头图层的第 30 帧转换为关键帧，单击"旋转控件"按钮 激活该工具，然后向右拖动调节杆上的滑块逆时针旋转舞台上的内容，如图9-40所示。

图9-40　旋转摄像头

旋转控件处于活动状态时，向左拖动滑块，可顺时针旋转舞台内容；向右拖动滑块，则逆时针旋转舞台内容。用户也可以打开摄像头的属性面板，通过修改缩放的比例值（图9-41）也可以缩放舞台内容。

（6）将摄像头图层的第40帧转换为关键帧，然后单击"旋转控件"按钮，向左拖动调节杆上的滑块，顺时针旋转舞台上的内容，如图9-42所示。

图9-41　在属性面板上设置旋转角度

图9-42　顺时针旋转舞台上的内容

（7）将摄像头图层的第50帧转换为关键帧，切换到"缩放控件"，向左拖动调节杆上的滑块，缩小舞台上的内容，如图9-43所示。

图9-43　缩小舞台内容

（8）右击摄像头图层的第1帧～第10帧之间的任一帧，在弹出的快捷菜单中选择"创建传统补间"

命令；同样的方法，在第 10~20 帧、20~30 帧、30~40 帧和 40~50 帧之间创建传统补间关系。

 注意 可以在摄像头图层中添加传统补间和补间动画，但不能添加形状补间动画，也不能在摄像头图层中使用锁定、隐藏、轮廓、引导层或遮罩功能。

（9）选中时间轴上的任一帧，单击编辑栏上的"剪切掉舞台范围以外的内容"按钮，如图 9-44 所示，裁切舞台以外的对象。

图9-44　裁切舞台上的对象

（10）执行"修改" | "文档"命令，在弹出的对话框中将帧频修改为 8fps。然后按 Ctrl+Enter 键，预览动画效果。

9.2　形状补间动画

形状补间动画是使图形形状发生变化，从一个图形过渡到另一个图形的渐变过程。与传统补间不同的是，形状补间的对象只能是矢量图形。如果要对元件实例、位图、文本或群组对象进行形状补间，必须先对这些元素执行"修改" | "分离"命令，使之变成分散的图形。

9.2.1　创建形状补间

制作形状补间动画的原则依然是在两个关键帧分别定义不同的性质特征，主要为形状方面的差别，并在两个关键帧之间建立形状补间的关系。

（1）在一个关键帧上创建一个矢量图形。

（2）在同一层的另一个关键帧改变这个对象的形状、位置、颜色、透明度等属性。

（3）选中两个关键帧之间的任一帧，执行"插入" | "创建形状补间"命令，如图 9-45（a）所示；或右击，在弹出的快捷菜单中选择"创建补间形状"命令，如图 9-45（b）所示。

两个关键帧之间将显示一条黑色的箭头线，且选中的帧范围显示为绿色，如图 9-46 所示。

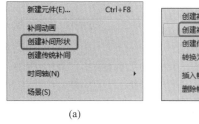
(a)

(b)

图9-45　创建形状补间

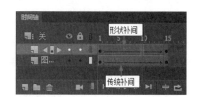

图9-46　建立形状补间关系

9.2.2 上机练习——儿童网站标题动画

练习目标

本节练习制作一个儿童网站的标题动画，通过操作步骤的详细讲解，读者可以进一步掌握形状补间动画的制作方法和操作技巧。

9-4 上机练习——儿童网站标题动画

设计思路

首先导入一幅位图作为背景图像，然后使用"多角星形"工具绘制一个五角星，并填充渐变色。通过形状补间，将五角星渐变为文字。同样的方法，制作其他星形到文字的渐变动画。最终效果如图9-47所示，4个五角星依次从舞台外飞到舞台中间，渐变为网站的标题文字。

图9-47 动画效果

操作步骤

（1）执行"文件"｜"新建"命令，创建一个空白的 Animate CC 2018 文档（ActionScript 3.0），舞台大小为996像素×356像素。

（2）执行"文件"｜"导入"｜"导入到舞台"命令，在舞台上导入一幅图片作为背景。选中背景图片，在属性面板上设置位图的坐标（0，0），使其左上角与舞台左上角对齐，效果如图9-48所示。

图9-48 图像效果

（3）右击图层1的第80帧，在弹出的快捷菜单中选择"插入帧"命令，将舞台背景延续到第80帧。

（4）在图层面板左下角单击"新建图层"按钮，新建一个图层。在工具箱中选择"多角星形"工具，并打开属性面板，设置笔触颜色无，然后单击"选项"按钮，在弹出的对话框中设置类型为"星形"，边数为5，如图9-49所示。单击"确定"按钮关闭对话框。

（5）在舞台右侧的工作区绘制一个五角星形。选中星形，打开"颜色"面板，设置填充类型为"径向渐变"，将第一个颜色游标修改为红色，第二个颜色游标修改为黄色，如图9-50所示。

图9-49 "工具设置"对话框

图9-50 第1个五角星形的填充色

（6）右击第 20 帧，从弹出的快捷菜单中选择"转换为关键帧"命令。然后选中"文本工具"，设置文本类型为"静态文本"，在舞台上输入文字"亲"。

（7）选中文本，执行"修改"｜"分离"命令，将文本打散。然后打开"颜色"面板，设置填充类型为"径向渐变"，"颜色"面板将保留上一次设置的渐变色。填充文字之后，删除舞台上的星形。

（8）右击第 1 帧和第 20 帧之间的任意一帧，从弹出的快捷菜单中选择"创建补间形状"命令，创建形状渐变动画。

此时，单击时间轴面板底部的"绘图纸外观"按钮，可以查看动画效果，如图 9-51 所示。

接下来制作第二个文字的形状补间动画。

（9）新建一个图层。选中新图层的第 21 帧，按 F6 键插入关键帧。使用"多角星形工具"在舞台右侧的工作区绘制一个五角星形。然后选中星形，打开"颜色"面板，设置填充类型为"径向渐变"，将第一个颜色游标修改为黄色，第二个颜色游标修改为绿色，如图 9-52 所示。

图9-51 形状补间动画的绘图纸外观效果

图9-52 第2个五角星形的填充色

（10）在第 40 帧按 F6 键转换为关键帧，使用"文本工具"在舞台上输入第 2 个文字"亲"。选中文本，执行"修改"｜"分离"命令，将文本打散，并打开"颜色"面板，设置填充渐变色为黄绿色径向渐变。然后删除舞台上的星形。

（11）右击第 21 帧和第 40 帧之间的任意一帧，从弹出的快捷菜单中选择"创建补间形状"命令，创建形状渐变动画，效果如图 9-53 所示。

图9-53　形状补间动画的绘图纸外观效果

（12）按照以上方法，再新建两个图层，分别制作"宝"和"贝"的形状渐变动画。为实现文字依次
出现的效果，"宝"的补间范围为第 41 帧到第 60 帧；"贝"的补间范围为第 61 帧到第 80 帧。打开"绘
图纸外观"工具的效果如图 9-54 所示。

图9-54　动画最后一帧及时间轴效果

（13）执行"文件"｜"保存"命令，保存文件。按 Ctrl+Enter 键预览动画的效果，如图 9-47 所示。

9.2.3　修改形状补间属性

创建形状补间动画之后，选择一个关键帧，执行"窗口"｜"属性"命令，打开如图 9-55 所示的属
性设置面板。

   ➚ **缓动**：设置对象在动画过程中的变化速度。正值表示变化先快
　　后慢；负值表示变化先慢后快。

   ➚ **混合**：指定起点关键帧和终点关键帧之间的帧的变化模式。

   ➚ **分布式**：设置中间帧的形状过渡更光滑更随意。

   ➚ **角形**：设置中间帧的过渡形状保持关键帧上图形的棱角。此选
　　项只适用于有尖锐棱角和直线的混合形状，如果选择的形状没
　　有角，Animate CC 2018 会自动使用分布式补间方式。

图9-55　形状补间属性设置

9.3　补间动画

补间动画是通过不同帧中的对象属性指定不同的值创建的动画。在补间动画中，只有指定的属性关键帧的值存储在文件中。可以说，补间动画是一种在最大程度上减小文件大小的同时，创建随时间移动和变化的动画的有效方法。

9.3.1　基本术语

在深入了解补间动画的创建方式之前，读者很有必要先掌握补间动画中的几个术语：补间对象、补间范围和属性关键帧。

1. 补间对象

与传统补间相比，"补间动画"提供了更多的补间控制。可补间的对象类型包括影片剪辑、图形和按钮元件以及文本字段。

可补间的对象的属性包括：2D X 和 Y 位置、3D Z 位置（仅限影片剪辑）、2D 旋转（绕 Z 轴）、3D X、Y 和 Z 旋转（仅限影片剪辑）、倾斜 X 和 Y、缩放 X 和 Y、颜色效果，以及滤镜属性。

2. 补间范围

"补间范围"指时间轴中的一组帧，补间对象的一个或多个属性可以随着时间而改变。补间范围在时间轴中显示为具有蓝色背景的单个图层中的一组帧，如图 9-56 所示的第 1~20 帧。

 注意　每个补间范围只能包含一个元件实例，该实例称为补间范围的目标实例。将第二个元件添加到补间范围将会替换补间中的原始元件。

3. 属性关键帧

"属性关键帧"是在补间范围中为补间目标对象显式定义一个或多个属性值的帧，在时间轴上显示为黑色菱形，如图 9-57 所示的第 5 帧。如果在单个帧中设置多个属性，则其中每个属性的属性关键帧都会驻留在该帧中。

 注意　"属性关键帧"和"关键帧"的概念有所不同。"关键帧"是指时间轴中元件实例首次出现在舞台上的帧。"属性关键帧"则是指在补间动画中定义了属性值的特定帧。

图9-56　补间范围

图9-57　属性关键帧

9.3.2　创建补间动画

（1）在一个关键帧上放置一个对象。

（2）在同一层创建另一个关键帧。

（3）选中两个关键帧之间的任一帧，执行"插入" | "补间动画"命令，如图 9-58（a）所示；或右击，

在弹出的快捷菜单中选择"创建补间动画"命令，如图 9-58（b）所示。

两个关键帧之间的帧范围显示为蓝色，图层名称左侧显示  图标，如图 9-59 所示。

　　(a)　　　　　　　　　(b)

图9-58　创建补间动画

图9-59　建立补间关系

如果选中的对象不是可补间的对象类型，或者在同一图层上选择多个对象，将显示如图 9-60 所示的对话框。单击"确定"按钮可以将所选内容转换为元件，然后继续补间动画。

（4）右击帧范围中任一帧，在弹出的快捷菜单中选择"插入关键帧"下的子命令，如图 9-61 所示。相应的帧位置将显示一个黑色的菱形标识，表示属性关键帧。

图9-60　提示对话框

图9-61　属性关键帧的类型

（5）选中相应的工具对补间对象进行修改。

提示：

　　若要对 3D 旋转或位置进行补间，则要使用 3D 旋转或 3D 平移工具，并确保将播放头放置在要添加 3D 属性关键帧的帧中。

（6）重复（4）～（5）步的操作，创建其他属性关键帧。

教你一招

如果要一次创建多个补间，可将多个可补间对象放在多个图层上，并选择所有图层，然后执行"插入"|"补间动画"命令。

9.3.3 上机练习——蝴蝶飞舞

本节练习制作一个蝴蝶从窗边沿曲线路径飞过的补间动画，通过本实例的步骤讲解，读者可以熟悉属性关键帧的含义，并掌握补间动画的制作方法。

9-5 上机练习——蝴蝶飞舞

首先导入一幅位图作为背景图像，并导入一幅动画 GIF 图像到库中，将自动生成一个影片剪辑。然后将影片剪辑放在舞台上，创建补间动画。接下来在补间范围内添加属性关键帧，调整路径的形状、实例的位置、大小和旋转角度。最终效果如图 9-62 所示，蝴蝶沿自定义路径从窗边飞入，变换大小和飞行方向，最后飞向花丛。

图9-62 动画效果

操作步骤

（1）新建一个 Animate CC 2018 文档，执行"文件"|"导入"|"导入到舞台"命令，在舞台中导入一幅位图作为背景。然后在第 40 帧按 F5 键，将帧延长到第 40 帧。

（2）单击图层面板左下角的"新建图层"按钮，新建一个图层。执行"文件"|"导入"|"导入到库"命令，导入一幅蝴蝶飞舞的动画 GIF。

此时，在"库"面板中可以看到自动生成的一个影片剪辑元件，以及一个以导入的 GIF 图片名称命名的文件夹，该文件夹中包含 GIF 图片各帧的位图，且这些位图按顺序自动命名。

（3）选中新建图层的第 1 帧，在"库"面板中将影片剪辑元件拖放到舞台上合适的位置，如图 9-63 所示。

图9-63 舞台效果

（4）右击第 1 帧至第 40 帧之间的任意一帧，在弹出的快捷菜单中选择"创建补间动画"命令。此时，时间轴上的补间范围变为淡蓝色，图层名称左侧显示 🔲 图标，表示该图层为补间图层，如图 9-64 所示。

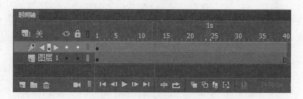

图9-64　时间轴效果

（5）在图层 2 的第 10 帧按 F6 键，添加一个属性关键帧。将舞台上的实例拖放到合适的位置，然后使用"任意变形工具"旋转元件实例到合适的角度，如图 9-65 所示。

图9-65　路径

此时，读者会发现舞台上出现一条带有很多小点的线段，这条线段就是补间动画的运动路径。运动路径显示从补间范围的第一帧中的位置到新位置的路径，线段上的端点个数代表帧数，例如本例中的线段上一共有 10 个端点，代表时间轴上的 10 帧。如果不是对位置进行补间，则舞台上不显示运动路径。

选中运动路径或补间范围之后，单击属性面板右上角的选项菜单按钮，从中选择"始终显示运动路径"命令，可以在舞台上同时显示所有图层上的所有运动路径。在相互交叉的不同运动路径上设计多个动画时，此选项非常有用。

（6）将"选择工具"移到路径上的端点上，鼠标指针右下角出现一条弧线，表示可以调整路径的弯曲度。按下鼠标左键拖到合适的角度，然后释放鼠标，如图 9-66 所示。

提示：　　使用"部分选取工具" ▶、"变形"面板、属性面板也可以更改路径的形状或大小，还可以将自定义笔触作为运动路径进行应用。

（7）将"选择工具"移到路径两端的端点上，鼠标指针右下角出现两条折线。按下鼠标左键拖动，调整路径的起点位置，如图 9-67 所示。

图9-66　调整路径的弯曲度

图9-67　调整路径

（8）使用"部分选取工具" ![箭头] 单击线段两端的顶点，线段两端出现控制手柄，按下鼠标左键拖动控制柄，可以调整线段的弯曲角度，如图 9-68 所示。

（9）右击图层 2 的第 20 帧，在弹出的快捷菜单中选择"插入关键帧"命令，并在子菜单中选择一个属性。在舞台上拖动实例到合适的位置，并使用任意变形工具 ![图标] 调整实例的角度。

（10）右击图层 2 的第 20 帧，在弹出的快捷菜单中选择"插入关键帧"命令下的一个子命令添加属性关键帧，如图 9-69 所示。本例选择"缩放"，然后使用"任意变形工具"调整实例的大小。

图9-68　调整路径的弯曲度

图9-69　添加属性关键帧

（11）单击图层 2 的第 30 帧，然后在舞台上拖动实例到另一个位置。此时，时间轴上的第 30 帧会自动增加一个关键帧。右击第 30 帧，在如图 9-69 所示的快捷菜单中选择"插入关键帧"｜"缩放"命令，然后使用"任意变形工具"调整实例的大小。

（12）在图 9-69 所示的快捷菜单中选择"插入关键帧"｜"旋转"命令，在第 30 帧新增一个属性关键帧，然后使用"任意变形工具"调整实例的旋转角度。

（13）按 Enter 键测试动画效果，可以看到，蝴蝶实例将沿路径运动。此时，如果在时间轴上拖动补间范围的任一端，可以缩短或延长补间范围。

（14）执行"文件"｜"保存"命令保存文档。

9.3.4　修改补间属性

创建补间动画之后，使用属性面板可以编辑当前帧中补间的任何属性的值。

（1）将播放头放在补间范围内要指定属性值的帧中，然后单击舞台上要修改属性的补间实例。

图9-70　补间动画的属性面板

（2）打开补间实例的属性面板，设置实例的非位置属性（例如，缩放、Alpha 透明度和倾斜等）。

（3）修改完成之后，拖动时间轴中的播放头，在舞台上查看补间。

此外，通过在属性面板上对补间动画应用缓动，可以轻松地创建复杂动画，而无需创建复杂的运动路径。例如，自然界中的自由落体、行驶的汽车。

（4）在时间轴上或舞台上的运动路径中选择需要设置缓动的补间，然后切换到如图 9-70 所示的属性面板。

（5）在"缓动"文本框中键入需要的强度值。如果为负值，则运动越来越快；如果为正值，则运动越来越慢。

在属性面板中应用的缓动将影响补间中包括的所有属性。

（6）在"旋转"区域设置补间的目标实例的旋转方式。选中"调整到路径"选项，可以使目标实例相对于路径的方向保持不变进行旋转。

（7）在"路径"区域修改运动路径在舞台上的位置。

编辑运动路径最简单的方法是在补间范围的任何帧中移动补间的目标实例。在属性面板中设置 X 和 Y 值，也可以移动路径的位置。

注意　　若要通过指定运动路径的位置来移动补间目标实例和运动路径，则应同时选择这两者，然后在属性面板中输入 X 和 Y 位置。若要移动没有运动路径的补间对象，则选择该对象，然后在属性面板中输入 X 和 Y 值。

知识拓展：

复制、粘贴补间动画

利用复制、粘贴补间动画功能可以复制补间动画，并将帧、补间和元件信息粘贴到其他对象上。将补间动画粘贴到其他对象时，可以选择粘贴所有与该补间动画相关联的属性，或选择适用于其他对象的特定属性。

（1）在时间轴上选中包含补间动画的补间范围。

（2）执行"编辑"|"时间轴"|"复制动画"命令。

（3）在舞台上选择要接收补间动画的元件实例。

（4）执行"编辑"|"时间轴"|"粘贴动画"命令。

执行上述操作后，接收动画的元件实例及其所在图层将插入必需的帧、补间和元件信息，以匹配复制的原始补间。

9.4　实例精讲——水波涟漪

练习目标　　本节练习制作水滴下落，泛起涟漪的动画效果，知识点涉及基础图形的绘制和填充、传统补间和形状补间动画的制作。通过本节的练习，读者可以进一步掌握传统补间和形状补间动画的原理，并能设计、制作一些常见的动画效果。

设计思路　　首先绘制波纹和水滴元件，通过改变填充色和 Alpha 值，设置波纹和水滴的颜色，利用形状补间动画制作波纹扩大动画；然后使用传统补间动画制作水滴下落、溅起水珠的动画效果。水滴下落泛起涟漪的全过程如图 9-71 所示。

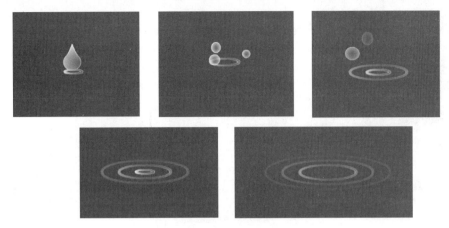

图9-71　水滴下落泛起涟漪的全过程

操作步骤

9.4.1　制作波纹扩大的动画

（1）新建一个 Animate CC 2018 文件（ActionScript 3.0），背景色为深蓝色（#0066FF）。

（2）执行"插入"|"新建元件"命令，在弹出的"创建新元件"对话框中输入元件的名称"波纹"，类型为"图形"，如图 9-72 所示。单击"确定"按钮，进入波纹元件的编辑模式。

9-6　制作波纹扩大的动画

（3）选择工具箱中的"椭圆工具" 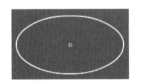，在属性面板中将笔触颜色设为白色，笔触大小设置为2，无填充，绘制一个椭圆形线框，如图 9-73 所示。

（4）选中椭圆形线框，打开"信息"面板，设置"宽"为30，"高"为6，X 为 –15，Y 为 –3，使元件的注册点位于椭圆中心，如图 9-74 所示。

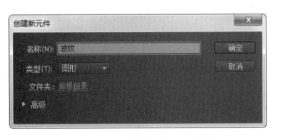

图9-72　"创建新元件"对话框　　　　图9-73　绘制一个椭圆　　　　图9-74　"信息"面板

（5）执行"修改"|"形状"|"将线条转化为填充"命令，将椭圆的线框转变为填充区域。然后打开"颜色"面板，设置填充类型为"径向渐变"，第一个颜色游标为 #ADAEFF，Alpha 值为 75%，如图 9-75 所示。椭圆线框变成渐变色，如图 9-76 所示。

（6）执行"修改"|"形状"|"柔化填充边缘"命令，在弹出的对话框中设置"距离"为2像素，"步长数"为6，"方向"为"扩展"，如图 9-77 所示。然后单击"确定"按钮关闭对话框，此时椭圆线框将出现柔化效果，如图 9-78 所示。

（7）在第30帧按F6键插入一个关键帧，执行"编辑"|"清除"命令，删除第30帧的图形。

（8）用第（3）步的方法绘制一个椭圆线框，并通过"信息"面板将"宽"设置为300，"高"为60，X 和 Y 分别为 –150 和 –30。然后执行"修改"|"形状"|"将线条转化为填充"命令，将椭圆线框转化为可填充图形，并打开"颜色"面板进行填充。

图9-75　颜色设置

图9-76　填充后的椭圆

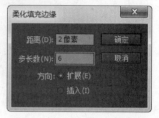

图9-77　"柔化填充边缘"对话框

（9）执行"修改"|"形状"|"柔化填充边缘"命令，在弹出的对话框中进行如图 9-79 所示的设置，"距离"为 12 像素，"步长数"为 6。单击"确定"按钮，此时的波纹效果如图 9-80 所示。

图9-78　柔化后的椭圆

图9-79　柔化属性设置

图9-80　柔化后的效果

（10）右击第 1 帧到第 30 帧之间的任意一帧，从弹出的快捷菜单中选择"创建补间形状"命令。此时按 Enter 键就可以看到波纹变化的效果。

9.4.2　制作水滴下落效果

（1）执行"插入"|"新建元件"命令，新建一个名为"水滴"的图形元件，单击"确定"按钮，进入水滴元件的编辑模式。

9-7　制作水滴下落效果

（2）选择"椭圆工具"，在属性面板上设置笔触颜色为白色，笔触大小为1，填充设置为与波纹相同的渐变模式，按住 Shift 键绘制一个正圆，如图 9-81 所示。

（3）将"选择工具" 移到圆形上端，当鼠标指针下方显示弧线时按住 Ctrl 键，在圆形上端拖动鼠标，使图形变为水滴形，如图 9-82 所示。

图9-81　绘制一个圆

图9-82　使圆变成水滴

（4）单击编辑栏上的"场景 1"按钮，返回主场景。打开"库"面板，将"水滴"元件拖放到舞台顶部，如图 9-83 所示。

接下来制作水滴下落的动画。

（5）选择第 7 帧，按 F6 键插入一个关键帧。然后按住 Shift 键的同时，使用"选择工具"向下拖动水滴，将其拖动到舞台的中下位置时，释放鼠标，如图 9-84 所示。

图9-83　水滴的初始位置

图9-84　水滴始末位置

（6）右击第 1 帧到第 7 帧之间的任一帧，从弹出的快捷菜单中选择"创建传统补间"命令，创建水滴下落的动画。

（7）执行"插入"|"时间轴"|"图层"命令，添加一个新图层，使用默认名称"图层 2"。选中第 10 帧，按 F6 键将其转换为关键帧。然后从"库"面板中将波纹元件拖放到水滴的下方，位置如图 9-85 所示。

提示：　　为便于放置波纹实例的位置，可以在图层 1 的第 10 帧插入帧。动画创建完成后记得删除该图层的第 8 帧到第 10 帧。

（8）选中图层 2 的第 36 帧，按 F6 键设置为关键帧。在舞台上选中波纹实例，在属性面板"色彩效果"区域的"样式"下拉列表中选择"Alpha"选项，将其值设置为 0%，如图 9-86 所示。

图9-85　波纹的位置

图9-86　第36帧的色彩效果设置

（9）右击图层 2 的第 10 帧到第 36 帧中的任意一帧，从弹出的菜单中选择"创建传统补间"命令。至此，水波纹扩大并消失的效果就完成了。

（10）在图层面板左下角单击"新建图层"按钮新建 4 个图层，按住 Shift 键单击图层 3 至图层 6，将新建图层的所有帧全部选中，如图 9-87 所示。右击被选中的帧，从弹出的快捷菜单中选择"删除帧"命令，将选中的帧全部删除。

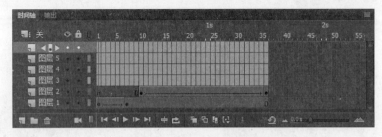

图9-87 选中图层上的帧

（11）右击图层 2 的第 10 帧到第 36 帧，从弹出的快捷菜单中选择"复制帧"命令。然后右击图层 3 的第 15 帧，从弹出的快捷菜单中选择"粘贴帧"命令，将图层 2 第 10 帧到第 36 帧的内容复制到图层 3 上，效果如图 9-88 所示。

（12）右击图层 4 的第 19 帧，在弹出的快捷菜单中选择"粘贴帧"命令，此时的舞台效果如图 9-89 所示。

图9-88 第13帧的效果

图9-89 第19帧的效果

（13）右击图层 5 的第 25 帧，从弹出的快捷菜单中选择"粘贴帧"命令，此时的舞台效果如图 9-90 所示。

（14）右击图层 6 的第 31 帧，从弹出的快捷菜单中选择"粘贴帧"命令，此时的舞台效果如图 9-91 所示。

图9-90 第25帧的效果

图9-91 第31帧的效果

（15）将播放头拖放到第 1 帧，按下 Enter 键，就可以看到水滴下落并荡开涟漪的效果。

9.4.3 制作溅起水珠的效果

9-8 制作溅起水珠的效果

（1）执行"插入"｜"新建元件"命令，新建一个名为"水珠"的图形元件。在元件编辑窗口选择"椭圆工具"，设置笔触颜色为白色，大小为 1，填充颜色为与波纹和水滴相同的径向渐变。按住 Shift 键绘制一个正圆。然后单击编辑栏上的"返回场景"按钮，返回主场景。

（2）单击"新建图层"按钮新建图层 7，在第 10 帧按 F6 键插入关键帧，然后在"库"面板中将"水珠"元件拖放到舞台上，位置如图 9-92 所示。

（3）按下 Ctrl 键单击图层 7 的第 12 帧和第 14 帧，按 F6 键将第 12 帧和第 14 帧设置为关键帧。

（4）选中第 12 帧，然后选中舞台上的水珠实例，在属性面板上将 Alpha 值设置为 50。使用"任意变形工具"将水珠实例略微放大，然后向上拖动，移动到如图 9-93 所示的位置。

（5）选中第 14 帧，然后选中舞台上的水珠实例，在属性面板上将 Alpha 值设置为 0。使用"选择工具"将水珠向下移动，移动后的位置如图 9-94 所示。

图9-92　水珠实例的位置

图9-93　第12帧水珠的位置

图9-94　图层7第14帧中水珠的位置

（6）右击图层 7 的第 10 帧到第 12 帧的任一帧，从弹出的快捷菜单中选择"创建传统补间"命令。同样的方法，在图层 7 的第 12 帧～第 14 帧之间创建传统补间关系。

（7）新建图层 8，在第 10 帧按 F6 键转换为关键帧。从"库"面板中将水珠元件拖放到舞台上，将它略微放大后拖到如图 9-95 所示位置。

（8）按住 Ctrl 键单击图层 8 的第 13 帧和第 16 帧，并按 F6 键转换为关键帧。用第（4）步的方法将第 13 帧的水珠实例变成半透明，再略微放大后拖放到如图 9-96 所示的位置。同样的方法，将第 16 帧的水珠实例 Alpha 值设置为 0，然后拖放到合适的位置。

（9）右击图层 8 的第 10 帧到第 13 帧的任一帧，从弹出的快捷菜单中选择"创建传统补间"命令。同样的方法，在第 13 帧～第 16 帧之间创建传统补间关系。

（10）新建图层 9，在第 10 帧按 F6 键转换为关键帧。在"库"面板中将水珠元件拖放到舞台上，将它略微放大之后拖到如图 9-97 所示的位置。

图9-95　图层8第10帧的水珠位置

图9-96　图层8第13帧中的水珠位置

图9-97　图层9第10帧中水珠的位置

（11）按住 Ctrl 键单击图层 9 的第 13 帧和第 16 帧，并按 F6 键转换为关键帧。用第（4）步的方法将第 13 帧实例变成半透明，略微放大后拖到如图 9-98 所示的位置。同样的方法，将第 16 帧实例变成全透明，拖放到如图 9-99 所示位置。

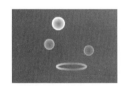

图9-98　图层9中第13帧中水珠的位置

图9-99　图层9第16帧中水珠的位置

（12）分别选中图层 9 的第 10 帧～第 13 帧、第 13 帧～第 16 帧，执行"插入"｜"创建传统补间"命令，创建传统补间动画。

至此，动画制作完成，此时的时间轴窗口如图 9-100 所示。

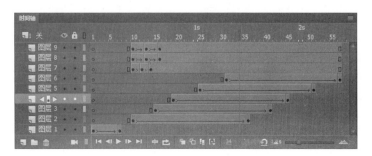

图9-100　动画全过程的时间轴

9.5 答疑解惑

1. 什么情况下用形状补间、传统补间？

答：顾名思义，在形状发生变化时创建形状补间，但两个实例必须打散；形状不发生变化，只是方位发生变化（移动），则创建动画补间，两个实例不可打散。

2. 如何精确控制形状变形？

答：选取形状补间的第 1 帧，执行"修改" | "形状" | "添加形状提示"命令，或按 Ctrl+Shift+H 键就可加上一个形状提示点，同时在形状补间的最后一帧也会同步出现相应的形状提示点。适当地调整开始和结束提示点的位置，增加提示点的数量，就可实现精确的变形效果。

3. 怎样使用形状补间制作一条直线逐渐延伸的动画？

答：在开始关键帧绘制一个较短的线段，在结束关键帧绘制一个较长的线段，两个关键帧中的线段高度和位置一定要相同。然后在两个关键帧之间创建形状补间。

4. 怎样制作一幅图由模糊变清晰的动画效果？

答：首先建立两个图层，第一层放置模糊的图片，第二层放置清晰的图片。然后把第二层的图片转换为元件，在起始关键帧将实例的 Alpha 值设小一些，在结束关键帧将实例的 Alpha 值设置为 100%，最后在两个关键帧之间创建传统补间。

9.6 学习效果自测

一、选择题

1. 在创建补间动画时，一个时间段内一个图层可以包含的补间动画对象个数为（　　）。

    A. 两个　　　　　　　　　B. 多个　　　　　　　　　C. 一个

2. 创建正确的传统补间动画后，两个关键帧之间用一条（　　）表示。

    A. 蓝色的实线　　　　B. 蓝色的虚线　　　　C. 绿色的实线　　　　D. 绿色的虚线

3. 创建正确的形状补间动画后，两个关键帧之间用一条（　　）表示。

    A. 蓝色的实线　　　　B. 蓝色的虚线　　　　C. 绿色的实线　　　　D. 绿色的虚线

4. 一个动画中，第 5 帧与第 10 帧都是一个元件实例，则它们之间的补间类型是（　　）。

    A. 传统补间　　　　　B. 补间形状　　　　　C. 逐帧动画　　　　　D. 三种都可以

5. 要制作一个圆形逐渐变为心形的动画，可以使用（　　）补间。

    A. 传统　　　　　　　B. 形状　　　　　　　C. 两种都可以　　　　D. 两种都不可以

二、填空题

1. 要创建传统补间动画，关键帧中的对象必须为_____。要创建补间形状动画，关键帧中的对象必须为_____。

2. 如果要在有摄像头图层的场景中粘贴图层，只能将图层粘贴到摄像头图层的_____。

3. _____是通过为不同帧中的对象属性指定不同的值创建的动画。

4. 创建补间动画时，通过设置_____可以改变对象在动画过程中的变化速度。其中正值表示变化_____；0 表示_____；负值表示变化_____。

5. "属性关键帧"和"关键帧"的概念不同，_____是指时间轴中元件实例首次出现在舞台上的帧；_____则是指在补间动画中定义了属性值的特定帧。

第 10 章

引导路径动画

本章导读

　　在第 9 章介绍的传统补间动画的制作中，传统补间的轨迹都是 Animate CC 2018 自动生成的，但这种轨迹往往很难达到动画创作的要求。很多时候，需要给定动画运动的路线，做出很多特殊的效果。

　　Animate CC 2018 提供引导层，使用引导层可以创建物体沿弧线、圆形或不规则形状的路径运动的动画效果，如卫星绕月旋转、鱼儿游动、蝴蝶翩翩飞舞，等等。可以说，在制作以元件实例为对象并沿着路径运动的动画中，运动引导层是最普遍、方便的工具。而且运动引导层中的内容在最后生成的动画中是不可见的。

学习要点

❖ 了解普通引导层和运动引导层的区别
❖ 掌握创建引导路径动画的方法
❖ 掌握基于笔触和颜色的引导动画制作的方法

10.1　认识引导层

引导图层的作用就是引导与它相关联图层中对象的运动轨迹或定位。引导图层只在舞台上可见，在最终影片中不会显示引导层的内容。只要合适，可以在一个场景中或影片中使用多个引导层。

引导图层有两类：普通引导层和运动引导层。

10.1.1　普通引导层

普通引导层只能起到辅助绘图和绘图定位的作用。例如，通过临摹别人的作品进行绘画、放置一些文字说明、元件位置参考等信息，用作注解。

图10-1　创建普通引导层

（1）单击图层面板左下角的"新建图层"按钮 ，创建一个普通图层。

（2）右击创建的图层，在弹出的快捷菜单中选择"引导层"命令，即可将图层创建为普通引导层。此时，图层名称左侧显示图标 ，如图 10-1 所示。

重复执行上一步的操作，可以在普通引导层和普通图层之间进行切换。

10.1.2　运动引导层

运动引导层的主要功能是绘制动画的运动轨迹，内容通常是用钢笔、铅笔、线条、椭圆工具、矩形工具或画笔工具等绘制的线条。"被引导层"中的对象沿着引导线运动，可以是影片剪辑、图形元件、按钮、文字等，但不能是形状。

提示：

在运动引导层中放置的唯一的东西就是路径。填充的对象对运动引导层没有任何影响。

由于引导线是一种运动轨迹，不难想象，"被引导层"中最常用的动画形式是动作补间动画，当播放动画时，一个或数个元件将沿着运动路径移动，如图 10-2 所示。

图10-2　运动引导路径

10.2　创建引导路径动画

在 Animate CC 2018 中，使一个或多个对象沿同一条路径运动的动画形式被称为"引导路径动画"，这种动画可以使一个或多个元件完成曲线或不规则的运动动画。

（1）选中包含有传统补间动画的图层。

（2）右击图层的名称栏，从弹出的快捷菜单中选择"添加传统运动引导层"命令。

此时会创建一个引导图层，名称左侧显示引导图标，并与刚才选中的图层关联起来，如图 10-3 所示。可以看到被引导图层的名字向右缩进。

（3）使用绘图工具在运动引导层上绘制一条路径。

图10-3　创建运动引导图层

路径引导动画最重要的操作就是将运动实例"附着"在"引导路径"上。

（4）选中动画图层的起始关键帧，将实例的中心点与路径的一个端点对齐，如图 10-4（a）所示。

（5）选中动画图层的结束关键帧，将实例的中心点与路径的另一个端点对齐，如图 10-4（b）所示。

（a）　　　　　　　　　　　　　　　（b）

图10-4　对齐中心点

> **注意**　制作路径引导动画时，被引导对象的起点、终点的两个中心点一定要与引导线的两个端头对齐。这一点非常重要，是路径引导动画顺利运行的前提。在操作过程中，选中工具箱中的"贴紧至对象"按钮，可以使"对象附着于引导线"的操作更容易。

教你一招

如果想让对象做圆周运动，可以在引导层绘制圆形轮廓，再用橡皮擦工具擦除一小段，使圆形线段出现两个端点，再把对象的起始、终点中心点分别对准圆形线段的端点即可。此外，引导线还能重叠，比如螺旋状引导线，但在重叠处的线段必须保持圆润，能辨认出线段走向，否则会使引导失败。

10.2.1　修改引导动画

"被引导层"中的对象在被引导运动时，还可作更细致的设置，比如运动速度、方向、旋转等。

选中动画的一个关键帧，执行"窗口"｜"属性"命令，打开如图 10-5 所示的属性设置面板。

该面板中的选项功能已在第 9 章的传统补间动画部分进行了介绍，本节简要介绍几个路径引导动画中常用的选项。

如果选中"调整到路径"选项，对象的基线就会调整到运动路径。而如果在"对齐"前打勾，元件的注册点就会与运动路径对齐。

- ➥ **贴紧**：选中该项，可以将动画对象吸附在引导路径上，与按下工具箱中的"贴紧至对象"按钮功能相同。

图10-5　传统补间属性设置

�‣ **调整到路径**：被引导对象可以沿着路径的曲度变化改变方向，效果如图10-6所示。

图10-6　选中"调整到路径"前、后的效果

�‣ **沿路径着色**：被引导对象的颜色随路径的颜色变化而变化。

�‣ **沿路径缩放**：被引导对象的大小根据路径的笔触粗细变化进行相应的缩放。

10.2.2　上机练习——光点运动

　　　　本节练习使用引导路径动画原理制作一个光点运动的动画，通过操作步骤的详细讲解，使读者熟练掌握引导路径动画的制作方法和技巧。

10-1　上机练习——光点运动

　　　　首先新建一个 Animate CC 2018 文档，使用"矩形工具"和"渐变变形工具"制作一个渐变的背景。然后使用"椭圆工具"和"颜色"面板制作图形元件，通过创建传统补间，制作图形实例的位移动画和淡出动画，接下来为传统补间图层添加引导路径，使图形实例沿路径运动并消失。最后复制图层，制作其他图形实例的运动效果，最终效果如图 10-7 所示。

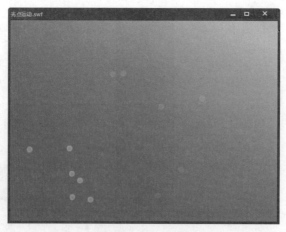

图10-7　动画效果

操作步骤

　　（1）执行"文件"｜"新建"命令，新建一个 Animate CC 2018 文档。

　　（2）选择"矩形工具"，在属性面板上设置笔触颜色"无"，填充色任意，在舞台上绘制一个矩形。选中绘制的图形，打开"信息"面板，设置矩形的大小与舞台大小相同，且左上角与舞台左上角对齐，如图 10-8 所示。

（3）选中矩形，打开"颜色"面板，设置"颜色类型"为"线性渐变"，第一个游标颜色为橙色，第二个游标颜色为黄色，如图 10-9 所示。

（4）在工具箱中选择"渐变变形工具"，旋转矩形的渐变角度，如图 10-10 所示。

图10-8　设置矩形大小和位置

图10-9　设置填充样式

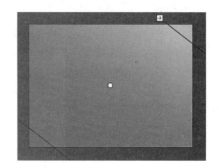

图10-10　调整渐变色

（5）执行"插入"|"新建元件"命令，弹出"创建新元件"对话框，设置"名称"为"point"，"类型"为"图形"，单击"确定"按钮进入元件编辑窗口。选择"椭圆工具"，无笔触颜色，按住 Shift 键绘制一个正圆，直径为 12 像素，如图 10-11 所示。

（6）选中绘制的正圆，打开"颜色"面板，设置"颜色类型"为"径向渐变"，第一个游标颜色为黄色，Alpha 值为 60%；第二个游标颜色为白色，Alpha 值为 60%，如图 10-12 所示。

（7）返回主场景。在背景层的第 40 帧按 F5 键插入帧，然后单击图层面板左下角的"新建图层"按钮，新建一个图层，重命名为 p1。

（8）选中图层 p1 的第 1 帧，打开"库"面板，将"point"元件拖放到舞台上。选中第 40 帧，按 F6 键插入关键帧，然后选中舞台上的实例，在属性面板上设置颜色样式为"Alpha"，值为 0%，如图 10-13 所示。

图10-11　绘制图形

图10-12　"颜色"面板

图10-13　设置Alpha值

（9）右击图层 p1 的第 1 帧，在弹出的快捷菜单中选择"创建传统补间"命令，此时的时间轴效果如图 10-14 所示。

（10）右击图层 p1 的名称栏，在弹出的快捷菜单中选择"添加传统运动引导层"命令。选中引导层的第 1 帧，使用"铅笔工具"在舞台上绘制一条引导线，如图 10-15 所示。

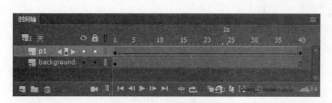

图10-14　时间轴效果

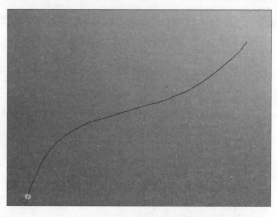

图10-15　绘制引导线

（11）选中第 1 帧的实例，将实例拖放到引导线的起始端，如图 10-16 所示；选中第 40 帧的实例，将实例移至引导线的结束端，如图 10-17 所示。

接下来制作其他光点的引导路径动画。一个简单的方法是复制图层。

（12）选中图层 p1 及引导图层并右击，在弹出的快捷菜单中选择 "复制图层" 命令，如图 10-18 所示。图层面板上将自动粘贴一个传统补间图层和一个运动引导图层。修改图层名称，然后按照第（11）步的方法，分别将第 1 帧和最后一帧的实例拖放到引导线的两端。

图10-16　调整元件的位置

图10-17　调整元件的位置

图10-18　选择 "复制图层" 命令

（13）重复第（12）步的方法制作其他图层的动画效果，引导线效果如图 10-19 所示。动画效果如图 10-20 所示。

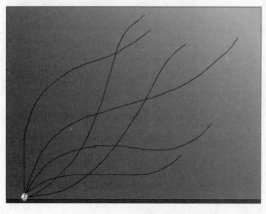

图10-19　图形效果

图10-20　动画效果

为实现光点分批出现的效果，可以修改图层的起始关键帧。

（14）选中部分图层及其引导层上的所有帧，按下鼠标左键向右拖动到第 20 帧，此时的时间轴效果如图 10-21 所示。第 30 帧的效果如图 10-22 所示。

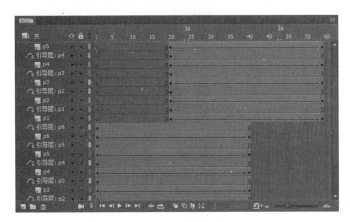

图10-21　时间轴效果

图10-22　光点分批出现的效果

（15）按 Ctrl+Enter 键测试动画效果，如图 10-7 所示。然后执行"文件"｜"保存"命令保存文件。

10.2.3　与引导层建立连接

一个引导层中可以有多条运动轨迹；一个引导层也可以为多个图层提供运动轨迹。在默认情况下，只有创建运动引导层时选择的层才会自动与运动引导层建立连接，不过，用户可以将任意多的标准层与运动引导层相连。

（1）选择要与运动引导层建立连接的标准层，然后按下鼠标左键拖动，此时图层底部显示一条深黑色的线，表明该层相对于其他层的位置。

（2）拖动该层直到标识位置的深黑色粗线出现在运动引导层的下方，如图 10-23（a）所示，然后释放鼠标。这一层即可连接到运动引导层上，如图 10-23（b）所示。

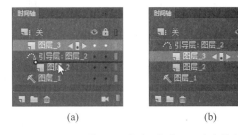

(a)　　　　　　　　(b)

图10-23　将图层3与运动引导层建立连接

任何被连接层的名称栏都将被嵌在运动引导层的名称栏下面，这可以表明一种层次关系。用户可以像操作标准层一样调整运动引导层的位置，任何与它连接的层都将随之移动以保持它们之间的位置关系。

提示：　　将被引导层拖动到运动引导层的上方或其他标准层的下方，可以取消与运动引导层的连接关系。

10.2.4　基于笔触和颜色的引导动画

在 Animate CC 2018 中，使用传统补间帧面板中的"沿路径着色"和"沿路径缩放"选项还可以制作基于可变宽度路径和不同颜色路径的引导动画，创建出奇妙的动画效果。

（1）按照 10.2 节介绍创建引导路径动画，如图 10-24 所示。

（2）选择引导路径，使用"宽度工具"调整路径，或在属性面板上的"宽度"下拉列表中选择一种可变宽度配置文件，重新绘制一条可变宽度的路径。然后选择不同的路径段，填充不同的颜色，如图 10-25 所示。

（3）选中被引导图层的起始关键帧，在对应的属性面板上选中"缩放""沿路径缩放"和"沿路径着色"选项，如图 10-26 所示。

图10-24　引导路径动画　　　　图10-25　可变宽度路径　　　　图10-26　设置补间属性

（4）保存文件，按 Enter 键观看动画效果。可以看到飞机在沿路径运动时，基于路径的宽度和颜色进行缩放和着色，其中两帧的效果如图 10-27 所示。

图10-27　沿路径着色和缩放效果

10.2.5　上机练习——小球环绕

　　本节练习将制作一个在科教片中常见的球体环绕的动画，通过操作步骤的详细讲解，读者能熟练掌握制作环形路径引导动画的方法，进一步了解引导路径的概念，并学会沿路径着色的操作技巧。

10-2　上机练习——小球
环绕

　　首先使用绘图工具和填充工具制作一个小球的图形元件，然后绘制一个没有完全闭合的椭圆轨迹作为引导路径，分别将小球实例拖放到路径的两个端点，创建传统补间完成路径引导动画。接下来采用复制图层的方法，复制路径引导动画，并对路径进行旋转。最后调整路径的颜色，选中"沿路径着色"选项实现小球颜色的不断变化，最终效果如图 10-28 所示。

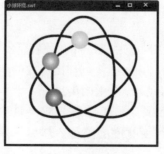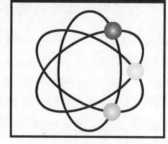

图10-28　动画效果

操作步骤

（1）执行"文件" | "新建"命令，新建一个 Animate CC 2018 文档（ActionScript 3.0），舞台大小为 350 像素 ×320 像素，颜色为白色。

（2）执行"插入" | "新建元件"命令，创建一个名为"ball"的图形元件。在元件编辑窗口选择绘图工具箱中的"椭圆工具"，在属性面板上设置笔触颜色"无"，填充颜色为黑白径向渐变，然后按下 Shift 键在舞台上绘制一个正圆。

（3）选中正圆，执行"窗口" | "信息"命令，在打开的"信息"面板中设置正圆的圆心与舞台注册点对齐，如图 10-29 所示。然后单击编辑栏上的"返回"按钮返回主场景。

（4）右击图层 1，在弹出的快捷菜单中选择"添加传统运动引导层"命令，即可在图层 1 上添加一个运动引导层，名字为"引导层：图层 1"。

（5）选中运动引导层的第 1 帧，选择"椭圆工具"，在属性面板上设置笔触颜色为红色，笔触大小为 5，无填充色，然后在舞台上绘制一个平滑的椭圆，作为小球的运动轨迹，如图 10-30 所示。

（6）在绘图工具箱中选中"橡皮擦工具"，在工具箱底部设置橡皮擦大小之后，在椭圆路径上单击擦出一个缺口，如图 10-31 所示。

（7）选中图层 1 的第 1 帧，打开"库"面板，从库项目列表中将创建的图形元件拖放到舞台上。然后单击绘图工具箱中的"选择工具"按钮，然后单击绘图工具箱底部的"贴紧至对象"按钮，如图 10-32 所示。

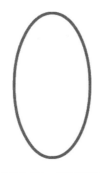

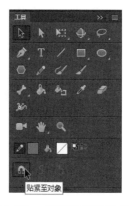

图10-29　修改图形坐标　　　图10-30　椭圆路径　　　图10-31　修改路径　　　图10-32　"贴紧至对象"按钮

注意　　　在使用箭头工具时，一定要打开"贴紧至对象"选项，并且要做到是元件的起点，终点一定要与运动向导层中的轨迹曲线的起点对齐，否则动画将不会按照指定的运动路线移动。

（8）将小球拖动到椭圆边线上，当小球中心显示一个黑色的小圆圈时释放鼠标，如图 10-33 所示。小球即可附着到路径上。

（9）在引导层的第 30 帧按 F5 键插入帧，将路径延续到第 30 帧。

（10）在图层 1 的第 30 帧按 F6 键创建一个关键帧，然后将小球移到如图 10-34 所示的位置。

（11）右击图层 1 的两个关键帧之间的任意一帧，从弹出的快捷菜单中选择"创建传统补间"命令。

此时按下 Enter 键，可以查看小球的运动效果。按下"绘图纸外观"工具可以看到小球的运动轨迹，如图 10-35 所示。

 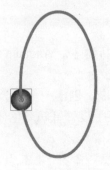 

图10-33　将小球吸附到路径上　　图10-34　移动小球的位置　　图10-35　小球的运动轨迹

接下来制作第 2 个引导路径动画。由于运动方式和路径与前面的动画相同，因此本例采用复制图层的方法制作。

提示：　　读者也可以将第 1 个引导路径动画转换为影片剪辑，然后通过对实例旋转变形，修改实例的颜色完成本例的效果。

（12）单击引导层的第 1 帧，然后按下 Shift 键单击图层 1 的第 30 帧，选中两个图层上的动画帧。执行"编辑"｜"时间轴"｜"直接复制图层"命令，可在图层面板上看到复制的动画图层，如图 10-36 所示。

图10-36　直接复制动画图层

（13）选中粘贴的引导路径，执行"修改"｜"变形"｜"缩放和旋转"命令，在弹出的"缩放和旋转"对话框中设置旋转角度为 60，如图 10-37 所示。然后将旋转后的路径修改为绿色，如图 10-38 所示。

 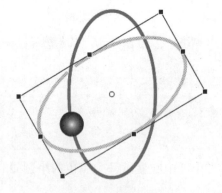 

图10-37　设置旋转角度　　　图10-38　旋转并着色　　　图10-39　实例中心点与路径端点对齐

（14）选中粘贴的小球图层第一个关键帧中的实例，将实例拖放到引导路径的一个端点，如图 10-39 所示。同样的方法，将第二个关键帧拖放到引导路径的另一个端点，打开"绘图纸外观"工具的效果如图 10-40 所示。

（15）使用同样的方法复制并粘贴动画层和引导层，将第 3 条路径修改为蓝色，如图 10-41 所示。然后分别调整小球实例起始关键帧的位置，如图 10-42 所示。

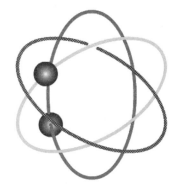

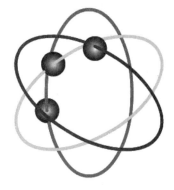

图10-40 第2个小球的运动轨迹　　图10-41 修改路径的颜色　　图10-42 第3个实例的位置

（16）执行"文件"｜"保存"命令保存文件，按 Enter 键预览动画效果，如图 10-43 所示。3 个小球都在各自的路径上运动。

接下来修改动画的补间属性，使读者进一步了解"沿路径着色"的效果。

（17）选中图层 1 的第 1 帧，打开"属性"面板，在"补间"区域选中"沿路径着色"选项，如图 10-44 所示。

（18）同样的方法，修改其他被引导层的补间属性。修改完成后的动画效果如图 10-45 所示，可以看到 3 个小球的颜色将根据引导路径的颜色进行转换。

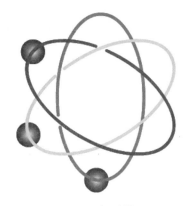

图10-43 运动效果　　　　　图10-44 修改补间属性　　　　　图10-45 动画效果

如果将路径修改为填充色，可以看到更绚丽的效果，在运动过程中，小球的颜色将不停进行变换，在舞台上的效果如图 10-46（a）所示。由于在输出的动画中引导路径是不可见的，因此测试影片的效果如图 10-46（b）所示，只能看到运动的小球，而不能看到引导路径。

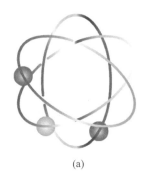

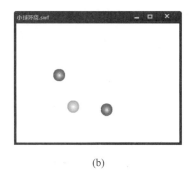

（a）　　　　　　　　　　　（b）

图10-46 动画效果

接下来进一步完善动画，添加显示路径。

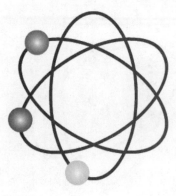

图10-47　复制并变形的椭圆效果

（19）在图层面板左下角单击"新建图层"按钮，新建一个图层。将该图层拖放到最底层。

（20）选择工具箱中的"椭圆工具"，设置笔触颜色为深灰色，无填充色，笔触大小为5。在舞台上绘制一个椭圆。

（21）选中椭圆，执行"窗口"｜"信息"命令，打开"信息"面板，调整椭圆的大小和位置，使其与引导层中的椭圆路径大小相同，位置重合。

（22）执行"窗口"｜"变形"命令，打开"变形"面板，设置旋转角度为60，然后单击"重制选区并变形"按钮两次。

此时，在舞台上隐藏引导路径图层之后的效果如图10-47所示。取消隐藏图层，按Ctrl+Enter键测试影片效果，如图10-28所示。

10.3　实例精讲——水族箱

本节练习制作一个漂亮的水族箱效果，通过详细讲解气泡上升和小鱼游动影片剪辑的操作步骤，使读者进一步掌握引导路径动画的制作方法和技巧。

首先新建一个蓝色背景的Animate CC 2018文档，然后使用引导路径动画的原理，依次制作冒出气泡和小鱼游动的动画，最后在主场景中放置制作好的影片剪辑完成最终动画，效果如图10-48所示。

图10-48　水族箱的动画效果

操作步骤

10.3.1　绘制气泡元件

（1）执行"文件"｜"新建"命令，新建一个Animate CC 2018文档（ActionScript 3.0），舞台颜色为#0066FF，帧频为12fps。

（2）执行"插入"｜"新建元件"命令，在弹出的"创建新元件"对话框中设置元件名称为"气泡"，类型为"图形"，如图10-49所示。完成后单击"确定"按钮关闭对话框。

10-3　绘制气泡元件

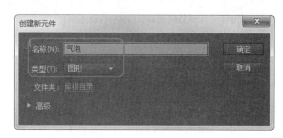

图10-49　新建图形元件

（3）选中"椭圆工具"，设置笔触颜色无，填充色任意，按住 Shift 键绘制一个正圆。然后打开"颜色"面板，设置颜色类型为"径向渐变"，游标颜色为白色（#FFFFFF），3 个游标的 Alpha 值依次为 0%、30% 和 100%，如图 10-50 所示。圆形填充的效果如图 10-51 所示。

（4）使用"渐变变形工具"单击圆形的填充区域，然后调整变形框的大小和变形中心点位置，如图 10-52 所示。

图10-50　"颜色"面板中的设置

图10-51　填充渐变后的效果

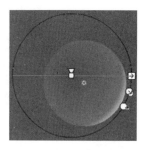

图10-52　绘制出的圆形

（5）单击图层面板左下角的"新建图层"按钮，新建"图层 2"，使用"椭圆工具"绘制一个小圆形并填充从白色到透明的渐变效果，效果如图 10-53 所示。然后单击编辑栏上的"返回"按钮返回主场景。

图10-53　小圆的填充样式和效果

10.3.2　制作气泡上浮动画

本节使用引导路径动画制作气泡上浮的动画。

（1）执行"插入"|"新建元件"命令，在弹出的对话框中设置元件名称为"气泡上浮"，类型为"影片剪辑"，单击"确定"按钮进入元件编辑窗口。

10-4　制作气泡上浮
动画

（2）选中图层 1 的第 1 帧，打开"库"面板，将 10.3.1 节制作的气泡元件拖放到舞台上。然后右击图层 1 的名称栏，在弹出的快捷菜单中选择"添加传统运动引导层"命令，使用"铅笔工具"绘制一条如图 10-54 所示的路径。

（3）分别在"图层 1"和"引导层"的第 40 帧按 F6 键和 F5 键插入关键帧和普通帧。选择"图层 1"中的第 1 帧，调整气泡实例的位置，使其中心与引导线的下端点重合，如图 10-55 所示；在第 40 帧调整气泡实例的位置，使其中心与引导线的上端点重合，并设置 Alpha 值为 50%，如图 10-56 所示。

（4）右击图层 1 两个关键帧之间的任一帧，在弹出的快捷菜单中选择"创建传统补间"命令。

（5）返回主场景。执行"插入"|"新建元件"命令，新建一个名为"气泡群"的影片剪辑。在元件编辑窗口，将制作好的"气泡上浮"影片剪辑拖到工作区，并多次复制实例后适当调整它们的大小，如图 10-57 所示。

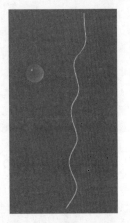

图10-54　绘制出的曲线

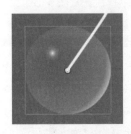

图10-55　第1帧时气泡的位置

图10-56　第40帧时气泡的位置和Alpha值

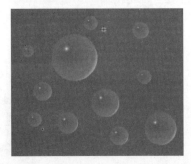

图10-57　气泡群

（6）单击编辑栏上的"返回"按钮返回主场景。

10.3.3　制作小鱼游动效果

（1）执行"插入"|"新建元件"命令，新建一个名称为"fish_01"的影片剪辑。在元件编辑窗口，执行"文件"|"导入"|"导入到舞台"命令，导入一幅热带鱼的图片，如图 10-58 所示。

（2）按住 Shift 键单击第 2 帧和第 3 帧，按 F6 键插入关键帧。然后选择第 1 帧的图形，使用"任意变形工具"适当增大图形的高度，并在横向进行适当地缩小，如图 10-59 所示。选择第 3 帧的图形，使用同样的方法调整图形形状，如图 10-60 所示。

接下来制作小鱼游动的引导路径动画。

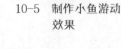

10-5　制作小鱼游动
效果

图10-58　导入的文件

图10-59　第1帧的图形

图10-60　第3帧的图形

（3）返回主场景。执行"插入"|"新建元件"命令，新建一个名为"swiming_01"的影片剪辑。在元件编辑窗口的第 1 帧，从"库"面板中将"fish_01"元件拖入场景中，并在第 60 帧按 F6 键插入关键帧。

（4）右击图层 1 的名称栏，在弹出的快捷菜单中选择"添加传统运动引导层"命令新建一个引导层，然后使用"铅笔"工具绘制一条运动路径，如图 10-61 所示。

（5）选中图层 1 的第 1 帧，拖动实例，使其中心点与引导路径的右端点重合；选择第 60 帧，拖动实例，使其中心点与引导路径的左端点重合，如图 10-62 所示。

图10-61　绘制出的曲线

图10-62　调整实例位置

（6）右击图层 1 两个关键帧之间任一帧，在弹出的快捷菜单中选择"创建传统补间"命令，完成引导路径动画。

（7）使用同样的方法，制作其他鱼的游动动画，然后返回主场景。

10.3.4　制作主场景动画

（1）执行"文件"|"导入"|"导入到舞台"命令，导入一幅水族箱的背景图。打开"信息"面板，调整背景图像的大小与舞台大小相同，且左上角对齐，如图 10-63 所示。然后在第 120 帧按 F5 键插入一个普通帧。

10-6　制作主场景动画

图10-63　将背景移动到场景中

（2）单击图层面板左下角的"新建图层"按钮，新建"图层 2"。打开"库"面板，将"气泡串"影片剪辑拖放到舞台上，并适当调整其大小和位置，如图 10-64 所示。然后在第 120 帧按 F5 键插入一个扩展帧。

图10-64　调整气泡的大小和位置

（3）选中第 30 帧，按 F6 键转换为关键帧，打开"库"面板，将"气泡串"影片剪辑拖放到舞台上，并调整位置和大小。同样的方法，依次将第 60 帧、第 90 帧和第 120 帧转换为关键帧，并拖入"气泡串"影片剪辑，适当调整它们的大小和位置，第 120 帧的效果如图 10-65 所示。此时测试动画的效果如图 10-66 所示。

图10-65　第120帧气泡的位置和大小

图10-66　动画的测试效果

（4）单击图层面板左下角的"新建图层"按钮，新建"图层3"。将10.3.3节制作的小鱼游动的影片剪辑拖入到场景中，分别将它们调整到如图10-67所示的位置。

至此，整个动画就制作完成了，动画的测试效果如图10-48所示。

图10-67 调整鱼的动画元件都拖入到舞台中

提示： 将小鱼游动的影片剪辑放在不同的帧中，可以实现小鱼分批出现的效果。

10.4 答疑解惑

1. 普通引导层和运动引导层有什么区别？

答：普通引导层和运动引导层都具有引导作用，并且都不会在最后发布的动画中显示出来。普通引导层主要起辅助静态定位的作用，在动画制作中并不常用；运动引导层用于对象运动的路径引导，是制作动画时常用的工具。

2. 文本可以作为运动引导层来使用吗？

答：可以，但是输入的文字需要分离打散，才能作为引导层的运动引导线使用。

3. 做沿轨迹运动的动画时，为什么运动对象总是沿直线运动？

答：首帧或尾帧实例的中心位置没有对准在轨迹上，导致对象不能沿轨迹运动。有一个简单的检查办法：增大屏幕的显示比例，查看实例中间出现的圆圈是否对准了运动轨迹。

4. 为什么在做封闭轨迹路径动画的时候，物件总沿着直线运动？

答：可以把封闭的路径擦出一个小缺口。

10.5 学习效果自测

一、选择题

1. 如果想让一个物体沿一定的路线运动，则需添加（　　）。

　A. 遮罩层　　　　　B. 普通引导层　　　　C. 运动引导层

2. 引导层的内容在动画输出的时候（　　）。

　A. 可见　　　　　B. 不可见　　　　　C. 可以自己设置可见与否　　　D. 可以编辑

3. 在制作引导线运动时，引导层位于被引导层的（　　　　）。

　　A. 上方　　　　　　　　B. 下方　　　　　　　　C. 同一个图层　　　　D. 什么位置都可以

4. 制作地球绕太阳转动的动画时，使用（　　　）类型的图层较为方便。

　　A. 普通层　　　　　　　B. 运动引导层　　　　　C. 遮罩层　　　　　　D. 都可以

5. 在沿引导线运动的动画中，必须使元件的（　　　　）吸附到运动路径上。

　　A. 顶点　　　　　　　　B. 十字中心点　　　　　C. 下端点　　　　　　D. 任意一点

6. 制作沿引导线运动动画的对象必须是（　　　　）。

　　A. 文字　　　　　　　　B. 图形　　　　　　　　C. 群组对象　　　　　D. 元件实例

7. "被引导"层中最常用的动画形式是（　　　　）。

　　A. 形状补间动画　　　　B. 遮罩动画　　　　　　C. 传统补间动画　　　D. 逐帧动画

二、判断题

1. 引导层总是位于被引导层的上方。（　　　　）

2. 引导层的引导线只能用"椭圆工具"画。（　　　　）

3. 只要一个图层处于引导层的下方，则它上面的对象将随着引导层的引导而运动。（　　　　）

4. 引导层上的内容在最后动画测试时将被显示出来。（　　　　）

三、填空题

1. 引导图层实际上包含了两种子类，一种是_____，另一种是_____。

2. "被引导层"中的对象是跟着引导线走的，可以使用_____、_____、_____、_____等。

3. 如果没有设置引导层，那么舞台上的实体将在两个关键帧之间_____运动。

4. 使用传统补间帧面板中的_____和_____选项可以制作基于可变宽度路径和不同颜色路径的引导动画。

四、操作题

利用引导层制作绕月卫星动画。

第 11 章

遮 罩 动 画

本章导读

　　在很多优秀的动画作品中，除了色彩上给人以视觉震撼外，还得益于其特殊的制作技巧。在 Animate CC 2018 中，使用遮罩图层可以制作出各种各样绚丽多彩的动画效果，如望远镜效果、水波荡漾效果、万花筒效果、百叶窗效果、放大镜效果等。

　　本章将详细介绍遮罩动画的相关基础知识，通过几个典型的遮罩动画实例的学习，使读者全面掌握遮罩动画的实际应用。

学习要点

❖ 认识遮罩层
❖ 遮罩动画的制作

11.1　认识遮罩层

　　遮罩动画必须要有两个图层才能完成。上面的一层类似于蒙版，只在某个特定的位置显示图像，其他部位不显示，称为遮罩图层；与遮罩层连接的标准层称为被遮罩图层，它保留了所有标准层的功能。

　　遮罩层与标准层一样可以在帧中绘图，但是只是在图形的实心区域才有遮罩效果，没有图像的区域将完全透明，但遮罩层里的图像不会显示，只起遮罩作用。

11.1.1　创建遮罩图层

　　（1）在要转化为遮罩层的图层上绘制填充图形、文字、图形元件的实例或影片剪辑等具有实心区域的对象。将遮罩层上的对象做成动画可以创建移动的遮罩层。

　　（2）按下鼠标右键，在弹出的快捷菜单上选择"遮罩层"命令，如图 11-1 所示。

　　（3）此时遮罩层名称（图层 3）左侧显示遮罩图标 ，被遮罩层名称（图层 1）左侧显示 ，且向右缩进，如图 11-2 所示。

图11-1　选择"遮罩层"命令　　　　　　　　图11-2　创建图层3为遮罩层

注意　　　　创建遮罩图层后，Animate CC 2018 会自动锁定遮罩图层和被遮罩图层，如果需要编辑遮罩图层，必须先解锁，然后再编辑。但是解锁后就不会显示遮罩效果，如果需要显示遮罩效果，必须再次锁定图层。

　　与引导层类似，遮罩层默认仅与一个被遮罩层相连，但用户可以将多个标准图层与遮罩层相关联，创建各种奇幻的效果。

　　（1）选中要与遮罩层建立连接的标准层，如图 11-3 所示的"图层 2"。

　　（2）拖动层直到在遮罩层的下方出现一条用来表示该层位置的黑线，然后释放鼠标。此层现在已经与遮罩层连接，如图 11-4 所示。

　　如果要取消被遮罩层与遮罩层之间的关联，可执行以下操作之一。

　　➥ 在图层面板中，将被遮罩层拖动到遮罩层的上面。

↳ 选中被遮罩层，执行"修改"|"时间轴"|"图层属性"命令，在"图层属性"对话框中选中"一般"选项。

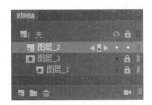

图11-3　选中图层2

图11-4　图层2与遮罩层建立连接

11.1.2　上机练习——艺术相框

 本节练习使用遮罩图层制作一个艺术相框，通过操作步骤的详细讲解，使读者进一步了解遮罩的效果，并熟练掌握创建遮罩图层的方法。

11-1　上机练习——艺术相框

 首先新建一个 Animate CC 2018 文档，导入一幅要处理的图片，并使用"椭圆工具"绘制要显示遮罩的区域；然后创建遮罩图层显示遮罩效果；接下来复制遮罩层的椭圆，将其转换为元件，并使用滤镜对图形进行美化，最终效果如图 11-5 所示。

图11-5　舞台效果

操作步骤

（1）执行"文件" | "新建"命令，新建一个 Animate CC 2018 文档。

（2）执行"文件" | "导入" | "导入到舞台"命令，在弹出的对话框中选择一幅人物图片，如图 11-6 所示。

（3）在图层面板左下角单击"新建图层"按钮，新建一个图层。选择工具箱中的"椭圆工具"。在属性面板上设置笔触颜色为绿色，笔触大小为 15，填充颜色为白色，然后在舞台上绘制一个椭圆，如图 11-7 所示。

（4）右击"图层 2"的名称栏，在弹出的快捷菜单中选择"遮罩层"命令。此时，两个图层均会锁定，名称左侧会显示遮罩和被遮罩图标，且被遮罩层"图层 1"向右缩进，如图 11-8 所示。舞台上的遮罩效果如图 11-9 所示。

图11-6 导入的位图

图11-7 绘制椭圆

图11-8 图层面板

图11-9 遮罩效果

从图 11-9 可以看出，只有椭圆的填充区域与位图相交的部分能显示出来，位图的其他部分不显示。接下来添加相框。

（5）选中遮罩层，在图层面板上单击"新建图层"按钮，在遮罩层之上创建一个新图层。

（6）解除遮罩层的锁定状态，右击遮罩层中的关键帧，在弹出的快捷菜单中选择"复制帧"命令。然后锁定遮罩层。

（7）右击新建图层第 1 帧，在弹出的快捷菜单中选择"粘贴帧"命令，粘贴一个椭圆。

此时，由于椭圆内部有白色的填充区域，因此不能看到已创建的遮罩效果。

（8）单击椭圆内部的填充区域，按 Delete 键删除。

接下来，利用滤镜对相框进行美化。由于滤镜不能应用于形状，因此，在应用滤镜之前，要先将形状转换为影片剪辑。

（9）双击椭圆的笔触区域选中椭圆，执行"修改" | "转换为元件"命令，在弹出的对话框中输入元件名称，类型为"影片剪辑"。

（10）选中舞台上的元件实例，在属性面板的"滤镜"区域单击"添加滤镜"按钮，在弹出的滤镜列表中选择"渐变斜角"命令。然后设置模糊值为10，类型为"内侧"，单击渐变条，修改中间的颜色游标为 #00CC33，如图 11-10 所示。

此时的舞台效果如图 11-11 所示。

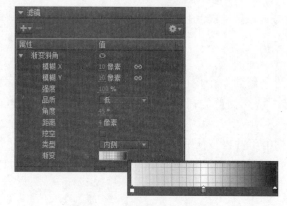

图11-10 设置渐变斜角参数

图11-11 应用滤镜的效果

至此，实例制作完毕。可以根据设计需要添加一个背景图，效果如图 11-5 所示。

11.2 遮罩动画的制作

遮罩动画的原理是，在舞台前增加一个类似于电影镜头的对象，这个对象不仅仅局限于圆形，可以是任意形状，将来导出的影片，只显示电影镜头"拍摄"出来的对象，其他不在电影镜头区域内的舞台对象不会显示。

遮罩动画主要分为两大类：遮罩层在运动，或被遮罩层在运动。

11.2.1 遮罩层运动

在遮罩动画中，定义遮罩层中对象的变化（例如尺寸变化、位置变化、形状变化等），最终显示的遮罩动画效果也会随着遮罩层对象的变化而变化。

（1）按照 11.1.1 节的方法创建遮罩层和被遮罩层。

（2）为遮罩层中的图形设置动画。

（3）按下 Ctrl+Enter 键测试影片，观察动画效果。

11.2.2 上机练习——百叶窗

本节练习使用遮罩原理制作一个常见的百叶窗切换效果，通过遮罩层制作方法的详细讲解，使读者熟练掌握通过遮罩层内容的运动创建遮罩动画的方法和技巧。

11-2 上机练习——百叶窗

首先在分散的位图上绘制圆形，通过删除圆形以外的区域创建两张要切换的图片。然后制作用作遮罩的矩形，通过传统补间动画修改遮罩范围。最终复制并移动遮罩图，对图片的所有区域添加遮罩效果，最终效果如图 11-12 所示。

图11-12 百叶窗效果

操作步骤

（1）新建一个 ActionScript 3.0 文件，执行"文件"｜"导入"｜"导入到舞台"命令，导入一幅图像，执行"修改"｜"分离"命令将其打散，效果如图 11-13 所示。

（2）选择"椭圆工具" ，设置填充颜色无，按住 Shift 键在打散的图形上绘制一个圆形。选中圆形，执行"编辑"｜"复制"命令，复制圆形。该图形将用在另一个图层中。

（3）单击"选择工具"按钮 ，选中圆形边框外的部分，如图 11-14 所示。执行"编辑"｜"清除"命令，清除圆形边框外的部分，如图 11-15 所示。

图11-13　打散的效果图

图11-14　选择的效果图

（4）执行"插入"｜"时间轴"｜"图层"命令，增加一个新的图层，在该图层内执行"文件"｜"导入"｜"导入到舞台"命令，导入一幅图像，执行"修改"｜"分离"命令将其打散，效果如图11-16所示。

图11-15　百叶窗的一面

图11-16　图形打散的效果图

（5）执行"编辑"｜"粘贴到当前位置"命令，将第（2）步中复制的圆粘贴到舞台上。

用户也可以直接选择"椭圆工具"，在属性面板上设置填充颜色无，在打散的图形上绘制一个圆形。注意：该圆形要与第（2）步中绘制的圆形大小、位置相同。

（6）单击"选择工具"按钮，选中圆形边框外的部分，执行"编辑"｜"清除"命令，清除圆形边框外的部分，如图11-17所示。

（7）执行"插入"｜"时间轴"｜"图层"命令，增加一个新的图层，用"矩形工具"在该图层绘制一个矩形，刚好遮住圆形的下部分，矩形宽度略大于圆的直径，效果如图11-18所示。

图11-17　百叶窗的另一面

图11-18　增加百叶窗页的效果

（8）选中第（7）绘制的矩形，执行"修改"｜"转换为元件"命令，将矩形转换成一个图形元件，命名为"元件 1"。

（9）执行"插入"｜"新建元件"命令，创建一个影片剪辑元件，命名为"元件 2"。

（10）在"库"窗口中把"元件 1"拖放到"元件 2"的编辑窗口中。

（11）选择第 15 帧，按 F6 键添加关键帧，执行"修改"｜"变形"｜"任意变形"命令，将矩形变形为一条横线。

（12）在第 25、40 帧按 F6 键增加关键帧，并把第 1 帧的内容复制到第 40 帧。分别右击第 1~15 帧之间、25~40 帧之间的任一帧，在弹出的快捷菜单中选择"创建传统补间"命令，创建动画效果。此时的时间轴如图 11-19 所示。

（13）单击"返回场景"按钮 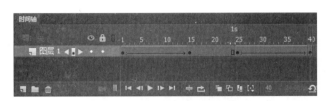，返回主场景，删除舞台上的元件 1，从"库"面板中拖动"元件 2"到舞台上，移动到如图 11-18 所示的位置。右击"图层 3"的名称栏，在弹出的快捷菜单中选择"遮罩层"命令，效果如图 11-20 所示。

图11-19　百叶窗页的时间轴　　　　　　　　　　图11-20　遮罩效果

（14）执行"插入"｜"时间轴"｜"图层"命令，新建一个图层。将"图层 2"和"图层 3"解除锁定后，将这两层中所有帧的内容完全复制，然后右击"图层 4"的第一帧，选择"粘贴帧"命令，并把该层的矩形向上平移。

（15）同样的方法，对后面的图层逐层进行上一步操作，直到矩形上移离开圆形，如图 11-21 所示。

（16）单击图层面板上的"锁定所有图层"按钮，锁定所有图层，显示遮罩效果，如图 11-22 所示。

（17）执行"控制"｜"播放"命令，观看动画效果。图 11-12 所示为其中某一时刻的效果图。

图11-21　某一时刻的动画效果　　　　　　　　　图11-22　遮罩效果

这样，就完成了百叶窗式的图片切换动画制作。

在实际使用时，遮罩动画还有很多其他的动画效果，这不但需要读者自己多加学习和练习，同时也要开动脑筋，发挥自己的创意，相信经过不断的练习之后，读者自己也能做出很多有创意的动画效果。

11.2.3 被遮罩层运动

在遮罩动画中，定义被遮罩层中对象的变化（例如尺寸变化、位置变化、形状变化等），最终显示的遮罩动画效果也会随着被遮罩层对象的变化而变化。

（1）按照 11.1.1 节的方法创建遮罩层和被遮罩层。

（2）为被遮罩层中的对象设置动画。

（3）按 Ctrl+Enter 键测试影片，观察动画效果。

11.2.4 上机练习——旋转的地球

本节练习使用遮罩原理制作地球旋转的动画，通过操作步骤的详细讲解，使读者熟练掌握通过被遮罩的内容创建遮罩动画的方法和技巧。

11-3 上机练习——旋转的地球

首先新建一个 Animate CC 2018 文档，使用"椭圆工具"和"颜色"面板绘制一个渐变的圆形作为遮罩层，然后将被遮罩层中的地图进行平移，产生地球旋转的视觉效果，最终效果如图 11-23 所示。

图11-23 旋转的地球效果

操作步骤

（1）执行"文件"｜"新建"命令，新建一个 Animate CC 2018 文档（ActionScript 3.0）。然后将图层 1 重命名为 background。

（2）执行"文件"｜"导入"｜"导入到舞台"命令，导入一幅星空图片。打开"信息"面板，修改图片尺寸和坐标，使图片大小与舞台大小相同，且左上角对齐，如图 11-24 所示。

（3）单击图层面板左下角的"新建图层"按钮，新建一个图层，并将该图层重命名为 earth。然后选择"椭圆工具"，设置笔触颜色无，填充色任意，按住 Shift 键绘制一个正圆，如图 11-25 所示。

（4）打开"颜色"面板，设置颜色类型为"径向渐变"，填充色为从浅蓝色（#7cd5fa）到蓝色（#115ccc）的渐变色，如图 11-26 所示。然后使用"渐变变形工具"调整渐变框的大小以及渐变的中心点，填充后的效果如图 11-27 所示。

（5）单击图层面板左下角的"新建图层"按钮，新建一个图层，并将该图层重命名为 map。执行"文件"｜"导入"｜"导入到舞台"命令，导入一幅世界地图。选中导入的图片，执行"修改"｜"转换为元件"命令，将图片转换为名为"map"的图形元件。

图11-24　导入的背景图像

图11-25　绘制圆形

图11-26　设置渐变色

图11-27　填充渐变后的效果

（6）选中第 1 帧的实例，在属性面板上的"色彩效果"区域将 Alpha 值修改为 60%，并适当调整其大小和位置，如图 11-28 所示。

（7）复制实例，并适当调整其位置，使两个实例对接，如图 11-29 所示。然后执行"修改" | "组合"命令，将两个实例进行群组。

图11-28　调整实例的位置和大小

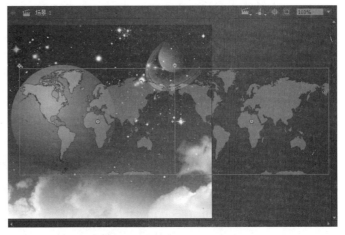

图11-29　复制实例并调整其位置

（8）按住 Shift 键选中 background 层和 earth 层的第 60 帧，按 F5 键扩展帧。选中 map 层的第 60 帧，

按 F6 键插入一个关键帧，然后将群组实例向左拖放，如图 11-30 所示。

（9）右击 map 层两个关键帧之间的任一帧，在弹出的快捷菜单中选择"创建传统补间"命令，创建传统补间关系。

（10）右击 earth 层的名称栏，在弹出的快捷菜单中选择"复制图层"命令，然后将自动粘贴的"earth 复制"层拖放到 map 图层之上。

（11）右击"earth 复制"层的名称栏，从弹出的快捷菜单中选择"遮罩层"命令，将该图层转换为遮罩层，此时的效果如图 11-31 所示。

图11-30　调整元件的位置　　　　　　　　图11-31　创建遮罩后的效果

（12）按 Ctrl+Enter 键测试动画效果，如图 11-23 所示。执行"文件"｜"保存"命令保存文档。

11.2.5　编辑遮罩动画

制作遮罩动画以后，还可以根据需要对遮罩层或被遮罩层上的对象进行编辑。

（1）单击选中要编辑的遮罩层或被遮罩层。

（2）单击该层上的锁定按钮解除锁定。

（3）修改选定层的内容。

> 提示：
>
> 编辑被遮罩层的内容时，遮罩层有时会影响操作。为了防止误编辑，可以暂时隐藏遮罩层。

（4）右击修改后的图层名称栏，从弹出的快捷菜单中选择"显示遮罩"命令，重建遮罩效果。

11.2.6　取消遮罩效果

如果要取消遮罩效果，必须中断遮罩连接，有以下几种操作方法。

➥ 在图层面板中，将被遮罩的图层拖到遮罩图层的上面。

➥ 双击遮罩图层，在弹出的"图层属性"对话框中选中"一般"单选按钮。

➥ 右击遮罩图层的名称栏，在弹出的快捷菜单中取消选中"遮罩层"命令。

取消遮罩前、后的图层面板，效果如图 11-32 所示。

图11-32　取消遮罩层前、后的效果

11.3　实例精讲——发光的水晶球

本节练习使用遮罩动画原理制作一个发光的水晶球，通过操作步骤的详细讲解，使读者熟练掌握遮罩动画的制作方法和技巧。

11-4　实列精讲——发光的水晶球

首先新建一个 Animate CC 2018 文档，使用"线条工具"和"颜色"面板制作渐变的光线影片剪辑。然后通过旋转遮罩层中的实例实现光线的运动效果。在具体制作时需要注意，图形的旋转方向会决定光是发散效果还是收缩效果。最后添加一个渐现渐隐的传统补间动画，实现水晶球的光照效果，最终效果如图 11-33 所示。

图11-33　发光的水晶球效果

操作步骤

（1）执行"文件"|"新建"命令，新建一个 Animate CC 2018 文档（ActionScript 3.0），舞台大小为 800 像素 ×500 像素。

（2）将"图层1"重命名为 background，执行"文件"|"导入"|"导入到舞台"命令，导入一幅背景图片，适当调整图片的大小和位置，使图片大小与舞台大小相同，且左上角对齐，如图 11-34 所示。

（3）执行"文件"|"导入"|"导入到库"命令，在弹出的对话框中导入一幅水晶球的动画 GIF 图片。此时，在"库"中可以看到自动生成的一个影片剪辑元件，如图 11-35 所示。

图11-34　导入的背景图片

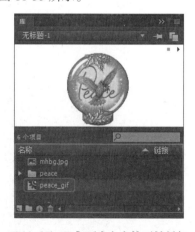

图11-35　导入到库生成的影片剪辑

（4）单击图层面板左下角的"新建图层"按钮，新建图层 ball，从库中将水晶球影片剪辑拖放到舞台上，适当调整其大小和位置，如图 11-36 所示。

（5）单击图层面板左下角的"新建图层"按钮，新建图层 ray。在工具箱中选择"线条工具"，设置
笔触大小为 4，颜色为白色，在舞台上绘制一条线段，如图 11-37 所示。

（6）使用"任意变形工具"单击绘制的线条，将变形中心点移到如图 11-38 所示位置。然后打开"变
形"面板，设置"旋转"角度为 15，如图 11-39 所示。

图11-36　调整水晶球的位置

图11-37　绘制出的直线

图11-38　调整旋转中心点的位置

图11-39　设置旋转角度

（7）在"变形"面板中连续单击"重制选区和变形"按钮，将选择的线段进行复制旋转，效果如
图 11-40 所示。

（8）选中所有线段，执行"修改"|"形状"|"将线条转换为填充"命令，将轮廓线转换为填充图形。
然后打开形状属性面板，设置填充色为光谱渐变，如图 11-41 所示。

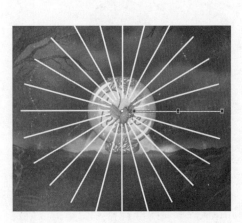

图11-40　多次复制后的效果

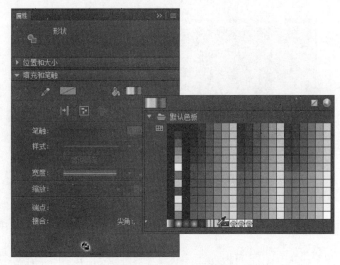

图11-41　设置渐变颜色

（9）打开"颜色"面板，渐变条上将显示光谱渐变的颜色游标，在"颜色类型"下拉列表中选择"径向渐变"，如图11-42所示。填充后的形状效果如图11-43所示。

图11-42 设置颜色类型

图11-43 填充渐变后的效果

（10）选中填充后的形状，执行"修改"｜"转换为元件"命令，在弹出的"转换为元件"对话框中设置名称为ray，类型为"影片剪辑"，单击"确定"按钮关闭对话框。

（11）执行"编辑"｜"复制"命令，复制舞台上的影片剪辑实例，然后新建图层ray_copy，执行"编辑"｜"粘贴到当前位置"命令粘贴实例。执行"修改"｜"变形"｜"水平翻转"命令，将元件进行翻转，效果如图11-44所示。

（12）在图层ray_copy的第40帧按F6键插入关键帧，执行"修改"｜"变形"｜"缩放和旋转"命令，将实例顺时针旋转45°，如图11-45所示。然后在两个关键帧之间创建传统补间关系。

图11-44 翻转实例后的效果

图11-45 对实例进行旋转

（13）按住Shift键选中图层background、ball和ray的第60帧，按F5键插入帧。然后按住Shift键单击图层ray_copy的第1帧和图层ray的第40帧，按下鼠标左键拖到第21帧，释放鼠标，此时的时间轴面板如图11-46所示。

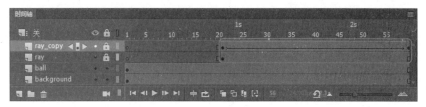

图11-46 调整帧的位置

（14）右击图层 ray_copy，在弹出的快捷菜单中选择"遮罩层"命令，创建遮罩动画。此时测试动画会发现光线是由外向内进行运动的，如图 11-47 所示。

接下来将光线改为发散运动。

（15）单击图层 ray_copy 上的"锁定"按钮，将其变为可编辑状态，选择第 60 帧的实例，执行"修改"｜"变形"｜"逆时针旋转 90 度"命令，如图 11-48 所示。

图11-47　动画的测试效果　　　　　　　　　　　　　　图11-48　逆时针旋转实例

（16）在图层面板中将图层 ball 移动到图层 ray_copy 的上面，然后新建图层 mask，使用"椭圆工具"绘制一个正圆形。打开"颜色"面板，设置亮青色（#00E6FF）到灰色（#CCCCCC）的径向渐变，如图 11-49 所示。

图11-49　绘制图形并填充

（17）选中绘制的图形，执行"修改"｜"转换为元件"命令，将图形转换为名称为 circle 的图形元件。然后在属性面板中将第 1 帧的实例 Alpha 值设置为 0，在第 5 帧插入关键帧，设置 Alpha 值为 60%，如图 11-50 所示。

（18）右击 mask 图层的第 1 帧，在弹出的快捷菜单中选择"复制帧"命令，然后分别右击第 10 帧、第 20 帧、第 30 帧、第 40 帧、第 50 帧和第 60 帧，选择"粘贴并覆盖帧"命令粘贴帧。同样的方法，复制第 5 帧，并分别粘贴并覆盖第 15 帧、第 25 帧、第 35 帧、第 45 帧和第 55 帧。最后，在这些关键帧之间创建传统补间，此时的时间轴面板如图 11-51 所示。

（19）按 Ctrl+Enter 键测试动画，效果如图 11-33 所示。

图11-50　调整Alpha的值

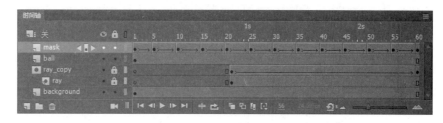

图11-51　时间轴面板

11.4　答疑解惑

1. 制作遮罩动画时，遮罩层和被遮罩层的建立是否有先后之分？

答：遮罩层用于制作显示的范围，被遮罩层用于制作显示的内容，建立图层没有先后之分，但遮罩层必须在被遮罩层上方。

2. 如何制作边缘模糊的遮罩效果？

答：可以在做好遮罩效果之后，添加一层有模糊边缘的色块。

3. 用铅笔或线条工具绘制的图形做遮罩物为什么不显示遮罩效果？

答：遮罩物只能选用填充色绘制的图形，如椭圆形、矩形、画笔工具等；线条、铅笔工具用的是笔触，不可用作遮罩物。

11.5　学习效果自测

一、选择题

1. 以下（　　）可以作为遮罩对象。

　　A. 填充的形状　　　　　　B. 文字对象　　　　　　C. 图形元件　　　　　　D. 影片剪辑

2. 下面（　　）说法是正确的。

　　A. 一个遮罩层可以同时遮罩几个图层　　　　B. 一个遮罩层只能遮罩一个图层

　　C. 一个遮罩层只能同时遮罩两个图层　　　　D. 一个遮罩层只能同时遮罩三个图层

3. 关于遮罩层，以下说法错误的是（　　）。

　　A. 只有在遮罩层上的填充色块之下的内容才是可见的，而遮罩层的填充色块本身则是不可见的

　　B. 遮罩层中的对象必须是填充的，而不能带有边框，而且不能产生运动

　　C. 可以将多个图层组织在一个遮罩层之下来创建复杂的效果

　　D. 遮罩项目可以是填充的形状、文字对象、图形元件的实例或影片剪辑

4. 如果需要制作一个只有在黄色的灯光照射下才可见的动画，需要添加（　　）。

　　A. 遮罩层　　　　　　B. 普通引导层　　　　　　C. 运动引导层

5. 一个动画有两个图层，图层1是一幅风景画，图层2是一个红色心形，图层2为遮罩层，图层1为被遮罩层，则最终看到的效果是（　　）。

　　A. 红色的心形　　　　　　　　　　　B. 里边是风景画的心形

　　C. 整个风景画　　　　　　　　　　　D. 整个风景画与红色心形

二、判断题

1. 遮罩层的物体会将被遮罩层的物体遮挡住。（　　　）

2. 遮罩层可以将位于其下方的任何图层遮罩。（　　　）

3. 遮罩层实际是让被遮罩的部分可见，非遮罩的部分不可见。（　　　）

三、填空题

1. 遮罩的对象可以是 _____ 、_____ 、_____ 等具有实心区域的对象。

2. 要取消一个被遮罩层与遮罩层之间的关联，使其成为普通图层，可在"图层属性"对话框中选择 _____ 单选按钮。

3. 图层名称左侧显示图标 ，表示该图层为 _____ ；显示 ，且向右缩进，表示该图层为 _____ 。

4. 创建遮罩图层后，遮罩图层和被遮罩图层处于 _____ 状态。

四、操作题

使用遮罩动画，制作两幅图片切换的转场特效。

第 12 章

反 向 运 动

所谓反向运动，是一种使用骨骼的关节结构对一个对象或彼此相关的一组对象进行动画处理的方法。移动一个骨骼时，与该骨骼相关联的骨骼也会移动，用户只需做很少的设计工作，指定对象的开始位置和结束位置，就可以使元件实例或形状对象按复杂而自然的方式移动，创建逼真的运动效果。

学习要点

❖ 骨骼工具和绑定工具的使用方法
❖ 对骨架进行动画处理
❖ 编辑骨骼
❖ 控制运动速度

12.1　骨骼工具和绑定工具

Animate CC 2018 包括两个用于处理反向运动的工具——骨骼工具 🦴 和绑定工具 📎。使用"骨骼工具" 🦴 可以添加骨骼；使用"绑定工具" 📎 可以调整各个骨骼和控制点之间的关系。

12.1.1　骨骼工具

"骨骼工具" 🦴 用于在元件实例之间，或在形状内部添加骨骼。骨骼也称为骨架，在父子层次结构中，骨架中的骨骼彼此相连。源于同一骨骼的骨架分支称为同级，骨骼之间的连接点称为关节。

1. 向元件实例添加骨骼

向元件实例添加骨骼，是指用关节连接一系列的元件实例。例如，用一组影片剪辑分别表示人体的不同部分，通过骨骼将躯干、上臂、下臂和手链接在一起，可以创建逼真移动的胳膊。

（1）在舞台上创建元件实例，并在舞台上排列实例。

（2）在绘图工具箱中选择"骨骼工具" 🦴，单击要成为骨架的根部或头部的元件实例。然后按下鼠标左键拖到其他的元件实例，将其链接到根实例。

在拖动时，将显示骨骼。释放鼠标后，在两个元件实例之间将显示实心的骨骼。每个骨骼都具有头部、圆端和尾部，如图 12-1（a）所示。

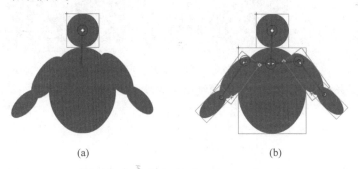

　　　　　　　（a）　　　　　　　　　　　　　　　　　（b）

图12-1　添加骨骼

骨架中的第一个骨骼是根骨骼，骨骼头部环绕有一个圆圈。

注意　　在默认情况下，Animate CC 2018 将每个元件实例的变形点移动到骨骼连接的位置。对于根骨骼，变形点移动到骨骼头部。对于分支中的最后一个骨骼，变形点移动到骨骼的尾部。如果不希望变形点自由移动，可以执行"编辑"｜"首选参数"命令，在"绘制"分类列表中取消选中"自动设置变形点"选项，如图 12-2 所示。

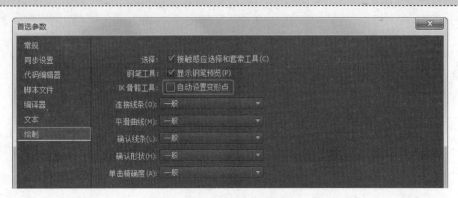

图12-2　禁用自动设置变形点

（3）从第一个骨骼的尾部拖动到要添加到骨架的下一个元件实例，添加其他骨骼，如图12-1（b）所示。

（4）按照要创建的父子关系的顺序，将对象与骨骼链接在一起。

例如，如果要向表示胳膊的一系列影片剪辑添加骨骼，则绘制从肩部到肘部的第一个骨骼、从肘部到手腕的第二个骨骼以及从手腕到手部的第三个骨骼。

 注意　分支不能连接到其他分支，其根部除外。如果要创建分支骨架，可以单击分支的头部，然后拖动以创建新分支的第一个骨骼。

创建 IK 骨架后，可以在骨架中拖动骨骼或元件实例以重新定位实例。

2. 在形状中添加骨骼

每个实例只能有一个骨骼，而在单个形状的内部可以添加多个骨骼。在单个形状对象的内部添加骨架，不用绘制形状的不同版本或创建补间形状，就可以移动形状的各个部分，并进行动画处理。例如，在蛇的形状中添加骨架，可以创建蛇的爬行动画。

（1）在舞台上创建填充的形状，如图12-3 所示。

（2）在舞台上选中整个形状。

如果形状包含多个颜色区域或笔触，要确保选中整个形状。

 注意　在添加第一个骨骼之前必须选择所有形状。在形状中添加骨骼后，Animate CC 2018 将所有的形状和骨骼转换为 IK 形状对象，并将该对象移动到新的骨架图层。形状转换为 IK 形状后，就无法再向其添加新笔触，或与 IK 形状之外的其他形状合并。

（3）在绘图工具箱中选择"骨骼工具" ，然后在形状内单击并拖动到形状内的其他位置。

（4）从第一个骨骼的尾部拖动到形状内的其他位置，添加其他骨骼。添加骨骼后的效果如图12-4 所示。

图12-3　创建的填充形状

图12-4　添加骨骼后的效果

 提示:　创建骨骼之后，如果要从 IK 形状或骨架中删除所有骨骼，可以选择该形状，然后执行"修改"｜"分离"命令，IK 形状将还原为正常形状。

12.1.2　编辑骨骼

添加的骨骼通常还需要修改，以符合设计需要。

1. 选中骨骼

使用"部分选取工具" 单击可选中指定的骨骼。

双击某个骨骼，可以选中骨架中的所有骨骼。

单击骨架图层中包含骨架的帧，可以选择整个骨架并显示骨架的属性。

2. 移动骨骼

（1）使用"部分选取工具" 拖动骨骼的一端，可以移动骨骼一端的位置。

（2）使用"部分选取工具" 选择 IK 形状，然后拖动任意一个骨骼，可以移动骨架。

（3）在"变形"面板中修改实例的变形点，可以移动元件实例内骨骼连接、头部或尾部的位置。

3. 修改骨骼属性

选中要修改的骨骼，如图 12-5 所示的属性面板中可以修改骨骼属性。

图12-5　IK骨骼的属性面板

- ↘ ← → ↓ ↑：使用"部分选取工具" 选中一个骨骼之后，单击这组按钮，可以将所选内容移动到相邻骨骼。
- ↘ **位置**：显示选中的 IK 形状在舞台上的位置、长度和角度。
- ↘ **速度**：用于限制选定骨骼的运动速度。最大值 100% 表示对速度没有限制。
- ↘ **固定**：控制特定骨骼的运动自由度。
- ↘ **联接**：旋转：约束骨骼的旋转角度。选中"启用"选项之后，骨骼连接的顶部将显示一个指示旋转自由度的弧形，如图 12-6（a）所示。
- ↘ **联接**：X 平移 | 联接：Y 平移：选中"启用"选项，选中骨骼上将显示一个垂直于（或平行于）连接上骨骼的双向箭头，如图 12-7 所示。可以使选定的骨骼沿 X 或 Y 轴移动并更改骨骼的长度。如果禁用此项，则骨骼不能弯曲，只能跟随其父级的运动。

提示： 　　同时对骨骼启用 X 平移和 Y 平移，在对该骨骼禁用旋转时，可以更容易地定位。

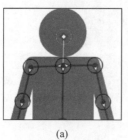

(a)　　　　　　(b)

图12-6　禁用旋转前后

图12-7　启用X/Y平移

- ↘ **强度**：设置弹簧强度。值越高，创建的弹簧效果越强。
- ↘ **阻尼**：设置弹簧效果的衰减速率。值越高，弹簧属性减小得越快，动画结束得越快。如果值为 0，则弹簧属性在姿势图层的所有帧中保持其最大强度。

12.1.3　绑定工具

根据 IK 形状的配置，读者可能会发现，在移动骨架时形状的笔触并不按预期的方式进行变形。使用

"绑定工具" 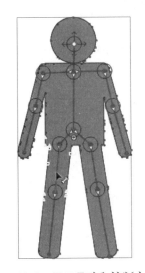可以编辑单个骨骼和形状控制点之间的连接,从而控制每个骨骼移动时笔触扭曲的方式,以获得满意的结果。

在 Animate CC 2018 中,可以将多个控制点绑定到一个骨骼,也可以将多个骨骼绑定到一个控制点。

(1)使用"绑定工具" 单击骨骼,可以查看骨骼中控制点之间的连接。

已连接的点以黄色加亮显示;选定的骨骼以红色加亮显示。仅连接到一个骨骼的控制点显示为方形;连接到多个骨骼的控制点显示为三角形,如图 12-8 所示。

(2)使用"绑定工具" 单击控制点,可以加亮显示已连接到该控制点的骨骼。

已连接的骨骼以黄色加亮显示,而选定的控制点以红色加亮显示,如图 12-9 所示。

(3)按住 Shift 键单击未加亮显示的控制点,可以在选定的骨骼中添加控制点。

(4)按住 Ctrl 键的同时单击以黄色加亮显示的控制点,可以从骨骼中删除控制点。

(5)按住 Shift 键单击骨骼,可以向选定的控制点添加指定的骨骼。

(6)按住 Ctrl 键的同时单击以黄色加亮显示的骨骼,可以从选定的控制点中删除骨骼。

图12-8　显示骨骼和控制点

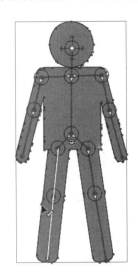

图12-9　选定控制点已连接的骨骼

12.2　对骨架进行动画处理

使用骨骼的关节结构将一个对象或彼此相关的一组对象联接起来进行动画处理,可以使对象按复杂而自然的方式移动,创建逼真的运动效果。

12.2.1　创建反向运动

(1)按照 12.1.1 节介绍的方法在元件实例之间,或在形状内部添加骨骼。

添加骨骼后,Animate CC 2018 自动新建一个图层,将实例或形状以及关联的骨架移动到该图层中,此图层称为骨架图层,如图 12-10 所示。

每个骨架图层只能包含一个骨架及其关联的实例或形状。对 IK 骨架进行动画处理的方式与 Animate CC 2018 中的其他对象不同。

(2)右击骨架图层中的一帧,在弹出的快捷菜单中选择"插入姿势"命令,即可创建一个关键帧,以黑色菱形方块标记。此时,骨架图层自动充当补间图层,补间范围显示为淡绿色,如图 12-11 所示。

骨架图层中的关键帧称为姿势。也可以在弹出的快捷菜单中选择"插入帧"命令,调整骨架的位置后,该帧将自动变为关键帧。

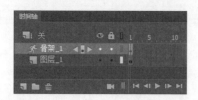

图12-10　骨架图层

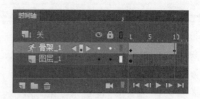

图12-11　插入姿势

（3）在关键帧中使用选取工具重新定位骨架，Animate CC 2018 将在姿势之间的帧中自动内插骨骼的位置。

（4）重复（2）~（3）步，在不同帧中为骨架定义不同的姿势，从而创建动画效果。

知识拓展：--

将骨架转换为影片剪辑或图形元件

IK 骨架图层不同于补间图层，无法在骨架图层中对除骨骼位置以外的属性进行补间。若要将补间效果应用于除骨骼位置之外的 IK 对象属性（如位置、变形、色彩效果或滤镜），可将骨架及其关联的对象包含在影片剪辑或图形元件中。然后执行"插入"｜"补间动画"命令进行动画处理。

（1）选择 IK 骨架及其所有的关联对象。

对于 IK 形状，只需单击该形状即可。对于链接的元件实例集，可以在时间轴中单击骨架图层。

（2）右击所选内容，在弹出的快捷菜单中选择"转换为元件"命令。

（3）在弹出的"转换为元件"对话框中输入元件的名称，并从"类型"下拉菜单中选择"影片剪辑"或"图形"。然后单击"确定"按钮关闭对话框。

此时，Animate CC 2018 将创建一个元件，该元件的时间轴包含骨架的骨架图层。现在，即可向舞台上的新元件实例添加补间动画效果。

12.2.2　控制运动速度

使用姿势向 IK 骨架添加动画时，还可以调整帧中围绕每个姿势的动画的速度。通过调整速度，可以创建更为逼真的运动。控制姿势帧附近运动的加速度称为缓动。通过在时间轴中向 IK 骨架图层添加缓动，可以在每个姿势帧前后使骨架加速或减速。

向骨架图层中的帧添加缓动的步骤如下。

（1）单击骨架图层中两个姿势帧之间的帧。

应用缓动时，它会影响选定帧左侧和右侧的姿势帧之间的帧。如果选择某个姿势帧，则缓动将影响图层中选定的姿势和下一个姿势之间的帧。

（2）在属性面板的"缓动"下拉列表中选择缓动类型，如图 12-12 所示。

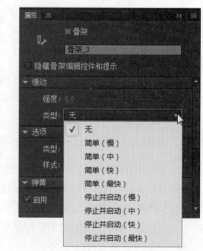

- ➥ **"简单"缓动**：将降低紧邻上一个姿势帧之后的帧中运动的加速度，或紧邻下一个姿势帧之前的帧中运动的加速度。缓动的"强度"属性可控制缓动的影响程度。

- ➥ **"停止并启动"缓动**：减缓紧邻之前姿势帧后面的帧以及紧邻图层中下一个姿势帧之前的帧中的运动。

（3）在属性面板中，为缓动强度输入一个值。

默认强度是 0，表示无缓动。最大值是 100，表示缓动效果越来越强，

图12-12　选择缓动类型

在下一个姿势帧之前的帧缓动效果最明显。最小值是 –100，表示缓动效果越来越弱，在上一个姿势帧之后的帧缓动效果最明显。

（4）完成后，在舞台上预览动画。

12.3 实例精讲——啦啦队员

本节练习使用骨骼工具和绑定工具制作一个舞动的啦啦队员，通过对操作步骤的详细讲解，使读者熟练掌握骨骼工具的使用方法，以及在时间轴中对骨架进行动画处理的一般步骤。

12-1 实例精讲——啦啦队员

首先新建一个 Animate CC 2018 文档，创建卡通娃娃身体各个部件的元件，并在舞台上排列好初始姿势。然后使用"骨骼工具"在各个实例之间创建骨架。最后通过在骨架图层的关键帧移动实例的位置，修改骨骼的长度，创建新的姿势，最终效果如图 12-13 所示。

图12-13 动画效果

操作步骤

（1）新建一个 ActionScript 3.0 文件，创建一个卡通娃娃身体各部件的元件，并在舞台上排列配置，如图 12-14 所示。

（2）利用"骨骼工具"添加骨骼，如图 12-15 所示。

图12-14 排列配置实例

图12-15 添加骨骼

（3）右击骨架图层的第 15 帧，在弹出的快捷菜单中选择"插入帧"命令。此时，时间轴上的骨架图层将显示为绿色。

（4）执行下列操作之一，向骨架图层中的帧添加姿势：

➥ 将播放头放在要添加姿势的帧上，然后在舞台上重新定位骨架。

➥ 右击骨架图层中的帧，在弹出的快捷菜单中选择"插入姿势"命令。

➥ 将播放头放在要添加姿势的帧上，然后按 F6 键。

Animate CC 2018 将向当前帧中的骨架图层插入姿势。此时，第 15 帧将出现一个黑色的菱形，该图形标记指示新姿势。

（5）在舞台上按下 Alt 键的同时，移动卡通娃娃的右腿，调整姿势，此时骨骼的长度也将自动进行调整，如图 12-16 所示。用户也可以在属性面板中调整骨骼长度。

（6）在骨架图层中插入其他帧，并添加其他姿势，以完成满意的动画，如图 12-17 所示。

图12-16　移动骨骼

图12-17　调整姿势

（7）按 Ctrl+Enter 键预览动画效果，如图 12-13 所示。然后执行"文件" | "保存"命令保存文件。

提示：　　　如果要在时间轴中更改动画的长度，可以将骨架图层的最后一个帧向右或向左拖动，Animate CC 2018 将依照图层持续时间更改的比例重新定位姿势帧。

12.4　答 疑 解 惑

1. 如何设置骨架的样式？

答：在 Animate CC 2018 中可以使用四种方式在舞台上绘制骨骼。在时间轴中选择 IK 范围，然后在属性面板的"选项"区域的"样式"下拉列表中选择样式。"实线"是默认样式；"线框"在纯色样式遮住骨骼下的插图太多时很有用；"线"用于较小的骨架；"无"则隐藏骨骼。

读者要注意的是，如果将"骨骼样式"设置为"无"并保存文档，Animate CC 2018 在下次打开文档时会自动将骨骼样式更改为"线"。

2. 能否向文本添加 IK 骨骼？

答：要向文本添加 IK 骨骼，应首先将它转换为元件。在添加骨骼之前，元件实例可以位于不同的图层上。或者执行"修改" | "分离"命令将文本打散为单独的形状，然后对各形状使用骨骼。

3. 在将骨骼添加到一个形状后，编辑该形状会有哪些限制？

答：形状成为 IK 形状时，具有以下限制：不能将一个 IK 形状与其外部的其他形状进行合并；不能使用"任意变形工具"旋转、缩放或倾斜该形状；不能向该形状添加新笔触；不能通过在舞台上双击它进而编辑该形状。

4. 如何删除骨骼?

答: 要删除骨骼可以执行下列操作之一:

（1）若要删除单个骨骼及其所有子级，则单击该骨骼并按 Delete 键删除。

（2）若要从时间轴的某个 IK 形状或元件骨架中删除所有骨骼，在时间轴中右键单击 IK 骨架范围，并从弹出的快捷菜单中选择"删除骨架"。

（3）若要从舞台上的某个 IK 形状或元件骨架中删除所有骨骼，则双击骨架中的某个骨骼以选择所有骨骼，然后按 Delete 键删除。

12.5 学习效果自测

一、选择题

1. 以下关于骨骼动画，正确的描述有（   ）。

    A. 可使元件实例和形状对象按复杂而自然的方式移动

    B. 可以轻松创建人物胳膊、腿的动画

    C. 在父子层次结构中，骨架中的骨骼彼此相连

    D. 骨架可以是线性的或分支的

2. 为了控制特定骨骼的运动自由度，可约束骨骼合理的运动范围包括（   ）。

    A. 位置   B. 联接：旋转   C. 联接：X 平移   D. 联接：Y 平移

3. 建立一个骨骼动画之后，可以通过（   ）拖动以调整关节位置。

    A. 骨骼工具   B. 选择工具   C. 部分选取工具   D. 绑定工具

二、填空题

1. 骨骼链称为 _____ 。在父子层次结构中，骨架中的骨骼彼此相连，骨架可以是 _____ 或 _____ 。骨骼之间的连接点称为 _____ 。

2. 在 Animate CC 2018 中可以按两种方式使用 IK。第一种方式是 _____ ，第二种方式是 _____ 。

3. Animate CC 2018 包括两个用于处理 IK 的工具。使用 _____ 可以向元件实例和形状添加骨骼。使用 _____ 可以调整形状对象的各个骨骼和控制点之间的关系。

4. 在向元件实例或形状添加骨骼时，Animate CC 2018 将实例或形状以及关联的骨架移动到时间轴中的新图层，此新图层称为 _____ 。每个姿势图层只能包含 _____ 骨架及其关联的实例或形状。

5. 如果要将某个骨骼与其子级骨骼一起旋转而不移动父级骨骼，应在按住 _____ 的同时拖动该骨骼。

第 13 章

制作有声动画

本章导读

　　一个好的动画作品离不开声音，合适的音效会让作品增色不少。Animate CC 2018 提供多种使用声音的途径，可以使声音独立于时间轴连续播放，也可使音轨中的声音与动画同步，或在动画播放过程中淡入或淡出。

　　视频也是制作 Animate CC 2018 应用程序（如演示文档或课件）的重要组成部分。Animate CC 2018 可以将视频、数据、图形、声音和交互式控制融为一体，创建丰富多彩的多媒体应用程序。

　　本章主要讲解在 Animate CC 2018 中添加音频、视频的方法和技巧，以及输出有声动画等知识点。

学习要点

❖ 添加声音
❖ 添加视频

13.1　添　加　声　音

动画的魅力不只是视觉上的吸引，还需要声音效果的辅助。Animate CC 2018 支持在关键帧或按钮中添加声音，通过不同的声音效果可以使动画更引人入胜，使按钮具有更强的互动性。

13.1.1　声音的类型

这里所说的声音类型并非指音频文件的格式，而是指声音文件在动画作品中的表现方式。按照这种方式分类，Animate CC 2108 中使用的声音有两种：事件声音和流式声音。

1. 事件声音

事件声音由动画中发生的动作触发。例如：单击某个按钮，或者时间轴到达某个已设置声音的关键帧时，开始播放声音文件。事件声音在播放之前必须完全加载到客户端，下载之后，重复播放不用再次下载，可以作为循环的背景音乐。

对于事件声音，读者要注意以下几点。

- 事件声音一旦开始播放，就会从开始一直播放到结束，而不管影片是否放慢速度，其他事件声音是否正在播放，甚至浏览者已进入作品的其他部分，它都会继续播放。
- 事件声音无论长短都只能插入到一个关键帧中。

2. 流式声音

流式声音是随着帧的播放而载入的，通常用于与动画中的可视元素同步。

对于流式声音，读者要注意以下几点。

- 即使很长的流式声音，只下载很小一部分声音文件之后就可以播放。
- 声音流只在它所在的帧中播放。没有到达该帧，或过了该帧，就会停止播放。

 提示:　　在将声音导入到 Animate CC 2018 之前，用户就要明确如何在作品中应用它。根据不同的使用方式，Animate CC 2018 分别做不同的处理，这将有助于缩小文件。

13.1.2　导入音频

声音文件和其他类型的动画元素一样，可以使用"导入"命令将其导入到影片中。

（1）执行"文件"｜"导入"｜"导入到库"命令，打开如图 13-1 所示的"导入到库"对话框。

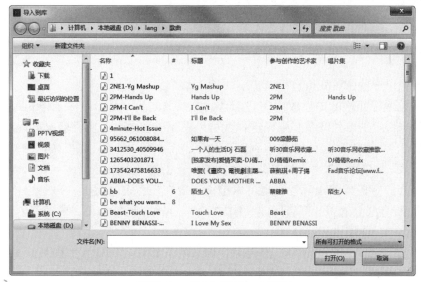

图13-1　"导入到库"对话框

提示: 　　在早期的版本中，必须先将音频文件导入到库中，然后才能将音频添加到图层中。Animate CC 2018 支持将音频直接导入到舞台上。

　　（2）选中需要的声音文件，单击"打开"按钮。将声音文件导入到 Animate CC 2018 中，这时会在屏幕上显示导入进度，如图 13-2 所示。

⊘ 注意 　　在 Animate CC 2018 中不能使用 MIDI 文件。如果要使用 MIDI 文件，必须使用 JavaScript。

　　（3）完成导入后，导入的声音文件就以元件的形式保存在库中，如图 13-3 所示。如果使用"导入到舞台"命令导入音频，则音频文件插入当前帧中。

图13-2　导入进度　　　　　　　　　　图13-3　保存在"库"中的声音文件

　　导入声音后，声音文件自动存储在库中。也就是说，用户只需要一个声音文件的副本，就可以在影片中无数次地使用该声音。

提示: 　　声音在存储时，需要占用较大的磁盘空间和内存，因此，最好使用 22kHz 16 位的单声声道。如果计算机内存有限，就使用短的声音剪辑或用 8 位的声音。

13.1.3　为影片添加声音

　　为影片添加声音可以使影片变得有声有色，更加生动形象。

　　指定关键帧开始或停止声音的播放以使它与动画的播放同步，是影片添加声音最常见的操作。用户也可以将关键帧与舞台上的事件联系起来，这样就可以在完成动画时停止或播放声音。

　　（1）执行"文件"｜"导入"｜"导入到库"命令，将声音导入到"库"面板中。

　　（2）执行"插入"｜"时间轴"｜"图层"命令，为声音创建一个图层。

　　声音图层可以存放一段或多段声音，也可以把声音放在任意多的层上，每一层相当于一个独立的声道，在播放影片时，所有层上的声音都将回放。添加声音效果时，最好为每一段声音创建一个独立的图层，这样可以防止声音在同一图层内相互叠加。

　　（3）在声音图层上创建一个关键帧，作为声音播放的开始帧。打开属性面板，在"声音"下拉列表中选择一个声音文件；在"效果"下拉列表框中选择一种声音效果；然后打开"同步"下拉列表选择"事件"选项，如图 13-4 所示。

注意　在 WebGL 和 HTML5 Canvas 文档中不支持声音效果和"数据流"同步方式。

图13-4　设置开始关键帧声音属性

图13-5　声音的同步选项

同步声音的方式有如图 13-5 所示的四种：

➥ **事件**：使声音与某个事件同步发生。当动画播放到被赋予声音的第一帧时，声音就开始播放。由于事件声音独立于动画的时间轴播放，因此，即使动画结束，声音也会完整地播放。此外，如果影片中添加了多个声音文件，用户听到的将是最终的混音效果。

➥ **开始**：与事件方式相同，不同的是，同一段时间只能有一个声音播放。

➥ **停止**：停止播放声音。

➥ **数据流**：在 Web 站点上播放影片时，将声音分配到每一帧，从而使声音与影片同步。影片停止，声音也将停止。

（4）在"重复"文本框中输入数字用于指定声音重复播放的次数。

提示:　由于流式声音的播放时间取决于它在时间轴中占据的帧数，因此，不要为流式声音设置循环，否则，文件的容量将成倍增加。

图13-6　设置结束关键帧声音属性

（5）在声音图层上创建另一个关键帧，作为声音播放的结束帧。在"声音"下拉列表中选择同一个声音文件，然后打开"同步"下拉列表框选择"停止"选项，如图 13-6 所示。

按照上述方法将声音添加到动画内容之后，可以在声音图层中看到声音的幅度线，如图 13-7 所示。

图13-7　添加声音后的时间轴窗口

注意　声音图层中的两个关键帧的长度不要超过声音播放的总长度，否则动画还没有播放到第 2 个关键帧，声音文件就已经结束，指定的功能就无法实现。

13.1.4 上机练习——添加背景音乐

 　　本节练习制作一个有背景音乐的动画。通过对实例操作方法的详细讲解，使读者进一步掌握为影片添加声音的方法。

13-1　上机练习——添加
背景音乐

 　　首先新建一个空白的 Animate CC 2018 文档，导入一幅背景图像。然后使用外部库元件添加鼓手和吉他手演奏的影片剪辑。最后导入声音文件添加背景音乐，最终效果如图 13-8 所示。背景音乐一直播放，即使主时间轴已停止，直到音乐结束。

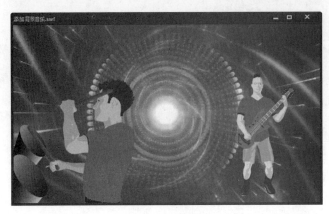

图13-8　动画效果

操作步骤

　　（1）执行"文件"｜"新建"命令，新建一个 Animate CC 2018 文档（ActionScript 3.0），舞台大小为 640 像素 ×360 像素，帧频为 12fps。

　　（2）执行"文件"｜"导入"｜"导入到舞台"命令，导入一幅背景图像。调整图像的位置，使图像左上角与舞台左上角对齐。然后将图像转换为图形元件，在属性面板上的"色彩效果"区域设置实例亮度为 30%，效果如图 13-9 所示。

图13-9　背景效果

　　（3）单击图层面板左下角的"新建图层"按钮，新建一个图层，用于放置实例。选中第 1 帧，执行"文件"｜"导入"｜"打开外部库"命令，打开一个包含弹吉他和敲鼓影片剪辑的 Animate CC 2018 文件。此时，将打开指定文件的"库"面板。

　　（4）在"库"面板中将弹吉他和敲鼓的影片剪辑拖放到舞台上，调整实例位置和大小，效果如图 13-10 所示。

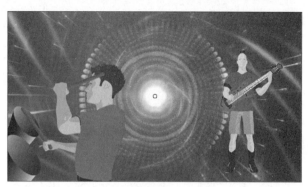

图13-10　在舞台上添加实例

Animate CC 2018 支持导入 wma、mp3 等音频文件，接下来导入一首 mp3 格式的歌曲。

（5）单击图层面板左下角的"新建图层"按钮，新建一个图层用于放置声音。然后执行"文件" |
"导入" | "导入到库"命令,在弹出的"导入到库"对话框中选中要导入的音乐文件,并单击"打开"按钮。

（6）选择新建图层的第 1 帧，在属性面板上的"声音"下拉列表中选择上一步导入的声音文件。

提示：

> 在"库"面板中将声音文件拖放到舞台上，声音将自动添加到当前帧中。

（7）按住 Shift 键选中 3 个图层的第 40 帧，按 F5 键插入一个扩展帧，可以看到音频图层的音频波形，
波形的起伏代表了振幅，如图 13-11 所示。

图13-11　添加声音文件

此时，按 Enter 键，即可听到指定的背景音乐。

（8）执行"文件" | "保存"命令，保存文件。

13.1.5　为按钮添加声音

为按钮添加声音，可以使按钮针对用户不同的动作响应不同的声音。

（1）执行"文件"|"导入"|"导入到库"命令，导入需要的声音文件。

（2）执行"插入"|"新建元件"命令,弹出"创建新元件"对话框,输入元件的名称,"类型"选择"按
钮"，单击"确定"按钮跳转到元件编辑窗口。

（3）在元件编辑窗口新建一个声音图层，在每个要加入声音的按钮状态创建一个关键帧。例如，若
想使按钮在鼠标经过时发出声音，可在按钮的"指针经过"帧中创建一个关键帧。

（4）打开对应的属性面板，在"名称"下拉列表中选择需要的声音文件，打开"同步"下拉列表中
选择声音的同步方式，时间轴如图 13-12 所示。

图13-12　在按钮元件编辑窗口中添加声音图层

（5）返回场景。从"库"面板中将刚才创建的按钮拖放到舞台上，按 Ctrl+Enter 键测试按钮各个状态的音效。

提示：   如果希望按钮的不同状态关联不同的声音，可以把不同关键帧中的声音置于不同的层中，还可以在不同的关键帧中使用同一种声音，但使用不同的效果。

13.1.6 上机练习——制作有声按钮

练习目标   前面几节已介绍导入音频、在动画中添加声音的方法，本节练习将制作一个按钮，并添加按钮单击的声音。通过对实例操作方法的具体讲解，使读者进一步掌握按钮的制作方法和按钮声音的添加方法。

13-2 上机练习——制作有声按钮

设计思路   首先新建一个按钮元件，使用绘图工具和"颜色"面板制作按钮弹起时的状态。然后通过修改填充效果制作指针经过时和按下时的状态。最后新建一个图层，在"按下"帧导入声音文件。最终效果如图 13-13 所示，初始时按钮状态如图 13-13（a）所示；将鼠标指针移到按钮上时，效果如图 13-13（b）所示；按下鼠标左键，效果如图 13-13（c）所示，且播放指定的声音。

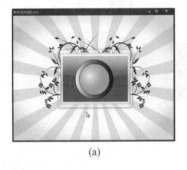
(a)

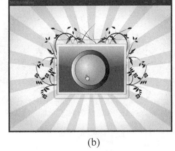
(b)

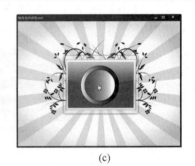
(c)

图13-13 按钮元件效果

操作步骤

（1）新建一个 Animate CC 2018 文档，舞台大小为 600 像素 ×450 像素。执行"文件"|"导入"|"导入到舞台"命令，导入一幅背景图像。在"信息"面板中调整背景图像的位置，使图像左上角与舞台左上角对齐，如图 13-14 所示。

（2）执行"插入"|"新建元件"命令，在弹出的"创建新元件"对话框中输入元件名称 button，类型为"按钮"，完成后单击"确定"按钮，进入按钮元件编辑窗口。

（3）绘制"弹起"帧图形。

① 选择"弹起"帧，使用"椭圆工具"绘制一个正圆，笔触颜色为黑色，大小为1，填充色为黑白线性渐变，如图 13-15 所示。

② 单击图层面板左下角的"新建图层"按钮，新建图层2。右击图层1的"弹起"帧，在弹出的快捷菜单中选择"复制帧"命令，然后右击图层2的"弹起"帧，选择"粘贴帧"命令。

图13-14 导入的背景图像

③执行"修改"｜"变形"｜"缩放和旋转"命令，设置缩放比例为80%。然后打开"颜色"面板，设置颜色类型为"径向渐变"，填充色为白绿渐变，效果如图13-16所示。

④选择"渐变变形工具"，调整渐变中心点的位置，效果如图13-17所示。

图13-15 绘制圆形

图13-16 填充效果

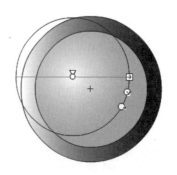
图13-17 调整渐变效果

（4）绘制"指针经过"帧的图形。

按住 Shift 键单击图层 1 和图层 2 的"指针经过"帧，并按 F6 键插入关键帧。然后选中按钮图形中间的小圆形，打开"颜色"面板，将第二个颜色游标的颜色修改为黄色，如图 13-18 所示。

（5）绘制"按下"帧的图形。

按住 Shift 键单击图层 1 和图层 2 的"按下"帧，并按 F6 键插入关键帧。然后选中按钮图形中间的小圆形，打开"颜色"面板，将颜色类型修改为"线性渐变"，渐变色为红白渐变，效果如图 13-19 所示。

图13-18 修改填充色

图13-19 修改填充效果

（6）绘制"点击"帧的图形。

按住 Shift 键单击图层 1 和图层 2 的"点击"帧，然后按 F5 键，将"按下"帧的图形扩展到"点击"帧。

（7）添加声音。

①单击图层面板左下角的"新建图层"按钮，新建图层 3 用于放置声音。

②选中图层 3 的"按下"帧，按 F6 键插入关键帧，然后执行"文件"｜"导入"｜"导入到舞台"命令，导入一个声音文件，该声音文件将自动添加到当前选中的关键帧上，如图 13-20 所示。

（8）单击编辑栏上的"返回"按钮返回主场景。打开"库"面板，拖放一个已制作的按钮元件到舞台上，如图 13-21 所示。

（9）执行"控制"｜"启用简单按钮"命令，即可在舞台上测试按钮的各个状态。也可以按 Ctrl+Enter 键测试按钮的声音效果，如图 13-13 所示。

图13-20　添加声音

图13-21　添加按钮实例

13.1.7　编辑声音

在实际的动画制作过程中，在将声音文件添加到动画中之前，常常需要编辑声音，以使其符合设计需要。例如，截取声音的一部分，或使声音播放时音量或声道随时变化，等等。对声音的编辑是在"编辑封套"对话框中进行的。

选中要编辑声音的关键帧，单击属性面板上"效果"下拉列表框右侧的"编辑声音封套"按钮，打开"编辑封套"对话框，如图 13-22 所示。

- ➥ "播放声音" ▶：单击该按钮预听声音的设置效果。
- ➥ "停止声音" ■：单击该按钮停止正在播放的声音。
- ➥ "放大" 和 "缩小"：放大或缩小声音的幅度线。
- ➥ "秒"：将声音进度设置为以"秒"为单位的标尺。
- ➥ "帧"：将声音进度设置为以"帧"为单位的标尺。

（1）定义声音的起点和终点。

在图中可以看到两个波形图，它们分别是左声道和右声道的波形。在左声道和右声道之间有一条分隔线，长度与声音文件的长度一致。分隔线上左右两侧各有一个控制手柄，它们分别是声音的"开始时间"控件和声音的"停止时间"控件，拖动它们可以改变声音的起点和终点，如图 13-23 所示。

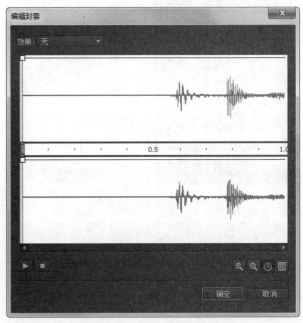

图13-22　"编辑封套"对话框

定义声音的起点和终点后，分隔线的长度随着滑块的拖动而发生变化，表明定义声音的起点和终点的操作已经生效。

（2）设置声音效果。

"编辑封套"对话框中的声道波形上方有一条直线，用于调节声音的幅度，称为幅度线。在幅度线上有两个声音幅度调节手柄，拖动调节点可以调整幅度线的形状，从而调节某一段声音的幅度。如图 13-24 所示是从右到左淡出效果图。

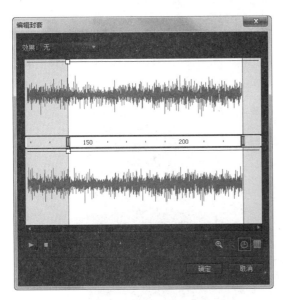 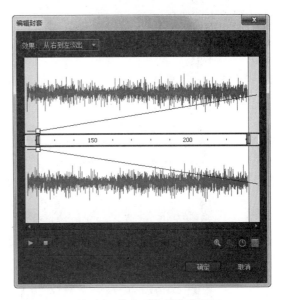

图13-23　定义声音的起点和终点　　　　　　　　图13-24　从右到左淡出效果图

使用一个声音幅度调节点只能简单地调节声音的幅度。对于比较复杂的音量效果，要增加声音调节点的数量。单击幅度线即可添加声音调节点。例如在幅度线上单击 7 次，将在左、右声道上各添加 7 个声音调节点，如图 13-25 所示。

 注意　　声音调节点的数量最多只能有 8 个。如果试图添加多于 8 个声音调节点，Animate CC 2018 将忽略用户单击幅度线的操作。如要删除声音幅度调节点，只需将其拖出声音窗口即可。

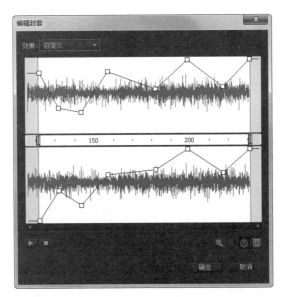

图13-25　添加声音调节点

13.1.8　优化声音

Animate CC 2018 本身并不是一个声音编辑优化程序，不过，用户可以在 Animate CC 2018 中通过"声音属性"对话框优化声音。使用"声音属性"对话框中的导出设置，用户可以很好地控制单个声音文件的导出质量和大小。如果没有定义声音的导出设置，则 Animate CC 2018 将使用"发布设置"对话框中系统默认的声音设置导出声音，用户也可以按照自己的需要在"发布设置"对话框中输入数值。

（1）执行"窗口"｜"库"命令，打开"库"面板。

（2）选择要优化的声音，单击"库"面板底部的"属性"按钮，打开"声音属性"对话框，如图 13-26 所示。

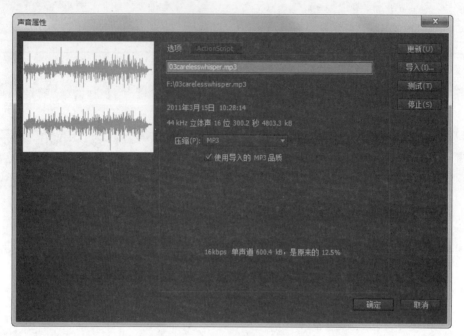

图13-26   "声音属性"对话框

- ➘ **预览窗口**：显示声音的数字波形。如果文件是立体声的，它的左声道和右声道会出现在预览窗口中。如果声音是单声道的，则只显示一个声道。
- ➘ **文件名**：Animate CC 2018 基于原始文件名给声音文件分配一个默认的名字，用来在库中标识这个声音。可以将它重命名为一个好记的文件名。
- ➘ **文件路径**：声音最初导入的目录路径。
- ➘ **文件信息**：提供文件数据，诸如：上次修改时间、采样率、采样尺寸、持续时间（以秒为单位）、原始大小。
- ➘ **压缩**：设置导出项目以创建 Animate CC 2018 影片时，对声音采用的压缩方法。每种压缩类型都有自己独特的设置。
- ➘ **默认**：导出时，Animate CC 2018 用同一个压缩比压缩影片中的所有声音。用通用设置，有些声音听起来不错，有些却糟透了。因此，建议对不同的声音采用不同的压缩比。
- ➘ **ADPCM**：将声音文件压缩成 16 位的声音数据。这种压缩方式最适用于简短的声音，例如单击按钮的声音、音响效果的声音、事件驱动式声音。用于循环音轨也非常好。

提示： 建议读者做任何选择都要用"测试"按钮试听一下。通常，声轨可以采用较低的采样率，音轨则需要较高的采样率以避免单调。

- ➘ **MP3**：用 MP3 压缩原始的声音文件（.wav）会使文件大小减为原来的十分之一，而音质没有明显的损失，适合输出较长的声音数据流。
- ➘ **Raw**：这个选项不是真正的压缩，而是导出声音时用新的采样率进行再采样。
- ➘ **语音**：声音不经压缩就输出。
- ➘ **"更新"按钮**：在声音编辑程序中，如果改动或编辑了导入到 Animate CC 2018 的原始文件（即

第13章　297

制作有声动画

目录路径位置中的文件），单击按钮更新 Animate CC 2018 中的声音，以反映所做的改动。

➥ **"导入"按钮**：导入声音文件。以这种方法导入声音会将对当前声音的所有引用修改为导入的声音引用。

➥ **"测试"按钮**：单击这个按钮可以看到不同的压缩设置如何影响声音。

➥ **"停止"按钮**：与"测试"按钮配合使用，可以在任意点暂停预览。

在输出影片时，对声音设置不同的采样率和压缩比对影片中声音播放的质量和大小影响很大，压缩比越大、采样率越低会导致影片中声音所占空间越小、回放质量越差，因此这两方面应兼顾。

（3）设置完毕后，单击"确定"按钮，应用在"声音编辑"对话框中的设置。

13.2　添加视频

Animate CC 2018 具有强大的视频支持功能，利用"导入视频"向导，用户可以轻松地部署视频内容，以供嵌入、渐进下载和流视频传输。可以导入存储在本地计算机上的视频，也可以导入已部署到 Web 服务器、FlashVideo Streaming Server 或 Flash Media Server 上的视频。此外，还可以直接在 Animate CC 2018 舞台中播放视频，且视频支持透明度，这意味着用户可以更容易地通过图片资源校准视频。

13.2.1　导入视频文件

在 Animate CC 2018 中导入视频后，用户可以嵌入一个视频片断作为动画的一部分，此时所选视频文件将成为动画文档的元件。在 Animate CC 2018 中导入视频就像导入位图或矢量图一样方便。在动画中可以设置视频窗口大小、像素值等。

提示： 在某些情况下，Animate CC 2018 可能只能导入视频而无法同时导入音频。因此，重要的音频应发布或输出成流式音频，其参数可借助"发布设置"对话框进行设置。

（1）执行"文件"|"导入视频"命令，弹出"导入视频"向导，如图 13-27 所示。在这里用户根据具体情况，可以选择在本地计算机上，或服务器上定位要导入的视频文件。

图13-27　"导入视频"向导

（2）单击"浏览"按钮，在弹出的对话框中选择需要的视频文件。

若要将视频导入到 Animate CC 2018 中，必须使用以 FLV 或 H.264 格式编码的视频。如果导入的视频文件不是 FLV 或 F4V 格式，系统会弹出如图 13-28 所示的提示框，提示用户启动 Adobe Media Encoder 以适当的格式对视频进行编码，然后切换回 Animate CC 2018 并单击"浏览"按钮，以选择经过编码的视频文件进行导入。单击"确定"按钮关闭对话框。有关转换视频的操作将在 13.2.2 节中介绍。

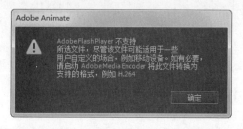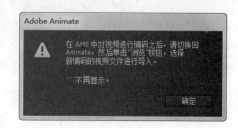

图13-28　提示对话框

（3）如果视频无需转换，则设置部署视频文件的方式，如图 13-29 所示。选中一种需要的导入方式后，"导入视频"对话框底部会显示该方式的简要说明或警告信息，以供用户参考。

> ↪ **使用播放组件加载外部视频**：导入视频并创建 FLVPlayback 组件的实例以控制视频回放。
> ↪ **在 SWF 中嵌入 FLV 并在时间轴中播放**：将 FLV 嵌入到 Animate CC 2018 文档中。

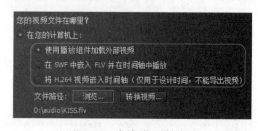

图13-29　视频部署的方式

这样导入视频时，该视频放置于时间轴中，可以看到时间轴上各个视频帧的位置。嵌入的 FLV 视频文件成为 Animate CC 2018 文档的一部分。

注意

> 将视频内容直接嵌入到 SWF 文件中会显著增加发布文件的大小，因此仅适合于小的视频文件。此外，在使用 Animate CC 2018 文档中嵌入的较长视频剪辑时，音频与视频会变得不同步。
>
> 如果视频剪辑位于 FlashVideo Streaming Server、Flash Media Server 或 Web 服务器上，则只能将它导入为流文件或渐进式下载文件使用。无法将远程文件导入为嵌入的视频剪辑使用。

除 FLV 视频，Animate CC 2018 还可以将 H.264 视频嵌入时间轴中。嵌入 H.264 视频后，在拖动时间轴时，舞台上将呈现该视频的各个帧，可用作同步舞台上动画的参考视频。

注意

> 嵌入时间轴的 H.264 视频仅用于设计阶段，Flash Player 和其他运行时不支持呈现嵌入的 H.264 视频，因此不会发布它们。

（4）如果选择"使用播放组件加载外部视频"方式，单击"下一步"按钮，进入如图 13-30 所示的"外观"对话框。在"外观"下拉列表中可以选择一种视频的外观，以及播放条的颜色。

如果要创建自己的播放控件外观，在"外观"下拉列表中选择"自定义外观 URL"，并在"URL"文本框中输入外观的 URL 地址。单击后面的颜色图标，可以设置播放控制栏的颜色。

如果希望仅导入视频文件，而不要播放控件，可以在"外观"下拉列表中选择"无"。

（5）单击"下一步"按钮完成视频的导入。在对话框中单击"完成"按钮，弹出"另存为"对话框。在该对话框中将视频剪辑保存到与原视频文件相同的文件夹中，然后单击"保存"按钮，即可开始对视频进行编码。

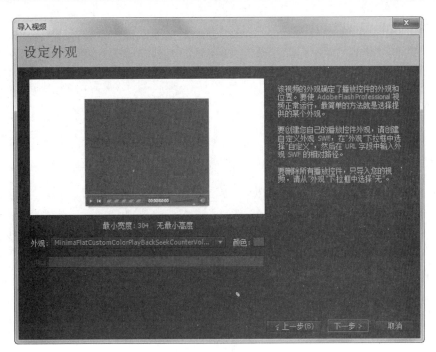

图13-30 选择视频回放组件的外观

编码完成后，即可在舞台上看到该视频文件。

（6）保存文档后，按 Ctrl + Enter 键，即可播放视频剪辑，如图 13-31 所示。

图13-31 导入的视频剪辑

13.2.2 转换视频

如果导入的视频不是以 FLV 或 H.264 格式编码的视频，则需要转换视频。

（1）在"导入视频"对话框中单击"浏览"按钮，在弹出的对话框中选择需要转换的视频文件。然后单击"转换视频"按钮，启动视频转换组件 Adobe Media Encoder CC 2017，如图 13-32 所示。

（2）单击"预设"下方的下拉箭头，在弹出的下拉菜单中选择 Animate CC 2018 视频编码配置文件，如图 13-33 所示。

Animate CC 2018 提供 106 种视频编码配置文件，每一种配置文件右侧都有较详细的配置的主要相关参数。

图13-32　Adobe Media Encoder CC 2017界面

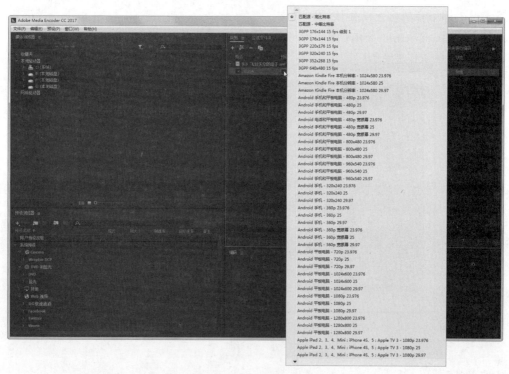

图13-33　设置视频编码配置文件

（3）单击"输出文件"下方的路径，可以选择编码后的视频的保存位置。单击"添加源"按钮![+]可以打开资源管理器，打开其他需要编码的视频文件。单击"预设"下方的配置文件，切换到如图13-34所示的对话框。在这里可以设置影片的音视频编码。

（4）单击对话框右侧的"视频"选项卡，可以在如图13-34所示的对话框中设置视频编码。

Animate CC 2018视频并不是每一帧都保留完整的数据，而保留完整数据的帧叫作关键帧。通常，在视频剪辑内搜寻时，默认的关键帧值可以提供合理的控制级别。如果需要选择自定义的关键帧位置值，请注意关键帧间隔越小，文件体积就越大。

图13-34   视频编码界面

（5）单击"音频"选项卡，可以在打开的对话框中设置影片的音频编码，如图 13-35 所示。

图13-35   音频编码界面

（6）在对话框左侧区域拖动播放轴线上的█和█滑块，可以设置视频剪辑的起始点和结束点。在"选择缩放级别"下拉列表中，可以设置对话框左上方视图的缩放大小，如图 13-36 所示。

（7）单击"确定"按钮，切换到 Adobe Media Encoder CC 2018 主界面，然后单击右上角的"启动队列"按钮██，即可在对话框右下角的"编码"区域开始按以上设置对视频文件进行编码。编码完毕，对话框"状态"下方将显示一个绿色的勾号，单击该勾号，弹出一个文本文件 AMEEncodingLog.txt，如图 13-37 所示，显示视频编码的详细信息。

图13-36　设置视频起止点和缩放级别

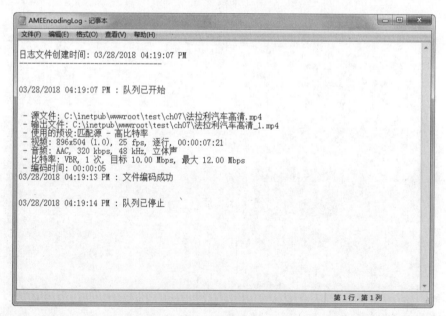

图13-37　显示编码日志文件

（8）单击 Adobe Media Encoder CC 2018 标题栏右上角的"关闭"按钮，关闭 Adobe Media Encoder，返回到"导入视频向导"对话框。

至此，视频文件转换完毕，在输出路径中可以看到已转换的视频文件。

13.3 实例精讲——制作生日贺卡

本节练习制作一张生日贺卡。通过对实例操作步骤的具体讲解，使读者进一步掌握声音的添加方法和声音的相关设置。

13-3 实例精讲——制作
生日贺卡

首先新建一个空白的 Animate CC 2018 文档，使用"矩形工具"和"颜色"面板制作两个背景，粉色背景放在最底层，黑色背景放在上一层，通过设置黑色背景的渐隐动画，实现粉色背景的渐显。接下来添加蜡烛和蛋糕影片剪辑，并设置文本的渐显动画。最后导入声音文件，并在结束帧设置声音的同步方式为"结束"，最终效果如图 13-38 所示。黑暗中蜡烛逐一亮起时，开始播放生日歌；蜡烛全部点亮时，黑色背景褪去，显示蛋糕和粉色的背景，然后逐渐显示文字；播放到声音的结束帧时，声音停止播放。

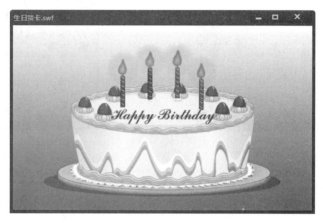

图13-38 实例的最终效果

操作步骤

（1）执行"文件"｜"新建"命令，新建一个 Animate CC 2018 文档，舞台大小为 500 像素 ×300 像素，帧频为 12fps。将当前层名称修改为 bg，然后选择"矩形工具"，设置笔触颜色无，填充色任意，在舞台上绘制一个矩形。选中图形，在"信息"面板中设置矩形大小与舞台大小相同，且左上角对齐，如图 13-39 所示。

（2）选中矩形的填充区域，打开"颜色"面板，设置颜色类型为"线性渐变"，填充色为白色到粉色的渐变，如图 13-40 所示。然后选中"渐变变形工具"，调整渐变色的范围和方向，效果如图 13-41 所示。然后在图层 bg 的第 160 帧按 F5 键插入帧，将背景扩展到第 160 帧。

图13-39 修改矩形的大小和位置

（3）单击图层面板左下角的"新建图层"按钮，新建图层 bg_black。按照第（1）步的方法绘制一个大小与舞台尺寸相同，且左上角与舞台对齐的黑色矩形。选中图形，执行"修改"｜"转换为元件"命令，将图形转换为图形元件，名称为 bg_black，如图 13-42 所示。

（4）按住 Ctrl 键选中图层 bg_black 的第 45 帧和第 60 帧，按 F6 键插入关键帧。选中第 60 帧的实例，在属性面板上的"色彩效果"区域，设置 Alpha 值为 0，如图 13-43 所示。然后右击第 45 帧～第 60 帧之间任一帧，选择"创建传统补间"命令。

这样，黑色的背景将逐渐隐藏，显示粉色的背景。

图13-40　设置填充样式

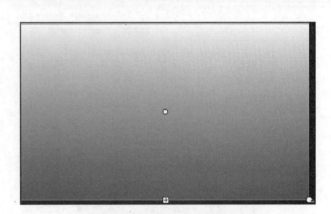

图13-41　调整渐变效果

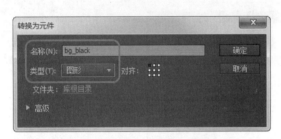

图13-42　将黑色矩形转换为图形元件

图13-43　设置实例的色彩效果

（5）新建一个图层candle，执行"文件" | "打开"命令，打开一个包含蜡烛、蛋糕影片剪辑的Animate CC 2018文件"生日贺卡0.fla"。

（6）切换到当前Animate CC 2018文档，打开"库"面板，在左上角的下拉列表中选择"生日贺卡0.fla"，如图13-44所示。然后在库项目列表中将需要的蜡烛影片剪辑拖放到舞台上，效果如图13-45所示。

图13-44　使用其他文档中的库项目

图13-45　实例效果

（7）将第15帧转换为关键帧，使用第（6）步同样的方法，拖入第2支蜡烛；将第30帧转换为关键帧，拖入第3支蜡烛；将第45帧转换为关键帧，拖入第4支蜡烛，效果如图13-46所示。

（8）将第 46 帧转换为关键帧，从"库"面板中拖入完全点亮的蜡烛到舞台上，调整实例位置，完全遮挡住第 45 帧的实例，效果如图 13-47 所示。然后在第 160 帧按 F5 键插入帧。

图13-46　第45帧的实例效果

图13-47　添加实例

（9）新建图层 cake，将该图层拖放到图层 bg_black 下方。然后将第 46 帧转换为关键帧，从"库"面板中拖入一个蛋糕影片剪辑到舞台上，在第 160 帧按 F5 键插入帧。

（10）选中第 46 帧的蛋糕实例，执行"修改"｜"变形"｜"缩放和旋转"命令，将蛋糕实例缩放到 60%，如图 13-48 所示。然后调整实例的位置，隐藏图层 bg_black 的效果如图 13-49 所示。

图13-48　设置缩放比例

图13-49　实例效果

（11）选中图层 candle，单击图层面板左下角的"新建图层"按钮，新建图层 text。选中第 60 帧，按 F6 键插入关键帧，然后选择"文本工具"，按图 13-50 设置字体、大小和颜色，在舞台上输入文本，效果如图 13-51 所示。

图13-50　设置文本属性

图13-51　文本效果

（12）选中文本，执行"修改"｜"转换为元件"命令，在弹出的"转换为元件"对话框中输入元件名称 text，类型为"图形"，如图 13-52 所示。

（13）选中第 80 帧，按 F6 键插入关键帧。选中第 60 帧的实例，在属性面板上设置色彩样式为"Alpha"，值为 0，如图 13-53 所示。然后在两个关键帧之间创建传统补间关系。

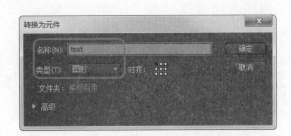

图13-52　将文本转换为图形元件

图13-53　设置实例的色彩效果

（14）单击图层面板左下角的"新建图层"按钮，新建图层 sound。选中第 1 帧，执行"文件"｜"导入"｜"导入到舞台"命令，在弹出的对话框中选择需要的声音文件，即可将声音文件添加到当前帧。此时的时间轴面板如图 13-54 所示。

图13-54　时间轴面板

（15）选中第 160 帧，按 F6 键转换为关键帧，然后打开属性面板，在"声音"下拉列表中选择导入的声音，并在"同步"下拉列表中选择"停止"选项，如图 13-55 所示。

图13-55　"属性"面板中的设置

（16）按 Ctrl+Enter 键测试动画，效果如图 13-38 所示。

13.4　答 疑 解 惑

1. 在影片中使用声音有哪些常用技巧？

答：在影片中使用声音时，除了应设置合适的采样频率和压缩比，还有以下几个方面的技巧可以使用户更有效地使用音效并使文件的尺寸保持较小。

（1）更精确地设置声音的开始时间点和结束时间点。

（2）尽量重复使用相同的声音文件，不同的声音效果。

（3）使用循环的方法提取声音的主要部分并重复播放。

2. 怎么才能使音乐和动画同步？

答：在属性面板上将音乐的"同步"属性设置为"数据流"。

3. 声音"同步"属性中的"开始"和"停止"分别代表什么意思？

答："开始"选项与"事件"选项唯一不同的地方在于达到一个声音的起始帧时，若有其他声音播放则该声音不播放；而"停止"则指定声音不播放。

4. 制作音乐按钮需要注意什么？

答：要注意将声音的"同步"属性设置为"事件"。

5. 声音导入到动画中以后还可以压缩吗？

答：可以。在库面板中双击声音文件，打开"声音属性"面板，在"压缩"下拉列表中选择需要的压缩方式。

13.5 学习效果自测

一、选择题

1. 下面（　　）功能在流式声音中不能实现。

　　A. 与动画可视文件同步进行　　　　　　　　B. 边下载边播放

　　C. 事件触发时播放　　　　　　　　　　　　D. A、B、C 都不能实现

2. 在对导入的声音文件进行编辑时，"编辑封套"对话框的（　　）按钮处于按下状态时，时间单位被设置为帧。

　　A. ■　　　　　　　　　B. 🔍　　　　　　　　　C. 🕐　　　　　　　　　D. ▥

3. 以下对"编辑封套"对话框的描述正确的是（　　）。

　　A. "编辑封套"对话框中分为上下两个波形编辑区，上方代表右声道波形编辑区

　　B. "编辑封套"对话框中分为上下两个波形编辑区，上方代表左声道波形编辑区

　　C. 波形编辑区中各有一条左侧带有方形控制柄的直线，用来调节音调

　　D. 以上都不正确

二、填空题

1. 在 Animate CC 2018 中有两种类型的声音，即 _____ 声音和 _____ 声音。

2. 在 Animate CC 2018 中，声音都被保存在 _____ 中。

3. 要在动画中应用声音，应该首先 _____ ，然后 _____ 。

4. 输出影片时选定的 _____ 与 _____ 对声音的质量和尺寸有着显著的影响。通常情况下，压缩率 _____ 、采样频率 _____ ，文件的尺寸就 _____ ，但声音的质量也就越差。

5. 在 Animate CC 2018 文档中导入视频文件时，选中 _____ 选项能够将视频文件设置为嵌入文件嵌入到动画中。

三、操作题

1. 使用家人的数码照片，制作一个音乐相册。

2. 导入一段视频文件，并通过设置视频的外观来实现对播放的控制。

第 14 章

制作交互动画

交互性是动画和观众之间的纽带。交互动画是指在作品播放过程中支持事件响应和交互功能的一种动画，也就是说，动画播放时能够受到某种控制，而不是像普通动画一样从头到尾进行播放。这种控制可以是动画播放者的操作，如触发某个事件，也可以在动画制作时预先设置的事件。

本章重点向读者介绍交互动画的制作基础，内容包括交互动画的要素，"动作"面板和"代码片断"面板的使用方法，给帧、按钮以及影片剪辑添加动作，以及创建简单的交互操作，比如跳到某一帧或场景，播放和停止影片，跳到不同的 URL。

- ❖ 交互动画的三要素
- ❖ 使用"动作"面板和"代码片断"面板添加动作
- ❖ 创建交互操作

14.1 交互动画的三要素

Animate CC 2018 中的交互作用由三种要素组成：触发动作的事件、事件所触发的动作以及目标或对象，也就是执行动作或事件所影响的主体。用 Animate CC 2018 创建交互，需要使用 ActionScript 语言。该语言包含一组简单的指令，用以定义事件、目标和动作，具体的语法说明请参见附录 I。

14.1.1 事件

在 Animate CC 2018 动画中添加交互时，有三种方式触发事件：一种是鼠标事件，它是基于动作的，即通过鼠标动作开始一个事件；一种是键盘事件，也是基于动作的，通过键盘按键动作开始一个事件；还有一种是帧事件，它是基于时间的，即到达一定的时间时自动激发事件。

1. 鼠标事件（MouseEvent）

当用户操作影片中的一个按钮，发生鼠标事件。在 ActionScript 3.0 中，统一使用 MouseEvent 类来管理鼠标事件。在使用过程中，无论是按钮还是影片事件，统一使用 addEventListener 注册鼠标事件。此外，要在类中定义鼠标事件，需要先引入（import）flash.events.MouseEvent 类。

MouseEvent 类定义了如下 10 种常见的鼠标事件：

> **CLICK**：定义鼠标单击事件。
> **DOUBLE_CLICK**：定义鼠标双击事件。
> **MOUSE_DOWN**：定义鼠标按下事件。
> **MOUSE_MOVE**：定义鼠标移动事件。
> **MOUSE_OUT**：定义鼠标移出事件。
> **MOUSE_OVER**：定义鼠标移过事件。
> **MOUSE_UP**：定义鼠标按键弹起事件。
> **MOUSE_WHEEL**：定义鼠标滚轴滚动触发事件。
> **ROLL_OUT**：定义鼠标滑出事件。
> **ROLL_OVER**：定义鼠标滑入事件。

2. 键盘事件(KeyBoardEvent)

键盘操作也是 Animate CC 2018 用户交互操作的重要事件。当按下键盘上的字母、数字、标点、符号、箭头、退格键、插入键、Home 键、End 键、PageUp 键、PageDown 键时，键盘事件发生。键盘事件区分大小写，也就是说，A 不等同于 a。因此，如果按 A 来触发一个动作，那么按 a 则不能。键盘事件通常与按钮实例关联或影片剪辑实例相联，例如移动键盘上的方向键控制游戏中人物的移动。虽然键盘事件不要求按钮或影片剪辑可见或存在于舞台上，但是它必须存在于一个场景中才能使键盘事件起作用。它甚至可以位于帧的工作区以使它在导出的影片中不可见。

在 ActionScript 3.0 中使用 KeyboardEvent 类处理键盘操作事件。它有如下两种类型的键盘事件：

> **KeyboardEvent.KEY_DOWN**：定义按下键盘时事件。
> **KeyboardEvent.KEY_UP**：定义松开键盘时事件。

 注意　在使用键盘事件时，要先获得它的焦点，如果不想指定焦点，可以直接把 stage 作为侦听的目标。

3. 帧事件（ENTER_FRAME）

与鼠标和键盘事件类似，时间线触发帧事件。因为帧事件与帧相连，并总是触发某个动作，所以也称帧动作。

帧事件是 ActionScript 3.0 中动画编程的核心事件。该事件能够控制代码跟随 Animate CC 2018 的帧频播放，在每次刷新屏幕时改变显示对象。帧事件总是设置在关键帧，可用于在某个时间点触发一个特定动作。例如，stop 动作停止影片放映，而 goto 动作则使影片跳转到时间线上的另一帧或场景。

使用帧事件时，需要把事件代码写入事件侦听函数中，然后在每次刷新屏幕时，都会调用 Event. ENTER_FRAME 事件，从而实现动画效果。

14.1.2　动作

动作是使用 ActionScript 编写的命令集，用于引导影片或外部应用程序执行任务。一个事件可以触发多个动作，且多个动作可以在不同的目标上同时执行。动作可以相互独立地运行，如指示影片停止播放；也可以在一个动作内使用另一个动作，如先按下鼠标，再执行拖动动作，从而将动作嵌套起来，使动作之间可以相互影响。

若要在 Animate CC 2018 中使用动作，并不需要成为编程人员。Animate CC 2018 提供一个简单、直观的动作脚本编写界面，叫作"动作"面板，如图 14-1 所示。

图14-1　"动作"面板

通过这个面板可以访问整个 ActionScript 命令库，可以快速生成或编写代码。当然，如果要编写动作用于高级开发，必须熟悉编程语言。

在 Animate CC 2018 中，还可以创建一个外部 ActionScript 文件（*.as）编辑脚本。

14.1.3　目标

了解如何用事件来触发动作，接下来需要了解如何指定将受事件影响的对象或目标。事件控制 3 个主要目标：当前影片及其时间轴（相对目标）、其他影片及其时间轴（传达目标）和外部应用程序（外部目标）。

1. 当前影片

当前影片是一个相对目标，也就是说它包含触发某个动作的按钮或帧。例如，将某个事件分配给一个影片剪辑，而该事件影响包含此影片剪辑的影片或时间线，那么目标便是当前影片。

例如，在以下脚本中，当前影片剪辑 clip_1 的 Click 事件将使影片跳转到名为 "myfav" 的场景并开始播放。

```
// 注册侦听器
clip_1.addEventListener(MouseEvent.CLICK, ClickToGoToScene);
// 定义侦听器
function ClickToGoToScene(event:MouseEvent):void
{
MovieClip(this.root).gotoAndPlay(1, "myfav");
}
```

2. 其他影片

如果将某个事件分配给某个按钮或影片剪辑，而事件影响的影片并不包含该按钮或影片剪辑本身，那么目标便是一个传达目标。也就是说，传达目标是由另一个影片中的事件控制的影片。

例如，以下 ActionScript 用于控制一个传达目标，当前按钮 button_1 的 Click 事件使得另一影片（即影片剪辑实例 MyMovieClip）的时间线停止放映动作。

```
// 注册侦听器
button_1.addEventListener(MouseEvent.CLICK, ClickToGoToAndStopAtFrame);
// 定义侦听器
function ClickToGoToAndStopAtFrame(event:MouseEvent):void
{
 MovieClip(this.parent).MyMovieClip.gotoAndStop(1);
 }
```

3. 外部应用程序

外部目标位于影片区域之外，例如，对于 navigateToURL 动作，需要一个 Web 浏览器才能打开指定的 URL。引用外部源需要外部应用程序的帮助。这些动作的目标可以是 Web 浏览器、Flash 程序、Web 服务器或其他应用程序。

例如，以下 ActionScript 打开用户的默认浏览器目标，并在实例 btn_1 的 Click 事件触发时加载指定的 URL 动作。

```
btn_1.addEventListener(MouseEvent.CLICK, ClickToGoToWebPage);
// 定义侦听器
function ClickToGoToWebPage(event:MouseEvent):void
{
 navigateToURL(new URLRequest("http://www.crazyraven.com "), "_blank");
}
```

14.2 添 加 动 作

在 Animate CC 2018 中，用户可以通过"动作"面板创建、编辑脚本。执行"窗口" | "动作"命令即可打开"动作"面板，如图 14-2 所示。

注意　ActionScript 3.0 只能在帧或外部文件中编写脚本。添加脚本时，应尽可能将 ActionScript 放在一个位置，以更高效地调试代码、编辑项目。如果将代码放在 FLA 文件中，添加脚本时，Animate CC 2018 自动添加一个名为"Actions"的图层。

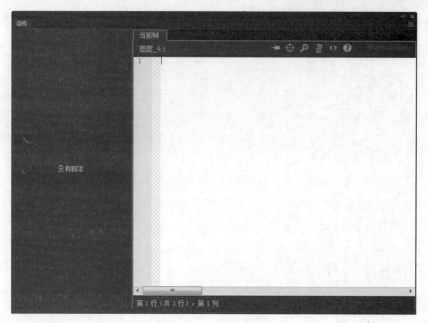

图14-2 "动作"面板

14.2.1 使用"动作"面板

在 Animate CC 2018 中，用户可以直接在"动作"面板右侧的脚本窗格中编辑动作脚本，这与用户在文本编辑器中创建脚本十分相似。

（1）选中时间轴上要添加动作脚本的关键帧或空白关键帧。

（2）右击快捷菜单中的"动作"命令，打开如图 14-2 所示的"动作"面板。

（3）在脚本窗格中输入动作脚本，如图 14-3 所示。

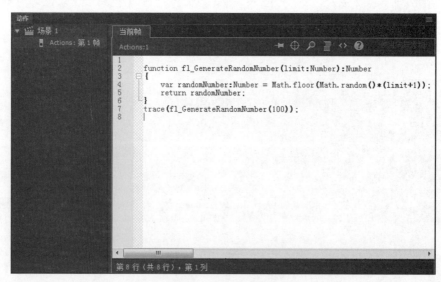

图14-3 添加动作脚本

如果要为舞台上的实例指定动作，还应选中实例，在属性面板上指定实例的名称。

此时，时间轴中添加了动作的关键帧上会显示字母"a"，如图 14-4 所示。

通过"动作"面板还可以查找和替换文本，查看脚本的行号、检查语法错误、自动设定代码格式并用代码提示完成语法。

图14-4　为帧添加动作

14.2.2　使用"代码片断"面板

借助"代码片断"面板，非编程人员也能轻松地将 ActionScript 3.0 代码添加到 FLA 文件以启用常用功能。可以说"代码片断"面板是 ActionScript 3.0 入门的一种好途径。

（1）选择舞台上的对象或时间轴中的帧。

如果选择的对象不是元件实例，则应用代码片断时，Animate CC 2018 会将该对象转换为影片剪辑元件。

如果选择的对象还没有实例名称，Animate CC 2018 在应用代码片断时会自动为对象添加一个实例名称。

（2）执行"窗口" | "代码片断"命令，或单击"动作"面板右上角的"代码片断"按钮<>，打开"代码片断"面板，如图 14-5 所示。

（3）双击要应用的代码片断，即可将相应的代码添加到"动作"面板的脚本窗格之中，如图 14-6 所示。

图14-5　"代码片断"面板

图14-6　利用"代码片断"面板添加代码

每个代码片断都有描述片断功能的工具提示，通过学习代码片断中的代码并遵循片断说明，读者可以轻松了解代码结构和词汇。

在应用代码片断时，代码将添加到时间轴中的 Actions 层的当前帧。如果尚未创建 Actions 层，Animate CC 2018 将在时间轴的顶层创建一个名为 Actions 的图层。

（4）在"动作"面板中，查看新添加的代码并根据片断开头的说明替换任何必要的项。

 知识拓展：--

添加自定义代码片断

Animate CC 2018 代码片断库可以让用户方便地通过导入和导出功能管理代码。还可以将常用的代码片断导入"代码片断"面板，方便以后使用。

（1）单击"代码片断"面板右上角的"选项"按钮 ，从弹出的下拉菜单中选择"创建新代码片断"命令。

（2）在如图 14-7 所示的"创建新代码片断"对话框中，为新的代码片断输入标题、工具提示文本和相应的 ActionScript 3.0 代码。

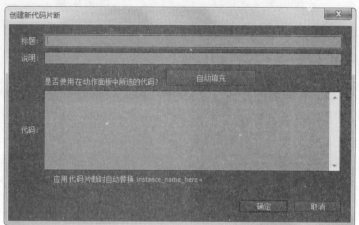

图14-7 "创建新代码片断"对话框

（3）如果要添加当前在"动作"面板中选择的代码，单击"自动填充"按钮。

（4）如果代码片断中包含字符串"instance_name_here"，并且希望在应用代码片断时 Animate CC 2018 将其替换为正确的实例名称，则需要选中"应用代码片断时自动替换 instance_name_here"复选框。

（5）单击"确定"按钮，Animate CC 2018 将新的代码片断添加到"代码片断"面板中名为 Custom 的文件夹中。

14.2.3 上机练习——模拟星空

14.2.1 和 14.2.2 节介绍在动画中添加动作脚本的方法，本节练习将通过动作脚本制作星空动画。通过对实例操作方法的具体讲解，使读者对添加动作和编写类文件的方法有更加深入的了解。

14-1 上机练习——模拟星空

首先新建一个空白的 Animate CC 2018 文档，背景色为黑色。然后使用绘图工具和"颜色"面板制作一个星星的影片剪辑。接下来通过编辑影片剪辑的类文件，为实例指定初始位置和运动方式，包括大小和运动速度。最后编写动作脚本，指定舞台上实例的数量、大小和透明度，最终效果如图 14-8 所示。屏幕上有一群速度不同、大小各异的星星在飞舞。

图14-8 模拟星空效果

操作步骤

（1）执行"文件"｜"新建"命令，新建一个 ActionScript 3.0 文档，背景设置为黑色。

（2）按 Ctrl ＋ F8 键创建一个名为 star 的影片剪辑。在元件编辑模式下，选择绘图工具箱中的"椭圆工具"，然后在属性面板中设置无笔触颜色，内部填充色任意。按下 Shift 键的同时拖动鼠标，在舞台上绘制一个只有内部填充没有边框的圆。

（3）使用工具箱中的"选择工具"选中舞台上的圆，执行"窗口"｜"颜色"命令，打开"颜色"面板，在"颜色类型"下拉列表中选择"径向渐变"。

（4）单击渐变栏左边的颜色游标，然后在 R，G，B 和 Alpha 文本框中输入 255，255，255，100%。单击渐变栏右边的颜色游标，然后在 R，G，B 和 Alpha 文本框中输入 0，0，0，100%，填充效果如图 14-9 所示。

（5）单击编辑栏左上角的"返回场景"按钮，返回主时间轴。然后打开"库"面板，右击影片剪辑 star，在弹出的快捷菜单中选择"属性"命令，弹出"元件属性"对话框。

（6）展开"高级"选项，在"ActionScript 链接"区域选中"为 ActionScript 导出"复选框，下方的"类"和"基类"将自动填充，如图 14-10 所示。单击"确定"按钮关闭对话框。

图14-9　填充效果

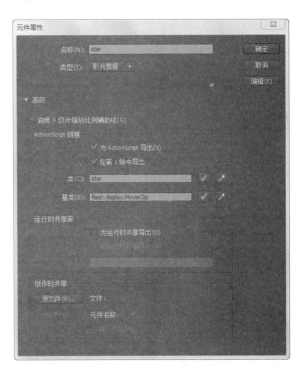

图14-10　"元件属性"对话框

（7）右击"库"面板中的元件 star，在弹出的快捷菜单中选择"编辑类"命令，打开 star.as 文件，添加下面的代码：

```
package {
 // 包路径
 import flash.display.MovieClip;
 import flash.events.*;
 // 定义 star 类
 public class star extends MovieClip {
 // 获取舞台宽度
```

```
private const W:Number=550;
// 生成一个 0 到 100 的随机整数
private var step:int=int(Math.random()*100);
// 定义构造函数
public function star() {
// 定义影片剪辑的 x 初始坐标值为舞台宽度，也就是工作区域的最右方
// 本例中的星星从右向左移动
 this.x=W;
 // 向左移，造成星星移动的效果
addEventListener(Event.ENTER_FRAME, starEnterFrame);
}

//Enter Frame 事件
public function starEnterFrame(event:Event):void
{
// 检测影片剪辑是否移出屏幕最左侧
 if (this.x < 0)
{
// 如果影片剪辑移到屏幕左边缘之外，则让它重新回到第 1 帧，即屏幕最右边
this.x=W;
}
 else
{
// 否则，继续向左移动
 // 可以通过修改 step 除的数来改变星星移动的快慢
this.x=this.x-step/5;
}
}
}
}
```

> 提示：　　random(number) 函数可以返回一个 0~number-1 的任意随机整数，参数 number 代表一个整数。

（8）执行"文件"｜"保存"命令，将 star.as 文件保存在 FLA 文件的同一目录下。
（9）返回主时间轴，将主时间轴的第一个图层重命名为 Actions，然后打开"动作"面板，添加下面的代码：

```
// 定义星星的数量
var starnum:int=99;
while(starnum>0)
{
// 使用 Math.random() 方法生成一个 0.0 ~ 1.0 的随机数
var ran:Number = Number(Math.random())+0.2;
// 创建显示对象
var cStar:star=new star();
// 定义影片剪辑的 y 初始坐标为 0 ~ 400 的一个随机数
```

```
// 在工作区域上就是从最上方开始到纵坐标为 400 的区域
cStar.y=Math.random ()*400;
// 设置影片剪辑的宽度
cStar.scaleX=ran;
// 设置影片剪辑的高度
cStar.scaleY=ran;
// 设置影片剪辑的透明度
cStar.alpha=Math.random()*50+30;
// 显示对象
addChild(cStar);
// 计数器递减
starnum--;
}
```

（10）保存文件，按 Ctrl + Enter 键测试，效果如图 14-8 所示。

这个例子只使用两个比较重要的函数：Math.random() 和 addChild()，效果很逼真。如果不用动作脚本，可能需要画很多星星，然后为每一个星星指定运动轨迹，比较一下工作量，就可以了解使用动作脚本是多么简洁有效。

14.3　创建交互操作

使用动作脚本可以通知 Animate CC 2018 在发生某个事件时应该执行什么动作。当播放头到达某一帧，或当影片剪辑加载或卸载，或用户单击按钮或按下键盘键时，就会发生一些能够触发脚本的事件。脚本可以由单一动作组成，如指示影片停止播放的操作；也可以由一系列动作组成，如先计算条件，再执行动作。

14.3.1　播放和停止影片

除非另有命令指示，否则影片一旦开始播放，它将从头播放到尾。使用 play 和 stop 动作可以控制影片或影片剪辑播放和停止。

（1）选择要指定动作的帧、按钮实例或影片剪辑实例。

 注意　要控制的影片剪辑必须有一个实例名称，而且必须显示在时间轴上。

（2）执行"窗口" | "动作"命令，打开"动作"面板，在"动作"面板的脚本窗格中根据需要输入如下脚本：

```
stop();                          // 帧动作
MyClip.play();                   // 在舞台上播放指定的影片剪辑 MyClip
MovieClip(this.root).stop();     // 停止当前实例的父级影片剪辑
```

 提示：　动作后面的空括号表明该动作不带参数。一旦停止播放，必须使用 play 动作明确指示要重新开始播放影片。

14.3.2 上机练习——控制蝴蝶运动

本节练习通过按钮控制蝴蝶运动。通过对实例操作方法的讲解，使读者掌握播放、停止影片的交互语句和使用方法。

14-2 上机练习——控制
蝴蝶运动

首先新建一个空白的 Animate CC 2018 文档，新建一个影片剪辑元件，内容可以是导入的动画 GIF 或制作的逐帧动画。然后使用绘图工具和填充工具制作两个外观不同的按钮元件，一个用于播放动画，一个用于停止动画。最后分别为两个按钮实例添加鼠标单击事件处理函数，目标对象为影片剪辑的实例名称，最终效果如图 14-11 所示，初始时，蝴蝶不停扇动翅膀，单击红色按钮，蝴蝶停止运动；单击绿色按钮，蝴蝶又开始扇动翅膀运动。

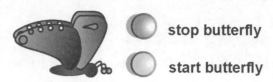

图14-11 动画效果图

操作步骤

（1）新建一个 ActionScript 3.0 文档，舞台大小为 550 像素 ×240 像素。执行"插入"|"新建元件"命令，创建一个名为"butterfly"的影片剪辑。

（2）选中第 1 帧，使用绘图工具绘制如图 14-12 所示的蝴蝶。

（3）单击第 2 帧，按 F6 键添加关键帧，然后调整翅膀和身体的形状，效果如图 14-13 所示。

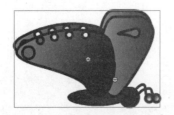

图14-12 第1帧效果

图14-13 第2帧效果

（4）按照第（3）步的方法从第 3 帧开始，逐帧绘制动画，一直到第 6 帧，效果如图 14-14 所示。

图14-14 第3帧至第6帧效果图

（5）返回主场景。执行"插入"｜"新建元件"命令，新建一个名为"red"的按钮元件。使用绘图工具绘制如图 14-15 所示的圆形按钮，分别代表按钮的弹起、指针经过、按下、点击四种状态。对应的时间轴如图 14-16 所示。

图14-15　红色按钮四种状态

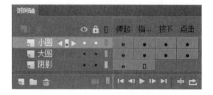

图14-16　按钮元件的时间轴

（6）用同样的方法制作一个"green"按钮元件，四种状态效果如图 14-17 所示。

图14-17　绿色按钮四种状态

（7）返回主场景。打开"库"面板，将"butterfly"影片剪辑、"green"按钮元件、"red"按钮元件拖到舞台上，并摆放到合适的位置。

（8）选中影片剪辑实例，在属性面板上设置实例名称为"butterfly_mc"；分别选中两个按钮实例，在属性面板上分别命名为 stopbutton 和 startbutton。然后使用"文本工具"输入文本，效果如图 14-11 所示。

（9）选中红色按钮实例，打开"代码片断"面板，双击"事件处理函数"分类下的"Mouse Click 事件"。切换到"动作"面板，在脚本编辑区删除示例代码，然后输入如下代码：

```
butterfly_mc.stop();
```

（10）选择绿色按钮，按照第（9）步的方法在"动作"面板的脚本编辑区输入如下代码：

```
butterfly_mc.play();
```

此时，"动作"面板的脚本编辑区中的代码如下所示：

```
// 注册 stopbutton 的 Mouse Click 事件侦听器
stopbutton.addEventListener(MouseEvent.CLICK, fl_MouseClickHandler);
// 定义 stopbutton 的 Mouse Click 事件处理函数
function fl_MouseClickHandler(event:MouseEvent):void
{
 butterfly_mc.stop();
}
```

```
/* startbutton 的 Mouse Click 事件 */
startbutton.addEventListener(MouseEvent.CLICK, fl_MouseClickHandler_2);
function fl_MouseClickHandler_2(event:MouseEvent):void
{
  butterfly_mc.play();
}
```

（11）执行"文件"｜"保存"命令保存文件，然后按 Ctrl+Enter 键测试影片，动画效果如图 14-11
所示。

14.3.3　跳到某一帧或场景

若要跳转到影片中的某一特定帧或场景，可以使用 goto 动作。

goto 动作分为 gotoAndPlay 和 gotoAndStop。用户可以指定影片跳转到某一帧开始播放或停止。

❯ 选中要指定动作的按钮实例或影片剪辑实例，并为对象指定实例名称。

❯ 执行"窗口"｜"动作"命令，打开"动作"面板。

❯ 执行"窗口"｜"代码片断"命令，打开"代码片断"面板。

❯ 根据需要，执行相应的操作。

1. 跳转后影片继续播放

在"代码片断"面板中展开"时间轴导航"类别，然后双击"单击以转到帧并播放"。此时，时间轴
面板顶层将自动添加一个名为"Actions"的图层，并在第一帧添加如下代码：

```
// 注册侦听器
movieClip_1.addEventListener(MouseEvent.CLICK, ClickToPlay);
// 定义侦听器
function ClickToPlay(event:MouseEvent):void
{
  gotoAndPlay(5);
}
```

其中，movieClip_1 为选中的影片剪辑的实例名称；gotoAndPlay(5) 表示跳转到当前场景的第 5 帧并
开始播放。用户可以根据实际需要修改参数。

2. 跳转后停止播放影片

在"时间轴导航"类别中双击"单击以转到帧并停止"。用户在"动作"面板中可以看到类似
gotoAndStop(5) 的代码。

3. 跳转到前一帧或下一帧

在脚本窗格中输入 prevFrame() 或 nextFrame()。

4. 跳转到指定场景

在"时间轴导航"类别中双击"单击以转到场景并播放"，可以看到如下所示的代码：

```
// 注册侦听器
movieClip_1.addEventListener(MouseEvent.CLICK, ClickToScene);
```

```
// 定义侦听器
function ClickToScene(event:MouseEvent):void
{
 MovieClip(this.root).gotoAndPlay(1, "场景 3");
}
```

其中，gotoAndPlay(1, "场景3")表示跳转到"场景3"的第1帧开始播放。用户可根据实际需要修改参数。

 注意

如果要跳转到当前场景，可省略场景名称；如果要跳转到其他已命名的场景，则必须指定场景名称。

指定目标帧时，除了可以直接指定帧编号，还可以使用帧标签或表达式指定帧。例如：gotoAndPlay(currentFrame +5); 表示跳转到当前帧之后的第 5 帧开始播放。

5. 跳转到前一场景或下一场景

在脚本窗格中输入 prevScene() 或 nextScene()。

14.3.4 上机练习——人工降雪

14-3 上机练习——人工降雪

 练习目标

本节练习制作一个人工降雪的交互动画。通过对实例操作方法的讲解，使读者掌握时间轴导航语句的使用方法。

 设计思路

首先新建一个空白的 Animate CC 2018 文档，背景颜色为黑色。使用"矩形工具"和"变形"面板制作一个外形为雪花的隐形按钮，然后使用路径引导动画制作一个雪花飘落的影片剪辑。最后，使用动作脚本响应隐形按钮的单击鼠标事件，使动画跳转到指定的帧播放，最终效果如图 14-18（a）所示。移动鼠标，当鼠标指针变为手形时单击，就会在单击的位置产生一个飘落的雪花，如图 14-18（b）所示。

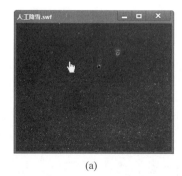
(a)
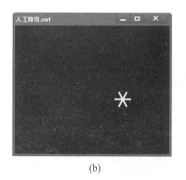
(b)

图14-18 人工降雪效果

操作步骤

（1）执行"文件" | "新建"命令，新建一个 Animate CC 2018 文档（ActionScript 3.0），舞台大小为 300 像素 ×240 像素，背景色为黑色。

（2）执行"插入" | "新建元件"命令，新建一个按钮元件，名称为"hidden"。在元件编辑窗口的"点击"帧按 F6 键插入关键帧，然后选择"矩形工具"，笔触颜色设置为无，填充色为白色，在舞台上绘制一个矩形。

提示：　　由于只有"点击"帧有内容，因此，该按钮元件在舞台上不可见，即隐形按钮。

（3）打开"信息"面板，调整矩形位置，使矩形中心点与舞台注册点对齐，如图 14-19 所示。然后使用"任意变形工具"单击矩形，打开"变形"面板，设置旋转角度为 120，连续单击"重制选区并变形"按钮两次，如图 14-20 所示。

此时的按钮元件编辑窗口如图 14-21 所示。

图14-19　调整矩形位置

图14-20　设置变形参数

图14-21　按钮元件的编辑窗口

（4）返回主场景。执行"插入"｜"新建元件"命令，创建一个名称为"snow"的影片剪辑。选中第 1 帧，从"库"面板拖放一个隐形按钮实例到舞台上，然后新建一个图层，重命名为 Actions，在第 1 帧上添加脚本 stop();，此时的时间轴如图 14-22 所示。

（5）按住 Ctrl 键单击图层 1 的第 2 帧和第 30 帧，按 F6 键插入关键帧。然后右击图层 1 的名称栏，在弹出的快捷菜单中选择"添加传统运动引导层"命令；并在第 2 帧按 F6 键插入关键帧，如图 14-23 所示。

图14-22　添加脚本语言

图14-23　添加传统运动引导层和关键帧

（6）删除图层 1 第 2 帧舞台上的隐形按钮实例，然后使用"矩形工具"和"变形"面板绘制一个与隐形按钮大小相同的雪花，并使用"信息"面板调整雪花的位置，使其与隐藏按钮实例的位置相同，如图 14-24 所示。

（7）选中引导层的第 2 帧，使用"铅笔工具"绘制如图 14-25 所示的引导线，并将第 2 帧的雪花图形吸附到引导线的起始端点。

（8）选中第 30 帧的雪花图形，拖放到引导线的结尾处。然后右击第 2～30 帧之间的任一帧，在弹出的快捷菜单中选择"创建传统补间"命令，时间轴如图 14-26 所示。

图14-24　绘制雪花图形

图14-25　绘制引导线

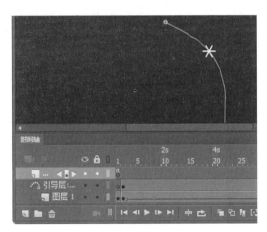

图14-26　创建传统补间动画

（9）选中图层1第1帧的隐形按钮实例，在属性面板上设置实例名称为hiddenSnow，然后在Actions图层的第1帧打开"动作"面板，输入按钮单击事件的处理函数，如图14-27所示。

图14-27　按钮实例的单击事件处理函数

这样，当单击隐形按钮时，将跳转到第2帧播放雪花的路径引导动画。

（10）返回主场景。

打开"库"面板，拖放多个snow影片剪辑到舞台上，随意摆放。然后使用"变形"面板调整实例的大小，效果如图14-28所示。

图14-28　创建实例

（11）按 Ctrl+Enter 键测试动画，效果如图 14-18 所示。执行"文件"｜"保存"命令保存文件。

14.3.5　跳转到指定的 URL

如果要在浏览器窗口中打开网页，或将数据传递到指定 URL 的另一个应用程序，可以使用 navigateToURL 动作。

（1）选中要指定动作的帧、按钮或影片剪辑。

（2）在"动作"面板的脚本窗格中输入如下语句：

```
// 注册侦听器
movieClip_1.addEventListener(MouseEvent.CLICK,ClickToWebPage);
// 定义侦听器
function ClickToWebPage(event:MouseEvent):void
{
// 在新浏览器窗口中加载指定的 URL
navigateToURL(new URLRequest("http://www.myserver.com"), "_blank");
}
```

上述代码表示单击名为 movieClip_1 的实例，在新窗口中加载（http://www.myserver.com）。在指定 URL 时，可以使用相对路径或绝对路径。

14.4　实例精讲——移动的飞船

练习目标

本实例制作一个简单的交互动画，使用四个方向键控制飞船运动。通过对该实例的讲解，使读者进一步了解交互动画的三要素，并掌握键盘事件和帧事件的处理方法，以及类文件的编写方法。

14-4　实例精讲——移动的飞船

设计思路

首先新建一个空白的 Animate CC 2018 文档，背景色为黑色，并使用绘图工具创建飞船影片剪辑。然后使用 KeyboardEvent.KEY_DOWN 事件侦听器探测哪个方向键被按下。接下来编写飞船元件的类文件，定义飞船的初始位置，并使用 ENTER_FRAME 事件根据按下的键调整飞船的 X 坐标和 Y 坐标，实现移动飞船的功能。最后在舞台上加载一个飞船实例，即可通过上、下、左、右方向键来移动飞船，最终效果如图 14-29 所示。

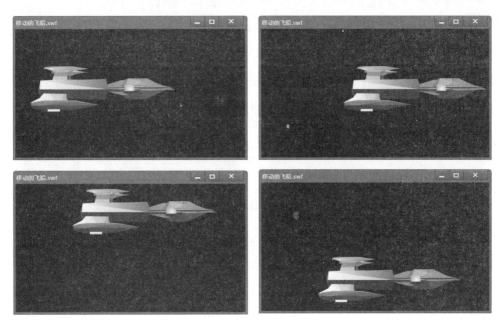

图14-29　移动的飞船效果

操作步骤

（1）新建一个 ActionScript 3.0 文档，舞台大小为 440 像素 ×240 像素，背景颜色为黑色。

（2）按 Ctrl + F8 键创建一个影片剪辑，命名为 spaceship。在元件编辑模式下，在舞台上绘制一个宇宙飞船，如图 14-30 所示。

图14-30　spaceship实例

（3）回到主时间轴，在主时间轴上新建一个图层，命名为 Actions，然后打开"动作"面板，在脚本窗格中添加下面的代码：

```
// 定义按键变量，用于指示方向键是否按下
var upArrow:Boolean = false;
var downArrow:Boolean = false;
var leftArrow:Boolean = false;
var rightArrow:Boolean = false;
// 键盘按下事件侦听器
stage.addEventListener(KeyboardEvent.KEY_DOWN,keyDownFunction);
// 键盘释放事件侦听器
stage.addEventListener(KeyboardEvent.KEY_UP,keyUpFunction);
// 按下键盘
function keyDownFunction(event:KeyboardEvent) {
 switch (event.keyCode)
 {
     case Keyboard.UP:
     {
         upArrow = true;
         break;
     }
     case Keyboard.DOWN:
```

```
                    {
                            downArrow = true;
                            break;
                    }
                    case Keyboard.LEFT:
                    {
                            leftArrow = true;
                            break;
                    }
                    case Keyboard.RIGHT:
                    {
                            rightArrow = true;
                            break;
                    }
            }
    }

// 释放键盘
function keyUpFunction(event:KeyboardEvent) {
 switch (event.keyCode)
  {
            case Keyboard.UP:
            {
                    upArrow = false;
                    break;
            }
            case Keyboard.DOWN:
            {
                    downArrow = false;
                    break;
            }
            case Keyboard.LEFT:
            {
                    leftArrow = false;
                    break;
            }
            case Keyboard.RIGHT:
            {
                    rightArrow = false;
                    break;
            }
    }
    }
```

（4）右击"库"面板中的元件 spaceship，在弹出的快捷菜单中选择"属性"命令，在打开的"元件属性"对话框中展开"高级"选项，勾选"为 ActionScript 导出"复选框，并在"类"文本框中输入 Spaceship，如图 14-31 所示。

（5）单击"确定"按钮关闭对话框。在"库"面板中选中元件 spaceship 并右击，在弹出的快捷菜单中选择"编辑类"命令，Animate CC 2018 将新建一个名为 Spaceship.as 的 ActionScript 类文件并打开，

输入如下代码:

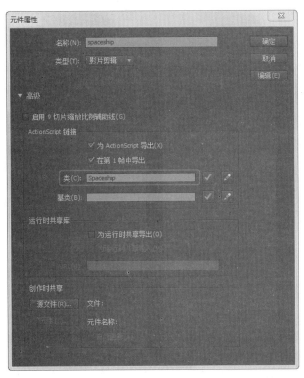

图14-31　"元件属性"对话框

```
package {
import flash.display.*;
import flash.events.*;
import flash.utils.getTimer;
// 定义 Spaceship 类
public class Spaceship extends MovieClip {
// 飞船移动速率，如果要改变飞船移动的速度，修改 moveSpeed 的值即可
const moveSpeed:Number = 10;
// 构造函数
public function Spaceship() {
// spaceship 的初始位置
this.x = 167;
this.y = 112;
// 运动
addEventListener(Event.ENTER_FRAME,moveShip);
}
// ENTER_FRAME 处理函数，检测键盘的代码，根据按下的方向键控制飞船的移动方向，向上键使飞船向上，
向左键使飞船向左，依此类推
public function moveShip(event:Event) {
// 往左移
if (MovieClip(parent).leftArrow) {
this.x-=moveSpeed;
}
// 往右移
if (MovieClip(parent).rightArrow) {
```

```
 this.x+=moveSpeed;
}
// 往上移
if (MovieClip(parent).upArrow) {
this.y-=moveSpeed;
}
// 往下移
if (MovieClip(parent).downArrow) {
this.y+=moveSpeed;
}
}
}
}
```

　　按方向键移动飞船的代码写在 Enter Frame 事件处理函数中，因此，每一次 spaceship 影片剪辑进入一个新的帧的时候，这段代码都会执行。也就是说，这段代码会一直循环执行，直到影片停止播放。

　　接下来，在舞台上加载一个 spaceship 实例。

　　（6）在主时间轴的 Actions 层的第 1 帧添加如下代码：

```
// 定义变量，用于存储 Spaceship 对象
var spaceship:Spaceship;
// 生成 spaceship 加入到舞台上
spaceship = new Spaceship();
addChild(spaceship);
```

　　（7）按 Ctrl+Enter 键测试动画效果，如图 14-28 所示。执行"文件" | "保存"命令保存文件。

14.5　答　疑　解　惑

　　1. 如何在 Animate CC 2018 中编写 ActionScript 脚本文件？

　　答：新建 Animate CC 2018 文档的时候，在"新建文档"对话框中选择 ActionScript 文件，单击"确定"按钮，即可新建并打开一个脚本编辑窗口。在窗口顶部左上角的"目标"下拉列表中选择要与之关联的 FLA 文件。

　　2. 做好的动画默认循环播放，怎样能够让它不循环？

　　答：在动画的最后一帧添加脚本，设置成 Stop(停止)。

　　3. 在关键帧中添加了脚本 stop();，之后的脚本是否会起作用？

　　答：Stop 语句只是停止帧的播放，并不能停止该语句所在关键帧的 AS 语句执行。

　　4. 如何在鼠标接近的时候触发动作？

　　答：打开按钮元件的编辑窗口，在按钮的"指针经过"帧放置可以产生动作的影片剪辑，其他状态为空帧。

14.6　学习效果自测

选择题

　　1. 下面（　　）函数不能实现对时间轴的控制。

A. gotoAndPlay()　　　　B. play()　　　　　　C. stop()　　　　　　D. stopDrag()

2. gotoAndPlay() 函数中的参数不能是（　　　）。

　　A. 帧数　　　　　　　　B. 场景数　　　　　　C. 图层数　　　　　　D. 都正确

3. 打开动作面板的快捷键是（　　　）。

　　A. F6　　　　　　　　　B. F7　　　　　　　　C. F8　　　　　　　　D. F9

4. 下列选项中，（　　　）是跳转到上一帧的脚本。

　　A. nextFrame　　　　　B. nextScene　　　　　C. prevFrame　　　　　D. prevScene

5. "动作" 面板中，Goto 命令是（　　　）。

　　A. 转到　　　　　　　　B. 复换　　　　　　　C. 描绘　　　　　　　D. 停止

6. 在脚本中，gotoAndPlay 的作用是（　　　）。

　　A. 影片转到帧或帧标签处并开始播放，如果未指定场景，则播放头将转到当前场景中的指定帧

　　B. 影片转到帧或帧标签处并停止播放，如果未指定场景，则播放头将转到当前场景中的指定帧

　　C. 执行该命令时，影片或影片剪辑开始播放

　　D. 以上都不正确

7. 在 Animate CC 2018 常用动作命令语句中，（　　　）没有参数。

　　A. play　　　　　　　　B. stop　　　　　　　C. gotoAndPlay　　　　D. gotoAndStop

第15章

使 用 组 件

本章导读

　　Animate CC 2018 的组件提供一种简单的工具——组件，使用户在动画创作中可以重复使用复杂的元素，而不需要编写 ActionScript。通过设置组件参数可以修改组件的外观和行为，方便而快速地构建具有一致的外观和行为的功能强大的应用程序。

学习要点

❖ 认识组件
❖ 使用用户界面组件

15.1 认识组件

组件是带有参数的影片剪辑，它们本质上是一个容器，包含很多资源，这些资源共同工作以提供更强的交互能力和动画效果。每个组件都有预定义参数，还有一组独特的动作脚本方法、属性和事件（也称 API，应用程序编程接口），使用户可以在运行时设置参数和其他选项。

Animate CC 2018 中包含的组件共分为两类：用户界面（UI）组件和视频（Video）组件。

15.1.1 用户界面组件

用户界面组件可以单独使用，在 Animate CC 2018 影片中添加简单的交互动作；也可以组合使用，为 Web 表单或应用程序创建一个完整的用户界面。

安装 Animate CC 2018 后，如果没有添加其他组件，Animate CC 2018 中的用户界面组件如图 15-1 所示。

图15-1 "组件"面板

- ➘ **Button**：用于响应键盘空格键或者鼠标的动作。
- ➘ **CheckBox**：显示一个复选框。
- ➘ **ColorPicker**：显示一个颜色拾取框。
- ➘ **ComboBox**：显示一个下拉选项列表。
- ➘ **DataGrid**：数据网格。用于在行和列构成的网格中显示数据。
- ➘ **Label**：用于显示对象的名称、属性等。
- ➘ **List**：显示一个滚动选项列表。
- ➘ **NumericStepper**：用来显示一个可以逐步递增或递减数字的列表。
- ➘ **ProgressBar**：用于等待加载内容时显示加载进程。
- ➘ **RadioButton**：表示在一组互斥选择中的单项选择。
- ➘ **ScrollPane**：提供用于查看影片剪辑的可滚动窗格。
- ➘ **Slider**：显示一个滑动条，通过滑动与值范围相对应的轨道端点之间的滑块选择值。
- ➘ **TextArea**：用于显示一个带有边框和可选滚动条的文本输入区域，通常用于输入多行文本。
- ➘ **TextInput**：用于显示单行输入文本。
- ➘ **TileList**：提供呈行和列分布的网格，通常用来以"平铺"格式设置并显示图像。
- ➘ **UILoader**：一个能够显示 SWF 或 JPEG 的容器。
- ➘ **UIScrollBar**：一个显示有滚动条的文本字段容器。

15.1.2 视频组件

图15-2 视频组件

视频组件用于定制视频播放器外观和播放控件。Animate CC 2018 中的视频组件如图 15-2 所示。

15.2 使用用户界面组件

Animate CC 2018 提供一套用户界面组件，使用这些组件，用户可以轻松创建各种常用的用户界面，与应用程序进行交互操作。

15.2.1 在动画中添加组件

在舞台添加组件的方法与添加元件实例的方法类似。

（1）执行"窗口" | "组件"命令，打开如图 15-1 所示的"组件"面板。

（2）单击需要的组件图标，按下鼠标左键拖放到舞台上；或者直接双击选中的组件，将组件添加到舞台上，如图 15-3 所示。

（3）使用"任意变形工具"可以调整组件尺寸；使用"选择工具"可以调整组件位置。

在舞台上添加组件之后，在"库"面板中可以看到显示为编译剪辑元件（SWC）的组件及其相关资源列表，如图 15-4 所示。通过将组件从"库"面板中拖到舞台上，可以添加该组件的多个实例。

图15-3　将组件添加到舞台

图15-4　"库"面板中的CheckBox组件

15.2.2　设置组件参数

组件通常由开发者设计外观，并编写大量复杂的动作脚本，定义组件的功能与参数。使用组件时，用户不必关心这些动作脚本的具体内容，只需要了解组件的功能，设置参数进行初始化就够了。可以说，组件的使用提高了影片剪辑的通用性。

在 Animate CC 2018 中可以轻松地修改组件的外观和功能。

（1）选中舞台上的组件实例，执行"窗口" | "属性"命令，打开对应的属性面板。

（2）在属性面板上指定实例名称。根据需要还可以指定色彩效果等属性，如图 15-5 所示。

与早期版本不同，Animate CC 2018 在一个独立的"组件参数"面板中提供组件参数属性。

（3）单击组件属性面板中的"显示参数"按钮，或执行"窗口" | "组件参数"命令打开"组件参数"面板，修改组件参数的值，如图 15-6 所示。

图15-5　组件的属性面板

图15-6　组件参数

这些可以指定的参数用于自定义组件的属性。可以对组件的每一个实例指定不同的参数值，根据参数值的不同，组件的实例性质也不同。

15.2.3　上机练习——制作留言板

15.2.1 节和 15.2.2 节已介绍在动画中添加组件、设置组件参数的方法，本节练习制作一个留言板。通过对实例操作方法的讲解，使读者对用户界面组件有更加深入的了解。

15-1　上机练习——制作
留言板

首先新建一个空白的 Animate CC 2018 文档，导入一幅图片作为背景，然后在舞台上添加静态文本框和需要的各种组件完成页面布局，并在属性面板上配置组件参数。接下来在第 2 帧使用文本框添加提示信息，最后为按钮组件编写脚本，添加鼠标单击事件处理函数，最终效果如图 15-7（a）所示。在用户界面组件中填写信息，单击"提交"按钮显示提交成功的信息，如图 15-7（b）所示；单击"返回"按钮，跳转到图 15-7（a）所示的界面。

(a)

(b)

图15-7　留言板效果

操作步骤

（1）执行"文件" | "新建"命令，新建一个 Animate CC 2018 文档（ActionScript 3.0）。然后执行"文件" | "导入" | "导入到舞台"命令，导入一幅 GIF 图像作为背景。在"信息"面板中调整图片尺寸与位置，使图片与舞台大小相同，且左上角对齐，如图 15-8 所示。

图15-8　导入的背景图

（2）在图层面板左下角单击"新建图层"按钮，新建一个图层，重命名为 content。选中第 1 帧，在绘图工具箱中选中"文本工具"，切换到属性面板，设置字体为"微软雅黑"，字号为 20，颜色为黑色，字母间距为 5，如图 15-9 所示。在舞台上输入标题文本。将字号修改为 14，输入其他文本，如图 15-10 所示。

图15-9 　文本属性

图15-10 　留言板界面信息

（3）打开"组件"面板，双击 TextInput 组件添加到舞台上，然后将组件实例拖放到如图 15-11 所示的位置。

（4）在"组件"面板中将 RadioButton 组件拖放到舞台上，放置完毕后按住 Alt 键复制第 2 个，并将两个实例横向对齐，如图 15-12 所示。

图15-11 　添加TextInput组件

图15-12 　添加RadioButton组件

（5）打开"库"面板，拖放两个 RadioButton 组件实例到舞台上，放在如图 15-13 所示的位置。

（6）在"组件"面板中双击 ComboBox 组件添加到舞台上，然后将其拖放到如图 15-14 所示的位置。

（7）在"组件"面板中将 CheckBox 组件拖放到舞台上，然后按住 Alt 键复制另外 4 个并摆放整齐，如图 15-15 所示。

（8）在"组件"面板中双击 TextArea 组件将其添加到舞台上，然后将其拖放到如图 15-16 所示的位置。

（9）同样的方法，在"组件"面板中拖放一个 Button 组件到舞台上，放置在舞台右下角，如图 15-17 所示。

图15-13 添加RadioButton实例

图15-14 添加ComboBox组件

图15-15 添加CheckBox组件

图15-16 添加TextArea组件

至此，组件添加完毕，接下来配置组件。

（10）选中舞台上的 TextInput 实例，单击属性面板上的"显示参数"按钮，打开"组件参数"面板，设置 maxChars 为 20，即最多能输入 20 个字符，如图 15-18 所示。

图15-17 添加Button组件

图15-18 设置TextInput属性

（11）选中第 1 个 RadioButton 实例，在"组件参数"面板上设置 groupName 为 gender，label 为男，勾选 selected 选项，且 value 值为 boy，如图 15-19 所示。同样的方法，设置第 2 个 RadioButton 实例的属

性，如图 15-20 所示。

图15-19　设置第1个单选按钮属性

图15-20　设置第2个单选按钮属性

提示：

单选按钮组件属性参数的意义：

groupName：单选按钮所属的单选按钮组。

label：单选按钮的标签名称。

labelPlacement：指定标签出现在单选按钮的左侧还是右侧。

selected：指定该单选按钮初始时是否处于选中状态。

value：表示与该单选按钮相关联的数据。

（12）按照图 15-21 和图 15-22 设置第 3 个和第 4 个 RadioButton 实例的属性。

图15-21　设置第3个单选按钮属性

图15-22　设置第4个单选按钮属性

（13）选中舞台上的 ComboBox 实例，在"组件参数"面板上单击 dataProvider 属性右侧的"编辑"按钮，打开"值"对话框。单击"添加项"按钮，添加列表项标签和关联的值，如图 15-23 所示。输入完毕后单击"确定"按钮，返回到如图 15-24 所示的"组件参数"面板。

图15-23　"值"对话框

图15-24　ComboBox实例属性设置

（14）选中舞台上的第一个 CheckBox 实例，在"组件参数"面板上将 label 值设置为"内向"，如图 15-25 所示。同样的方法，依次设置其他 CheckBox 实例的 label 值为：热情、害羞、外向、忧郁。

（15）选中舞台上的 TextArea 实例，在"组件参数"面板上设置 text 属性为"在这里留言"，如图 15-26 所示。

图15-25　CheckBox属性设置

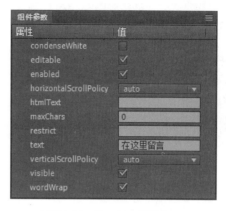

图15-26　TextArea属性设置

（16）选中舞台上的 Button 组件实例，在属性面板上设置实例名称为 submit。在"组件参数"面板上设置 label 值为"提交"，如图 15-27 所示。此时的舞台效果如图 15-28 所示。

图15-27　设置Button实例属性

图15-28　舞台效果

接下来制作第 2 帧的界面。

（17）选中背景图层的第 2 帧，按 F5 键，将帧扩展到第 2 帧。

（18）右击 content 图层的第 2 帧，在弹出的快捷菜单中选择"转换为空白关键帧"命令。然后在绘图工具箱中选择"文本工具"，设置笔触颜色为蓝色，在舞台输入文本，效果如图 15-29 所示。

（19）打开"库"面板，拖放一个 Button 实例到舞台上，通过"信息"面板调整实例位置，使其与 submit 按钮位置相同。然后打开属性面板，设置实例名称为 Return。单击"显示参数"按钮，打开"组件参数"面板，设置 label 值为"返回"。此时的舞台效果如图 15-30 所示。

（20）在图层面板左下角单击"新建图层"按钮，并将图层重命名为 Actions。选中第 1 帧，打开"动作"面板，在脚本窗格中添加如下代码：

图15-29　添加文本　　　　　　　　　　　图15-30　添加Button实例

```
// 初始时停留在第 1 帧，等待用户操作
stop();
// 侦听“提交”按钮的单击事件
submit.addEventListener(MouseEvent.CLICK, showMessage);
// 单击事件处理函数
function showMessage(event:MouseEvent):void
{
// 单击按钮进入第 2 帧
 gotoAndPlay(2);
}
```

（21）选中 Actions 图层的第 2 帧，按 F7 键转换为空白关键帧，然后打开“动作”面板，输入如下脚本：

```
// 停留在第 2 帧，等待用户操作
stop();
// 侦听“返回”按钮的单击事件
Return.addEventListener(MouseEvent.CLICK, restart);
// 单击事件处理函数
function restart(event:MouseEvent):void
{
// 单击按钮返回第 1 帧
 gotoAndPlay(1);
}
```

（22）执行“文件”｜“保存”命令保存文件，然后按 Ctrl+Enter 键测试动画，效果如图 15-7 所示。

15.2.4　自定义组件外观

　　尽管 Animate CC 2018 自带的组件比早期的版本漂亮很多，但为了让组件的外观与整个页面的样式统一，通常需要改变组件的外观，比如组件标签的字体和颜色，组件的背景颜色等。

　　方法 1

　　（1）双击舞台上的组件，转到组件实例的第 2 帧，在这里可以查看组件使用的皮肤，如图 15-31 所示。

　　（2）双击要修改的状态，可进入对应的状态元件编辑窗口，如图 15-32 所示。在这里，用户可分别修改该状态的边框颜色、填充色和高亮颜色。

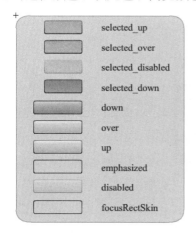

图15-31 组件皮肤

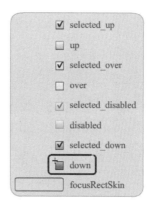

图15-32 元件编辑窗口

方法 2

（1）单击舞台上方的"编辑元件"按钮，在弹出的下拉列表中选择要修改的组件皮肤，如图 15-33 所示。

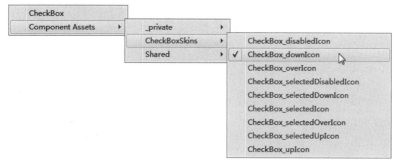

图15-33 "编辑元件"级联菜单

（2）在元件编辑窗口修改元件外观。

15.2.5 上机练习——使用样式管理器定义标签格式

练习目标
15.2.4 节介绍两种修改组件外观的方法，本节将结合实例讲解自定义组件文本格式的方法，使读者掌握使用样式管理器自定义组件外观的方法。

15-2 上机练习——使用样式管理器定义标签格式

设计思路
首先新建一个空白的 Animate CC 2018 文档，在"组件"面板中拖放两个 Button 组件到舞台上，并在属性面板上设置要自定义外观的实例名称。然后添加脚本，通过加载样式管理器、定义文本格式对象的各个属性，修改组件的外观，如图 15-34 所示。

——默认样式
——自定义样式

图15-34 自定义按钮样式

操作步骤

（1）新建一个 ActionScript 3.0 文件，打开"组件"面板，从中拖放两个 Button 组件到舞台上。一个使用默认样式，一个将自定义样式，以比较效果。

（2）选中拖入的第二个组件，在属性面板的"实例名称"文本框中输入实例的名称"myBtn"。然后单击"显示参数"按钮，打开"组件参数"面板，如图15-35所示 。

在这里，用户可以设置组件的相关属性。本例保留默认设置。

（3）单击图层面板左下角的"新建图层"按钮，创建一个新层，重命名为Actions，用于设置组件属性。

图15-35　组件参数

（4）选择Actions图层的第1帧，打开"动作"面板，在脚本窗格中输入下面的语句指定实例的属性和值。

```
// 加载样式管理器 StyleManager
import fl.managers.StyleManager;
// 定义文本格式对象 textStyle
var textStyle:TextFormat = new TextFormat();
// 定义字体
textStyle.font="Verdana";
// 定义字号
textStyle.size = 12;
// 定义文本颜色
textStyle.color=0xFF0000;
// 设置实例 myBtn 的 label 属性
myBtn.label="Button";
// 改变实例 myBtn 的样式
myBtn.setStyle("textFormat", textStyle);
```

（5）执行"文件" | "保存"命令保存文件。按Ctrl+Enter键测试影片，就可以看到组件属性的改变了，如图15-34所示。

如果要更改舞台上所有按钮组件的样式，可以将上述脚本的最后两行代码修改为如下形式：

```
StyleManager.setComponentStyle(Button, "textFormat", textStyle);
```

注意　这种方法为场景内某一类型的组件定义样式，只对此类别有效。

15.3　实例精讲——信息表单

本实例制作一个填写表单的程序，适合刚开始接触用户界面组件的用户。通过对该实例的讲解，使读者对用户界面组件有更加深入的了解，并能够牢固掌握添加组件和配置组件参数的方法。

首先打开一个已创建好基本布局的 Animate CC 2018 文件，打开"组件"面板，将 ComboBox、CheckBox、Button 组件和输入文本框添加到表单的第一页，然后在属性面板上分别设置组件的各项参数和输入文本框的实例名称、格式。同样的方法，在第二页放置动态文本框和按钮组件，并对这些实例进行配置。最后编写两个按钮的单击事件动作脚本，将第一页获取的信息显示在第二页上，如图 15-36 所示。在第一页填写某些信息，单击 Submit 按钮就可以在图 15-37 所示的第二页显示提交的结果，单击第二页的 Return 按钮，可以返回到第一页。

图15-36　表单第一页

图15-37　表单第二页

操作步骤

15.3.1　添加组件

　　（1）执行"文件"|"打开"命令，打开一个已完成基本布局的 Animate CC 2018 文件，如图 15-38 所示。

15-3　添加组件

图15-38　页面布局效果

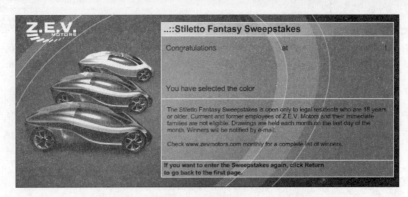

图15-38 （续）

该文件可分为两页，分别用于填写信息和显示信息。

（2）新建一个图层，重命名为 UI，该层将放置收集信息的用户界面组件。右击 UI 层的第 6 帧，在弹出的快捷菜单中选择"转换为空白关键帧"命令，将其转换为空白关键帧。

（3）添加 CheckBox 组件。选中 UI 图层的第 1 帧，打开"组件"面板，将 CheckBox 组件拖放到舞台上，把它放在如图 15-39 所示的位置。

（4）添加 ComboBox 组件。在"组件"面板中双击 ComboBox 组件，将其添加到舞台上，放到文本"Select your favorite color:"下面，如图 15-40 所示。

图15-39　添加CheckBox

图15-40　添加ComboBox

（5）添加输入文本框。在工具箱中选择"文本工具"，在舞台上绘制两个文本框。然后打开属性面板，设置文本类型为"输入文本"，字体为 Times New Roman，加粗，字号为 14，颜色为蓝色，分别命名为 name_xm 和 email。

（6）添加 Button 组件。在"组件"面板中把 Button 组件拖到舞台上，把它放在表单右下角，与 name_xm、email 文本框平行，如图 15-41 所示。

图15-41　添加Button组件

该按钮用来提交用户填写的信息。

接下来在第二页添加组件和动态文本框。

（7）单击 UI 层的第 6 帧，将"组件"面板中的 Button 组件拖放到舞台上，放在右下角，如图 15-42 所示。

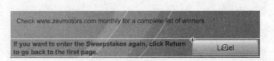

图15-42　第二页的Button组件

该按钮用来返回到第一页，而且用刚刚提交的信息填充各个表单项。

（8）使用"文本工具"制作四个动态文本框，字体为 Times New Roman，字号为 14，加粗，颜色为蓝色，然后在属性面板上分别命名为 name_result、email_result、sweepstakes_result 和 color_result，如图 15-43
所示。

图15-43　添加动态文本框

> **提示：** 动态文本框默认的行为是"多行不换行"，本例中将 sweepstakes_result 的行为设置为"多行"，否则显示结果只能显示单行，多余的字符自动隐藏。

15.3.2　配置组件

添加组件之后，就可以使用"组件参数"面板配置组件了，这样它们才能显示想要
的内容。

15-4　配置组件

1. 配置CheckBox

（1）选中 UI 层的第 1 帧，然后选择舞台上的 CheckBox 实例，在属性面板上的实例名称文本框中输
入 sweepstakes_box。

（2）单击"显示参数"按钮打开"组件参数"面板，在 Label 文本框中输入 Absolutely!；Label
Placement 参数保持默认的 right（右对齐），表示 Label 中的内容将和 CheckBox 右边界对齐。

（3）勾选 Selected 参数右侧的复选框。这个选项表示 CheckBox 组件最初状态是被选中的还是没被选
中，如图 15-44 所示。

2. 配置ComboBox

使用 ComboBox 组件可以创建一个简单的下拉菜单。

（1）选中舞台上的 ComboBox 组件，在属性面板上的"实例名称"文本框中输入 color_box，如
图 15-45 所示。

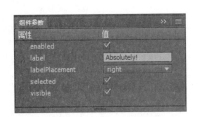

图15-44　CheckBox的参数

图15-45　ComboBox的参数

（2）单击"显示参数"按钮打开"组件参数"面板，确保 editable 属性没有被选中。这表示不允许
用户输入其他文本。

（3）单击 dataProvider 参数右侧的铅笔图标，在弹出的"值"对话框中单击左上角的 + 按钮，添
加一个新的值及标签，如图 15-46 所示。

dataProvider 参数显示一个用户可选值的列表。

（4）输入 Lightning 作为第一个值。同样的方法再添加两个值，分别为 Cobalt 和 Emerald。此时，"值"
对话框中的内容如图 15-47 所示。单击"确定"按钮关闭对话框。

图15-46　值窗口

图15-47　输入值的值窗口

（5）在 rowCount（行数）文本框中指定窗口中要显示的行数，本例设置为3。此时，ComboBox 组件的参数如图 15-48 所示。

3. 配置Button

（1）选中第 1 帧中的 Button 组件，在属性面板上的"实例名称"文本框中输入 submit_btn。然后单击"显示参数"按钮打开"组件参数"面板，在 label 文本框中输入 Submit。

（2）选中第 6 帧的 Button，在"实例名称"文本框中输入 return_btn。然后单击"显示参数"按钮打开"组件参数"面板，在 label 文本框中输入 Return。

图15-48　配置好的ComboBox参数

15.3.3　使用脚本获取信息

接下来为两个 Button 组件编写函数，响应鼠标的单击事件。在编写具体的动作脚本之前，先对要用到的实例做一个总的了解，如表 15-1 所示。

15-5　使用脚本
获取信息

表 15-1　实例列表

实例名称	描　　述
color_box	表单第一页的 ComboBox
sweepstakes_box	表单第一页的 CheckBox
submit_btn	第一页的 Button，用以提交信息
name_xm	第一页的一个输入文本框实例名称
email	第一页的一个输入文本框实例名称
return_btn	第二页的 Button，用以返回第一页
name_result	第二页的一个动态文本框，用来显示用户姓名
email_result	第二页的一个动态文本框，用来显示用户的 E-mail 地址
color_result	第二页的一个动态文本框实例名称，用来显示用户选择的颜色
sweepstakes_result	第二页的一个动态文本框实例名称，根据第一页的 CheckBox 是否被选中，显示不同的信息，多行

（1）添加一个新层，命名为 Actions。这个层将放置在整个影片运行期间一直运行的动作脚本。然后执行"窗口" | "动作"命令，打开"动作"面板。

（2）选中 Actions 图层的第 1 帧，在属性面板中将帧命名为 pg1，如图 15-49 所示。此时第 1 帧的位置将显示一个红色的旗子和帧名称。

（3）打开"动作"面板，在脚本窗格中输入以下代码以响应 Submit 按钮的鼠标单击事件。

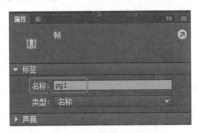

图15-49 指定第1帧的名称

```
// 定义变量，分别用于存放第一页中各个组件的值
var sweepstakes_text:String;
var color_text:String;
var name_text,email_text:String;
// 注册 Mouse Click 事件侦听器
submit_btn.addEventListener(MouseEvent.CLICK, clickSubmit);
// 定义 Mouse Click 事件处理函数
function clickSubmit(event:MouseEvent):void
{
 // 根据复选框的选择情况为文本框赋予不同的显示内容
if (sweepstakes_box.selected==true){
 sweepstakes_text = "You have been entered in the Stiletto Fantasy sweepstakes.
Winners are announced at the end of each month.";
 }
 else{
 sweepstakes_text = "You have not been entered in the Stiletto Fantasy
sweepstakes.";
 }
 // 存储 combox 中的选择项
    color_text=color_box.selectedItem.label;
 // 存储动态文本框 name_xm 的值
    name_text=name_xm.text;
 // 存储动态文本框 email 的显示内容
    email_text=email.text;
 // 跳转到第二页
 gotoAndStop("pg2");
 }
```

（4）右击 Actions 层的第 6 帧，在弹出的快捷菜单中选择"转换为空白关键帧"命令，并在属性面板中将帧标签命名为 pg2，如图 15-50 所示。此时，第 6 帧位置将显示一个红色的旗子和帧名称，如图 15-51 所示。

图15-50 指定第6帧的名称

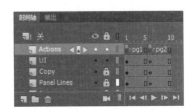

图15-51 显示帧标签

（5）打开"动作"面板，在脚本窗格中输入以下代码以响应 Return 按钮的鼠标单击事件。

```
// 指定动态文本框 sweepstakes_result 的显示内容
sweepstakes_result.text=sweepstakes_text;
// 指定动态文本框 color_result 的显示内容
    color_result.text=color_text;
// 指定动态文本框 name_result 的显示内容
    name_result.text=name_text;
// 指定动态文本框 email_result 的显示内容
    email_result.text=email_text;
// 注册 Mouse Click 事件侦听器
return_btn.addEventListener(MouseEvent.CLICK, ClickReturn);
// 定义 Mouse Click 事件处理函数
function ClickReturn(event:MouseEvent):void
{
  // 跳转到第一页
  gotoAndStop("pg1");
}
```

（6）选中 Actions 层的第 1 帧，然后在"动作"面板中输入如下语句：

```
stop();
```

（7）执行"控制" | "测试影片"命令，预览动画，效果如图 15-36 和图 15-37 所示。

15.4 答 疑 解 惑

1. ComboBox 组件有什么功能？

答：ComboBox 组件可以添加可滚动的单选下拉列表。它既可以用于静态组合框，也可以用于创建可编辑组合框。静态组合框是一个可滚动的下拉列表，用户可以从列表中选中项目；可编辑组合框是一个可滚动的下拉列表框，用户可以在其上方的输入文本字段中输入文本来滚动到该列表的匹配菜单项。

2. List 组件和 ComboBox 组件有什么区别？

答：这两者十分相似，不同之处在于 List 组件是平铺滚动，而 ComboBox 组件是单行下拉滚动。

3. Button 组件实例具有焦点时，如何控制按钮动作？

答：Button 组件在禁用状态下，不接收鼠标、键盘的输入。如果单击或者切换到某个按钮，处于启用状态下的按钮会接收焦点。当 Button 的实例具有焦点时，按 Shift+Tab 键，可以将焦点移动到前一个对象；按空格键，可以选中或释放组件并触发 Click 事件；按 Tab 键，可以将焦点移动到下一个对象。

15.5 学习效果自测

一、选择题

1. 在"属性"面板的"参数"选项卡中，下面（　　）参数可以使 Button 组件在程序运行时成为一个切换开关按钮，即在按下后保持按下状态，直到再次按下时才返回到弹起状态。

  A. toggle   B. label   C. labelPlacement   D. icon

2. 使用 RadioButton 组件时，在"属性"面板的"参数"选项卡中，对下面（　　）参数进行设置可以指定按钮上标签文本的方向。

    A. data   B. groupName   C. label   D. labelPlacement

3. 同时具有水平和垂直滚动条的窗口的组件是（   ）。

    A. ScrollBar   B. ListBox   C. ComboBox   D. ScrollPane

4. 添加可滚动的单选和多选下拉菜单的组件是（   ）。

    A. ComboBox   B. ListBox   C. ScrollBar   D. ScrollPane

5. 下面关于组件的叙述，正确的是（   ）。

    A. 图形元件不能转化为组件   B. 组件是影片剪辑元件的一种派生形式

    C. 组件是定义了参数的影片剪辑   D. 以上都对

二、填空题

1. 组件是带参数的 _____ 。

2. Animate CC 2018 中的组件分为 _____ 和 _____ 两种类型。

3. 在 Animate CC 2018 中，要向文档中添加组件，只需在 _____ 面板中单击组件，并将其拖入文档即可。

4. 选择 ComboBox 组件实例，打开属性面板，单击 _____ 后面的按钮，在弹出的"值"面板中可以 _____ 。

第 16 章

综合实例——实时钟

本章导读

　　本章介绍制作一个实时钟的具体制作步骤，包括制作图形元件、影片剪辑和动态文本。虽然制作方法不难，但综合性较强，读者在学习的时候不仅要学习制作方法，更要学习制作思路。作为本书的最后一章，基础知识在前面的章节中都讲解了，而具体的操作还需读者勤加练习，多想多做，这样才能不断创新，制作出独具风格的动画。

学习要点

❖ 制作实时钟各组成部分的元件
❖ 使用 Date 对象获取当前日期和时间

16.1 实 例 效 果

本实例制作一个实时钟，可以实时显示年、月、日、星期，并且用两种方式显示时、分、秒，效果如图 16-1 所示。

图16-1　实时钟效果

16.2 设 计 思 路

首先创建一个空白的 Animate CC 2018 文档，设置舞台大小和颜色，然后使用绘图工具绘制钟表的外观图形元件和表针元件，使用传统补间动画制作表针的走动动画。

接下来将实时钟的表盘、刻度和指针整合成实时钟影片剪辑放置在舞台上，并使用 Date 对象获取当前时间信息，并根据时间实时调整表针的位置。

最后添加动态文本框实例，使用 Date 对象获取当前日期、时间信息，并实时显示在文本框中。

16.3 制 作 步 骤

本实例对实时钟的各个组成部分分别进行讲解，制作步骤如下。

16.3.1 制作表盘

（1）新建一个 ActionScript 3.0 文件，背景颜色为 #000066。

16-1　制作表盘

（2）执行"插入"｜"新建元件"命令，创建一个影片剪辑用于放置钟面，名称为 face。进入元件编辑窗口，将当前层重命名为 back，然后在第 1 帧绘制一个小圆和一个大圆，如图 16-2 所示。

注意　小圆的圆心一定要与 face 影片剪辑的舞台注册点（0，0）对齐，大圆的圆心也以（0，0）为圆点。可以通过"信息"面板调整圆心位置。

（3）在 face 影片剪辑中，添加一个新的图层，命名为 glass。在这一层绘制一个如图 16-3 所示的圆，与 back 层的大圆重合，采用线性渐变方式填充。这两层叠加在一起的效果如图 16-4 所示。

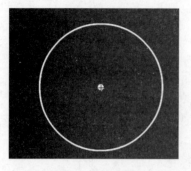
图16-2 back层效果

图16-3 glass层效果

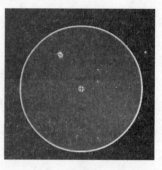
图16-4 叠加效果

（4）单击"新建图层"按钮，添加一个图层，重命名为 number。在这一层使用"文本工具"添加 12 点、3 点、6 点、9 点四个静态文本框。注意调整它们的位置，使它们位于大圆环之内，如图 16-5 所示。

提示：

为便于调整位置，可以使用辅助线定位。

（5）单击"新建图层"按钮，新建一个图层，重命名为 point。在这一层添加其他的整点标志，每一个都是一个静态文本框。按如图 16-6 所示的布局放置它们。

图16-5 添加四个文本框

图16-6 添加其余的文本框

（6）单击编辑栏上的"返回"按钮返回主场景。

16.3.2 制作表针

1. 制作时针、分针和秒针的图形元件

（1）按 Ctrl + F8 键创建一个图形元件，命名为 HourArm。在元件编辑窗口，使用"矩形工具"绘制一个无边线的矩形，然后使用"部分选取工具"调整图形，制作如图 16-7 所示的时针，注意时针下边线的中点坐标是 (0, 0)，通过"信息"面板设置。

16-2 制作表针

（2）按 Ctrl + F8 键创建一个图形元件，命名为 MinutesArm。在元件编辑窗口，使用第（1）步同样的方法制作如图 16-8 所示的分针，注意分针下边线的中点坐标是（0，0）。

（3）按 Ctrl + F8 键创建一个图形元件，命名为 SecondsArm。在元件编辑窗口，使用矩形工具绘制如图 16-9 所示的秒针，注意秒针下边线的中点坐标是（0，0）。

图16-7　时针

图16-8　分针

图16-9　秒针

2. 制作时针转动的影片剪辑

（1）按 Ctrl + F8 键创建一个影片剪辑，命名为 Hr。选中第 1 帧，从"库"面板中拖入一个 HourArm 图形元件。指针的下边线的中点位于 Hr 影片剪辑的（0，0）处。然后使用"任意变形工具"单击实例，然后将实例的变形点拖放到指针的下边线中点。

（2）右击第 11 帧，在弹出的快捷菜单中选择"转换为关键帧"命令。然后执行"修改"｜"变形"｜"缩放和旋转"命令，在弹出的对话框中设置旋转角度为 60，如图 16-10 所示。

图16-10　设置旋转角度

（3）按照第（2）步同样的方法，依次将第 21 帧、31 帧、41 帧、51 帧和第 60 帧转换为关键帧，并分别旋转 60°。

（4）右击第 1~11 帧之间的任意一帧，在弹出的快捷菜单中选择"创建传统补间"命令；同样的方法，在其他两个关键帧之间创建传统补间，此时的时间轴如图 16-11 所示。单击"绘图纸外观"工具，可以看到时针旋转一周的效果，如图 16-12 所示。

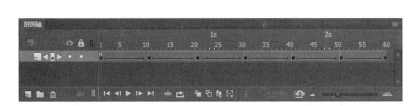

图16-11　创建传统补间

图16-12　影片剪辑Hr

> **提示：**
> 读者也可以使用逐帧动画制作旋转动画，每一帧旋转 6°。

（5）选中第 1 帧，打开"动作"面板，在第 1 帧添加如下的语句：

```
stop();
```

这样，初始时，时针不会转动。

3. 制作分针转动的影片剪辑

（1）按 Ctrl + F8 键创建一个影片剪辑，命名为 Min。在第 1 帧拖入一个 MinutesArm 图形元件，指针的下边线中点位于 Min 影片剪辑的（0，0）处。然后使用"任意变形工具"单击实例，然后将实例的变形点拖放到指针的下边线中点。

（2）右击第 31 帧，在弹出的快捷菜单中选择"转换为关键帧"命令插入关键帧。然后打开"变形"面板，将第 31 帧的实例旋转 180°，如图 16-13 所示。

（3）按照第（2）步同样的方法将第 60 帧转换为关键帧，然后在"变形"面板中将实例旋转 354°，如图 16-14 所示。

图16-13　设置第31帧的旋转角度

图16-14　设置第60帧的旋转角度

（4）右击第 1~31 帧之间的任意一帧，在弹出的快捷菜单中选择"创建传统补间"命令；同样的方法，在第 31~60 帧之间创建传统补间。单击"绘图纸外观"按钮，可以看到分针旋转一周的效果，如图 16-15 所示。

（5）选中第 1 帧，打开"动作"面板，添加如下代码：

```
stop();
```

图16-15　影片剪辑Min

4. 制作秒针转动的影片剪辑

（1）按 Ctrl + F8 键创建一个影片剪辑，命名为 Sec。在第 1 帧拖入一个 SecondsArm 图形元件，指针的下边线中点位于 Sec 影片剪辑的（0，0）处。然后使用"任意变形工具"单击实例，将实例的变形点拖放到指针的下边线中点。

（2）按住 Ctrl 键分别单击第 31 帧、第 51 帧和第 60 帧，然后右击，在弹出的快捷菜单中选择"转换为关键帧"命令，分别插入关键帧。

（3）打开"变形"面板，将第 31 帧的实例旋转 180°，将第 51 帧的实例旋转 300°，将第 60 帧的实例旋转 354°，然后在相邻的两个关键帧之间创建传统补间。打开绘图纸外观工具的效果如图 16-16 所示。

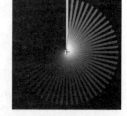

图16-16　影片剪辑Sec

16.3.3　制作 Clock 影片剪辑

前面已制作实时钟的表盘、刻度和指针，本节将这些组成部分整合成实时钟影片剪辑。

（1）按 Ctrl + F8 键创建一个影片剪辑，命名为 Clock。将当前层的名称修改为 Clock background。然后在第 1 帧拖入一个元件 face，使图形实例的中心点位于坐标为（0，0）的位置，如图 16-17 所示。

16-3　制作Clock影片剪辑

（2）添加实例。插入一个新层，命名为 Seconds，从"库"面板中拖动一个 Sec 影片剪辑到舞台，放置在坐标为（0，0）的地方，然后在属性面板上指定实例名称为 Seconds。

（3）插入一个图层，命名为 Minutes，从"库"面板中拖动一个 Min 影片剪辑到舞台上，放置在坐标为（0，0）的地方，然后在属性面板上指定实例名称为 Minutes。

（4）插入一个图层，命名为 Hours，从"库"面板中拖动一个 Hr 影片剪辑到舞台上，放置在坐标为

（0，0）的地方，然后在属性面板上指定实例名称为 Hours。影片剪辑的外观如图 16-18 所示。

图16-17　实例位置

图16-18　Clock的外观

16.3.4　获取时间信息

本节将使用 Date 对象获取当前时间信息，并根据时间实时调整表针的位置。

（1）回到主场景，按 Ctrl + L 键打开"库"面板，拖动一个 Clock 影片剪辑的
实例到舞台上，然后在属性面板上指定实例名称为 Clock。

（2）在图层面板左下角单击"新建图层"按钮，新建一个图层，重命名为
Actions。然后打开"动作"面板，在脚本窗格中键入如下代码：

16-4　获取时间信息

```
// Enter Frame 事件
addEventListener(Event.ENTER_FRAME, showTime);
//定义 Enter Frame 事件处理函数
function showTime(event:Event):void
{
 // 获取时间信息，并存储在变量 MyDate 中
  var MyDate:Date = new Date();
 // 给变量赋值
  var hour:int = MyDate.getHours();
  var minute:int = MyDate.getMinutes();
  var second:int = MyDate.getSeconds();
 // 计算时针位置
  if (hour > 11)
  {
    hour = hour-12;
  }
  hour = hour*5;
 var movement:Number = minute/12;
  hour = int(hour+movement);
// 移动时针
    Clock.Hours.gotoAndStop(hour) + 1;
 // 移动分针
  Clock.Minutes.gotoAndStop(minute) + 1;
  // 移动秒针
  Clock.Seconds.gotoAndStop(second) + 1;
}
```

Date 是 Animate CC 2018 预定义的对象，使用 new 操作符建立一个 Date 类型的变量 MyDate，并调
用 Date 对象的成员函数 getHours、getMinutes、getSeconds 得到系统当前的时间，然后计算出相应的角度数。

```
Clock.Hours.gotoAndStop(hour) + 1;
Clock.Minutes.gotoAndStop(minute) + 1;
Clock.Seconds.gotoAndStop(second) + 1;
```

之所以还要加1，是因为第一帧相当于0。

16.3.5 显示动态时间

16-5 显示动态时间

本节将添加一个静态文本框显示静态文本，添加两个动态文本框，用于实时显示使用 Date 对象获取的当前日期和时间。

（1）在主时间轴中添加一个新图层，命名为 info。使用绘图工具箱中的"文本工具"添加一个静态文本框，设置字体为"华文行楷"，大小为40，颜色为黄色，输入如图 16-19 所示的内容。

Date 类型除了可以得到小时、分、秒的值，还可以得到月、日、年。下面就添加这些信息。

图16-19 添加文本框

（2）在主时间轴中添加一个新层，命名为 day。然后使用"文本工具"添加两个动态文本框，在属性面板上分别指定实例名称为 currentdate 和 year，属性设置如图 16-20 所示。

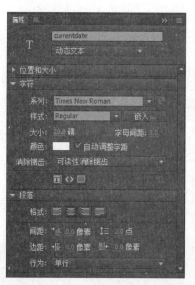

图16-20 动态文本框的属性设置

（3）单击"嵌入"按钮，在弹出的"字体嵌入"对话框中设置嵌入字体的字符范围。注意文本框的宽度，需要进行适当调整，如图 16-21 所示。

（4）打开"动作"面板，在影片剪辑 clock 的 Enter Frame 事件处理函数中，最后的"}"之前，添加下面的代码：

```
year.text = String(new Date().getFullYear());
currentdate.text = String(new Date());
```

第一行调用 Date 对象的 getFullYear() 函数，得到当前的年数，然后使用 String() 函数将结果转换为字符串，并且把它赋值给文本框 year 的 text 属性，在名为 year 的文本框中显示。

第二行调用 String(new Date()) 函数，返回一个字符串格式的日期值，赋值给文本框 currentdate 的

text 属性。

　　至此，实时钟制作完成！

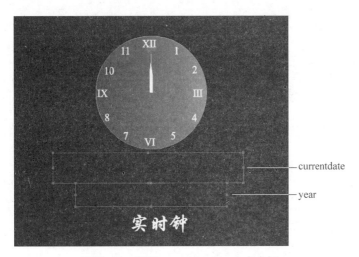

图16-21　添加currentdate和year文本框

（5）按 Ctrl+Enter 键查看影片效果，如图 16-1 所示。

ActionScript 3.0语法基础

ActionScript 3.0 简称为 AS，是一种面向对象的编程语言，其语法类似于 JavaScript，是 Animate CC 2018 的脚本撰写语言。该语言可以帮助用户灵活地实现 Animate CC 2018 中内容与内容，内容与用户之间的交互，让应用程序以非线性方式播放，并添加无法以时间轴表示的复杂的交互性、数据处理以及其他功能。

一、ActionScript 3.0 的编写环境

ActionScript 3.0 的代码编写有以下两种选择：

（1）写在单独的 AS 类文件中，再与 Animate CC 2018 中的库元件进行绑定，或直接与 Animate CC 2018 文件绑定；

（2）直接在关键帧上编写代码。

二、常 用 术 语

为了便于读者理解后续的内容，下面介绍一些 ActionScript 3.0 中的常用术语。

- **Actions**：动作，影片在播放时发出的命令声明。
- **Arguments**：参数，也称为变量，通过它可以向函数传递数据。
- **Class**：类，定义对象类型的数据类型。定义类应在外部脚本文件中使用 class 关键字，而不能借助"动作"面板编写。
- **Constants**：常量，数值不变的数据类型。
- **Constructor**：构造函数，用于定义类的属性和方法的函数，是类定义中与类同名的函数。
- **Data Types**：数据类型，描述变量或动作脚本元素可以包含的信息的种类。数据类型包括字符串、数值、布尔值、对象、影片剪辑、函数、空值和未定义。
- **Handlers**：事件侦听器，也就是以前版本中的事件处理函数。添加事件侦听的过程有两步：首先创建一个事件侦听函数，然后使用 addEventListener() 方法在事件目标或者任何的显示对象上注册侦听器函数。
- **Identifiers**：标识符，为对象、函数、动作等指定的名称。首字符必须是字母、下画线或者"$"，后面的字符必须是字母、数字、下画线或者"$"。
- **Instances**：实例，指对应于一个确定类的对象。类的每个实例均包含该类的所有属性和方法。
- **Instance Name**：实例的名称，是脚本中用来表示实例的唯一名称。
- **Keywords**：关键字，是有特殊含义的保留字。不能使用关键字作为标识符。
- **Methods**：方法，是与类关联的函数，用于对一个对象指定动作。
- **Objects**：对象，是属性和方法的集合。每个对象都有各自的名称，并且都是特定类的实例。内置对象是在动作脚本语言中预先定义的。例如，内置的 Date 对象可以提供系统时钟的信息。
- **Operators**：操作符，用来计算的符号。
- **Package**：包，是位于指定的类路径目录下，包含一个或多个类文件的目录。
- **Target Pathes**：目标路径，是 SWF 文件中影片剪辑实例名称、变量和对象的分层结构地址。
- **Properties**：属性，用于定义对象的特性。
- **Variables**：变量，值可以改变的数据类型。

三、语 法

任何一门编程语言在编写代码时都必须遵循一定的规则，这个规则就是语法。ActionScript 3.0 也不例外，具有变量、操作符、语句、函数和语法等基本的编程要素，在结构和语法上与 JavaScript 非常相似。

1. 点

在 ActionScript 语言中，点运算符（.）用于访问对象和影片剪辑的属性和动作，可以用来添加影片剪辑和变量的目标路径。点语法表达式以对象或影片剪辑的名称开头，然后跟上".",并以需要添加的属性、动作和变量结尾。

点运算符（.）主要用于以下几个方面。

（1）引用对象的属性或方法。例如：

```
// 实例 myClip 的 alpha 属性
myClip.alpha=50;
// 实例 Clip_1 的 gotoAndPlay() 方法
Clip_1.gotoAndPlay(2);
```

（2）表示包路径。例如：

```
import fl.display.ProLoader;
```

（3）描述显示对象的路径。例如：

```
MovieClip(this.root).myClip.stop();
```

> 点号运算符不支持变量访问。如果要访问变量，则需要使用数组运算符"[]"。

this 持有当前对象的引用，只限于实例属性和实例方法，常用于以下几个方面。

（1）向第三方对象提供自身的引用。

（2）与 return 配合，在类方法中返回自身的引用。

（3）与局部变量、方法参数、静态属性同名时，加上 this 关键字明确指定使用实例属性。如果不加上 this 关键字指定，将按照局部变量→方法参数→实例属性→静态属性的顺序选择一个。

2. 分号

在 ActionScript 中，分号（；）用于表示语句结束和循环中参数的分隔。例如：

```
var myNum:Number = 80;
var i:int;
for (i = 0; i < 10; i++)
{
    trace(i); // 0,1,...,9
}
```

> 虽然使用分号终止语句能够在单个行中放置不止一条语句，但是这样做往往会使代码难以阅读。

3. 小括号

括号通常用于对代码进行划分，需要成对出现。当定义一个函数的时候，要把所有的参数都放置在小括号"（)"中，否则不起作用。例如：

```
// 定义函数
function Bike(Owner:String,Size:int,color:String)
 {
// 函数体
 }
```

在使用函数的时候，该函数的参数也只有在小括号中才能起作用。例如：

```
Bike("Good", 100," Yellow");
```

另外，小括号还可以改变运算中的优先算级，例如：

```
var a:int=(1+2)*10;
```

4. 大括号

在 ActionScript 中，使用大括号 {} 可以将 ActionScript 3.0 中的事件、类定义和函数组合成块。在包、类、方法中，均以大括号作为开始和结束的标记。控制语句（例如 if..else 或 for）中，利用大括号区分不同条件的代码块。例如，下面的脚本使用大括号为 if 语句区别代码块，避免发生歧义。

```
var num:Number;
if (num == 0)
{
  trace("输出为 0");
}
```

5. 大写和小写

在 ActionScript 3.0 中，AS 语法是区分大小写的。如：gotoAndPlay() 拼写正确，而 gotoAndplay() 错误。

关键字也是大小写敏感的，在 Animate 中用户可以很方便地检查语法的拼写错误，因为在 Animate 的"动作"面板中，关键字会显示为不同的颜色，如图 A-1 所示。

```
button_cover.addEventListener(MouseEvent.CLICK, fl_ClickToGoToAndPlayFromFrame);
function fl_ClickToGoToAndPlayFromFrame(event:MouseEvent):void
{
    MovieClip(this.parent).gotoAndPlay(2);
}
```

图A-1　关键字显示颜色

执行"编辑"|"首选参数"|"代码编辑器"命令，在打开的面板上单击"修改文本颜色"按钮，在弹出的对话框中可以自定义关键字的显示颜色，如图 A-2 所示。

图A-2　"代码编辑器文本颜色"对话框

6. 注释

注释是使用一些简单易懂的语言对代码进行简单的解释的方法，用于辅助阅读代码。注释语句在编译过程中对代码执行没有影响。ActionScript 3.0 中的注释语句有两种：单行注释和多行注释。

单行注释以两个单斜杠（//）开始，之后的该行内容均为注释。例如：

```
// 这个是注释，但是只能有一行
var displayTotal;     // 显示得分
stop();               // 停止播放
```

多行注释（又称"块注释"）使用 /* 开始，之后是注释内容，以 */ 结束，通常用于多行注释内容。例如：

```
/* 这个也是注释，可以写很多行 */
/* 单击以转到帧并播放
单击指定的元件实例会将播放头移动到时间轴中的指定帧并继续从该帧回放。
可在主时间轴或影片剪辑时间轴上使用。
*/
```

7. 保留字

保留字，是保留给 ActionScript 3.0 语言使用的英文单词，因而不能使用这些单词作为变量、实例、类名称等。如果在代码中使用了这些单词，编译器会报错。

ActionScript 3.0 中的保留字分为三类：词汇关键字、语法关键字和为将来预留的词，如表 A-1~ 表 A-3 所示。

表 A-1　词汇关键字（共 45 个）

as	break	case	catch	class
const	continue	default	delete	do
else	extends	false	finally	for
function	if	implements	import	in
instanceof	interface	internal	is	native
new	null	package	private	protected
public	return	super	switch	this
throw	to	true	try	typeof
use	var	void	while	with

表 A-2　语法关键字（共 10 个）

each	get	set	namespace	include
dynamic	final	native	override	static

表 A-3　为将来预留的词（共 22 个）

abstract	boolean	byte	cast	char
debugger	double	enum	export	float
goto	intrinsic	long	prototype	short
synchronized	throws	to	transient	type
virtual	colatile			

在默认情况下，保留字在脚本中显示为蓝色。

8. 常量

常量是指具有恒定不变的数值的属性。ActionScript 3.0 使用关键字 const 声明常量，语法格式如下：

```
const 常量名：数据类型；
const 常量名：数据类型 = 值；
```

例如：

```
const A:uint=28;
```

通常，常量全部使用大写。对于值类型，常量持有的是值；对于引用类型，常量持有的是引用。如果试图改变常量的值，编译器就会报错。

> 注意　常量只能保证持有的引用不变，并不能保证引用的目标对象自身的状态不发生改变。

ActionScript 中的全局常量如表 A-4 所示。

表 A-4　ActionScript 中的全局常量

分　类	说　明
Infinity	表示正无穷大
-Infinity	表示负无穷大
NaN	Number 数据类型的一个特殊成员，用来表示"非数字"(NaN) 值
undefined	一个适用于尚未初始化的无类型变量或未初始化的动态对象属性的特殊值

四、变　量

变量是为存储数据而创建的标识符，就像是一个容器，用于容纳各种不同类型的数据，是组成动态软件的关键内容。变量可以是数值、字符串、逻辑字符以及函数表达式。对变量进行操作，变量的数据就会发生改变。

1. 声明变量

变量必须先声明后使用，ActionScript 3.0 使用 var 关键字来声明变量，语法格式如下：

```
var 变量名：数据类型；
var 变量名：数据类型 = 值；
```

例如：

var X：Number;
var snd:Sound=new Sound();

值的类型必须与声明的数据类型一致。

2. 命名规则

变量命名看似简单却相当重要，掌握行业内的约定俗成规则不仅可让代码符合语法，更重要的是可增强代码的可读性。为变量命名时，要注意以下几条规则。

　　　❥ 尽量使用有含义的英文单词或汉语拼音作为变量名。

　　所有变量名必须是一个标识符，它的第一个字符必须是字母、下画线（ _ ）或美元记号（ $ ）。其后的字符必须是字母、数字、下划线或美元记号。不能使用数字作为变量名称的第一个字母。

　　　❥ 采用骆驼式命名法命名变量。

　　所谓骆驼式命名法，即第一个单词全部小写，第二个单词的开头字母用大写，第三个开头字母也是大写，且中间无空格，例如：var myFirstVar。

　　　❥ 变量名越简洁越好，描述越清晰越好。

　　　❥ 变量名应避免出现数字编号，除非逻辑上必须使用编号。

　　　❥ 关键字、动作脚本文本、系统保留字、系统的 API 接口名不能用作变量名。

　　　❥ 变量名在其作用范围内必须是唯一的，不能重复定义变量。

3. 变量的默认值

　　ActionScript 允许声明变量不赋初始值，系统会根据变量类型给出默认值。常见数据类型变量的默认值如下：

　　　❥ Boolean：false

　　　❥ int：0

　　　❥ Number：NaN

　　　❥ Object：null

　　　❥ String：null

　　　❥ uint：0

　　　❥ *：undefined

4. 变量的作用域

　　变量的作用域指可以使用或者引用该变量的范围。按照作用域的不同，变量可以分为全局变量和局部变量。全局变量指在函数或者类之外定义的变量，而在类或者函数之内定义的变量为局部变量。

　　全局变量在代码的任何地方都可以访问，局部变量只在定义的范围内可访问。例如下面的代码，函数 Test() 外声明的变量 i 在函数体内可以访问，而函数体内声明的变量 j 仅在函数 Test() 内可访问。

```
var i:int=1;
// 定义 Test 函数
function Test()
{
   Var j:int=2;
   trace(i);
}
Test()// 输出：1
```

五、数 据 类 型

　　数据类型是描述变量或动作脚本元素可以存储的信息种类。与其他面向对象编程语言的数据类型一样，ActionScript 3.0 的数据类型也分为两类。

　　　❥ 基元型数据类型：Boolean、int、Number、String 和 uint。

　　　❥ 复杂型数据类型：Array、Date、Error、Function、RegExp、XML 和 XMLList。

　　一般来说，基元值的处理速度通常比复杂值的处理速度要快。

基元型数据和复杂型数据类型的最大的区别是：基元型数据类型都是值对类型数据，直接存储数据，为另一个变量赋值之后，若另一个变量改变，并不影响原变量的值；而复杂型数据都是引用类型数据，指向要操作的对象，另一个变量引用这个变量之后，若另一变量发生改变，原有的变量也随之发生改变。

1. 布尔值

布尔值用于条件判断表示真假，通常与运算符一起使用。布尔值有两个值：true 或者 false，默认值为 false。例如，在下面的脚本中，如果变量 password 为 true，则会播放影片：

```
if (userName == true && password == true){
firstClip.play();
}
```

2. 数值

对于数值类型，ActionScript 3.0 包含以下 3 种特定的数据类型：

➥ Number：64 位浮点值，包括有小数部分和没有小数部分的值。

注意 NaN 是 Not a Number（不是一个数）的缩写，是 Number 数据类型的一个特殊成员，用来表示"非数字"值。

➥ int：有符号的 32 位整数型，数值范围：$-2^{31} \sim +(2^{31}-1)$。

➥ uint：一个无符号的 32 位整数型，即不能为负数的整数。数值范围：$0 \sim 2^{32}-1$。

在使用数值类型时，要特别注意整数型的边界，否则会得不到预期结果。

提示： 使用数值类型应当注意以下事项：

（1）能用整数值时优先使用 int 和 uint。

（2）如果整数值有正负之分，使用 int。

（3）如果只处理正整数，优先使用 uint。

（4）处理和颜色相关的数值时，使用 uint。

（5）有或可能有小数点时使用 Number。

（6）整数数值运算涉及到除法，建议使用浮点值。

3. 字符串

字符串是由字母、数字、空格或标点符号等字符组成的序列。字符串应该放在单引号或双引号之间，可以在动作脚本语句中输入它们。如果字符串没有放在引号之间，它们将被当作变量处理。

下面是声明字符串的例子：

```
var a:String;                  //声明一个字符串变量，此时未定义，默认为null
var a:String="Good";           //声明一个字符串变量并赋值
var a:String="";               //声明一个空字符串
```

注意 在字符串中，除了可以包含空格，还可以包含一些看不见的字符，例如换行符（\n）、回车符（\r）、制表符（\t）、转义符（\）等。如果字符串中包含双引号、单引号或反斜杠符号，则需要使用对应的转义符：\"（双引号）、\'（单引号）、\\（反斜杠符号）。

一个字符串包括的字符总数称为字符串的长度。在 AS 中可以使用字符串变量的 length 属性得到字符串的长度。例如：

```
var stringSample:String="this is an apple";
var stringLength:Number=stringSample.length;
trace(stringLength);  //16
```

4. 数组

一组数据的集合称为数组，数组最多容纳（$2^{32}-1$）个元素，默认值为空值 null。

ActionScript 3.0 中，数组是以非负整数为索引的稀疏数组，存入其中的元素可以不是同一类型。数组的声明格式如下：

```
var myArray:Array;                      // 声明一个数组，未定义初始值，默认为 null
var myArray:Array=new Array();          // 声明一个数组，定义初始值输出为空白，但不是 null
var myArray:Array=[ ];                  // 同上例
var myArray:Array=new Array(1, 2, 3);   // 声明一个数组，并定义初始值
var myArray:Array=[1, 2, 3];            // 同上例
var myArray:Array= new Array(6);        // 定义一个长度为 6 的数组，此时每个元素为空
```

每一个元素都用一个数字代表所处的位置，该数字叫索引。数组包含数据的个数称为长度。在已知元素位置的情况下，可以用数组运算符 [] 访问数组元素，使用 length 属性得到数组长度。例如：

```
var myArray:Array=[1, 2, 3, 4, 5, 6];
trace(myArray[3]);           //4
trace(myArray.length);       //6
```

注意   数组中第一个数据的索引是 0。

5. 对象

面向对象编程，是将程序看成一个个不同功能的部件在协同工作。Class（类）用于描述这些部件的数据结构和行为方式，Object（对象）是为类创建的实例，就是这些具体的部件。

ActionScript 中的对象可以是数据，也可以是图像，或舞台上的影片剪辑。对象可以拥有两种成员：自身的属性（变量）和方法（函数）。属性（Property）用于存放各种数据；方法（Method）用于存放函数对象。

对象可以作为属性的集合来使用，每个属性都有名称（称为键（Key））和对应的值（Value）。属性的值可以是任何数据类型，甚至是对象数据类型。因此对象可以相互包含或嵌套。

ActionScript 中使用函数来定义类，这种函数称为构造函数，语法结构如下：

```
function 类名 {
    // 静态属性
    // 静态方法
    // 实例属性
    // 实例方法
}
```

静态属性和静态方法的关键字是 static。使用 static 声明常量时必须赋值。静态属性存储所有对象共同的状态，与任何实例都没有关联；静态方法也独立于所有实例。在类中，可以直接使用静态属性和静

态方法名访问。要访问其他类的属性或方法，必须使用类名加点运算符（.）加属性名或方法名。

实例属性用于描述对象的状态，以变量的形式存在；实例方法用于描述实例的行为，以函数的形式定义在类中。必须先创建实例，才能使用实例加实例属性或者实例方法的名字来访问。可以使用点运算符"."或者数组运算符"[]"访问实例成员。

构造函数用于创建和删除对象，构造函数名必须与类名相同，可以有参数，但是不能声明返回值。

注意　　在构造函数中，return 只能用于控制函数中的流程，不能返回任何值或者表达式。

下面的示例代码定义一个 Ball 类：

```
function Ball () {
// 里面是空的
}
var myBall:Object = new Ball();   // 实例化对象myBall
```

构造对象时，还可定义属性，例如：

```
function Ball (radius, color, xPosition, yPosition) {
this.radius = radius;
this.color = color;
this.xPosition = xPosition;
this.yPosition = yPosition;
}
myBall = new Ball(6, 0x00FF00, 145, 200); // 实例化对象myBall
```

6. 影片剪辑

相对于基元数据类型而言，简单的复杂数据类型由基元数据类型构成，稍微复杂的数据类型其构成元素本身就是复杂数据类型，更高级的复杂数据类型，本身能够处理一些事情，比如自定义的类、影片剪辑等。

影片剪辑是 Animate 影片中可以播放动画的元件，它们是唯一引用图形元素的数据类型。影片剪辑数据类型使用 MovieClip 对象的方法控制影片剪辑元件。

在这里需要说明的是，在 ActionScript 2.0 中创建影片剪辑时广泛使用的 duplicateMovieClip()、attachMovieClip() 函数在 ActionScript3.0 中已经被去掉。现在要实现相同的效果，需要从库中建立类链接，然后使用 new 语句创建该类的实例，实现类似于复制的效果。

7. 无类型说明符

ActionScript 3.0 引入三种特殊类型的无类型说明符：*，void 和 null。

1）*

该说明符用于指定属性是无类型的，与不使用类型声明等效。主要用于两方面：将数据类型检查延缓到运行时、将 undefined 存储在属性中。例如：

```
var anyValue:*;      // 定义无类型变量
var anyValue;        // 同上
```

2）void

该说明符用于说明函数不返回任何值，仅用于声明函数的返回类型，只有一个值，即 undefined。

3）null

该说明符表示一个没有值的特殊数据类型，不与任何类相关联，不可用作属性的类型注释。只有一个值：null。null 数据类型用来表明变量或函数还没有接收到值，或者变量不再包含值。作为函数的一个参数时，表明省略了一个参数。

Array、Object 和其他 Flash Player 内置类或者自定义类的默认值都是 null。

六、运 算 符

运算符（Operator）是能够提供对数值、字符串和逻辑值进行运算的关系符号。运算符必须有运算对象（操作数）才可以进行运算。运算符本身是一个特殊的函数，运算对象是它的参数，运算结果是它的返回值。

1. 算术运算符

算术运算符常用于进行数值（或值为数字的变量）运算。ActionScript 中常用的算术运算符如表 A-5 所示。

表 A-5　算术运算符

操作符	含　义	示例 (a:int=1,b:int=2,c:Boolean=true)
+	加法	a+b　//5
–	减法	a–b　//–1
*	乘法	a*b　//2
/	除法	a/b　//0.5
%	求模	a%b　//1
++	自加	a++　//2
– –	自减	b– –　//1
–	求反	–c　//false

求模运算符（%）就是数学中的除法取余数，如果模运算的运算对象不是整数，可能出现一些意外的小数。

求反运算符（–）就是在运算对象前面加上一个负号。负负得正，负正得负。

使用算术运算符要注意：表达式的运算按顺序执行，括号中的内容优先级最高，最先计算，然后进行乘除运算，最后才进行加减运算。

2. 赋值运算符

赋值运算符（=）将右边的值赋值给左边的变量。等号左边必须是一个变量，不能是基元数据类型，也不能是没有声明的对象引用。例如：

```
var a:Number=5;
this.width= 300;
```

 注意　　赋值运算符是 =，等于运算符是 ==，注意不要混淆。而且赋值运算符支持多变量赋值，例如 a=b=c=d=2，则四个变量都等于 2。

算术赋值运算符与算术运算符对应，是将算术运算符和赋值运算符组合在一起的运算，含义是运算并赋值。算术赋值运算符 +=、- =、*=、/=、%= 都是将左边的变量和右边的值进行运算之后，再将得到的值赋给左边的变量。与赋值运算符一样，算术赋值运算符的左边只能是变量。例如：

```
var a:int=3;
var b:int=4;
a+=b;    //7, 等同于a=a+b
```

ActionScript 中常用的赋值运算符如表 A-6 所示。

表 A-6 赋值运算符

操作符	含 义	操作符	含 义
=	赋值	<<=	左移并且赋值
+=	加并且赋值	>>=	右移并且赋值
- =	减并且赋值	>>>=	按位无符号移位并且赋值
*=	乘并且赋值	^=	异或并且赋值
/=	除并且赋值	|	位或并且赋值
%=	求模并且赋值	&=	位与并且赋值

此外，++、-- 是将变量加上或者减去 1，将得到的值赋给变量。例如：

```
a++;     // 等同于 a=a+1;
b--:     // 等同于 b=b-1;
```

3. 比较运算符

比较运算符用于比较两个操作数的值的大小关系，运算的结果是布尔值 true 或 false。常见的比较运算符一般分为两类，一类用于判断大小关系，一类用于判断相等关系。

判断大小关系的运算符包括：>（大于）、<（小于）、>=（大于等于）、<=（小于等于）。

判断相等关系的运算符包括：= =（等于）、!=（不等于）、===（全等）、!==（全不等）。

ActionScript 中常用的比较运算符如表 A-7 所示。

表 A-7 关系运算符

操作符	含 义	操作符	含 义
>	大于	==	等于
<	小于	!=	不等于
>=	大于等于	===	严格等于
<=	小于等于	!==	严格不等于

对于基元数据类型，如果等式两边的值相同，即可判断为相等。如果是复杂数据类型，判断相等的不是等号两边的值，而是判断等式两边的引用是否相等。

注意　"=="和"!="先将等式两边的值强制转换为同一数据类型，再进行比较；而"==="和"!=="不进行数据类型转换，因此，如果等式两边的数据类型不同，一定会返回 false。

4. 逻辑运算符

逻辑运算符用于比较两个布尔类型的变量，并且返回一个布尔值。ActionScript 中常用的逻辑运算符如表 A-8 所示。

表 A-8　逻辑运算符

操作符	含　义
&&	逻辑与。左右两侧的表达式任意一侧的值为 false，结果都为 false；只有两侧都为 true，结果才为 true
||	逻辑或。左右两侧的表达式的值任意一侧为 true，结果都为 true；只有两侧都为 false，结果才为 false
!	逻辑非。对运算对象的 Boolean 取反

5. 字符串运算符

ActionScript 3.0 将 String 定义为一组有序的 Char16 字符的集合。计算字符串或值为文本的变量时，字符串运算符执行的任务都是连接和比较字符串的值。

"+"和"+="运算符用于连接字符串，将现有的 String 对象连接到原有对象的后面。例如：有 4 个文本字段，变量名分别为 First、Last、Age 和 Message。分别在前 3 个字段中输入 John、Doe 和 30。执行以下脚本，变量 First、Last 和 Age 的值与带引号的文本值相连。

```
Message= ("Hello,")+(First) + (Last) + (".")+("You appear to be ")+(Age)+("year old.");
```

变量 Message 显示以下信息：

```
"Hello,John Doe.You appear to be 30 years old."
```

关系运算符"<、<=、>、>="按照字符串中字符的 Unicode 整型值进行比较。小写字符（a~z）的值大于大写字符（A~Z）的值。例如，derek 大于 Brooks，而 Derek 则小于 Brooks。

使用字符串运算符时，要注意以下几点。

- 字符串的值区分大小写。kathy 不等于 Kathy。
- 在字符串表达式中使用的数值会自动转换为字符串。例如，表达式（"I love to eat "）+（10 + 5）+（"donuts a day！"）会转换为" I love to eat 15 donuts a day！"。

6. 特殊运算符

本节介绍的特殊运算符包括三元条件运算符（?:）、typeof、is、as、in。

1）三元条件运算符（?:）

它是 ActionScript 中唯一的一个三元运算符，也就是有三个运算项，相当于 if...else 条件语句的简写，用法如下：

```
(条件表达式)？(流程1)：(流程2);
```

语法说明如下：

- **条件表达式**：通过逻辑判断，得到一个 Boolean 型的结果。
- **流程 1**：如果条件表达式的结果为 true，执行该流程。
- **流程 2**：如果条件表达式的结果为 false，执行该流程。

2）typeof

typeof 以字符串形式返回对象的数据类型。使用方法如下：

```
typeof(对象);
```

例如：

```
trace(typeof 8);// number
```

typeof 对象类型与返回结果对照表如表 A-9 所示。

表 A-9　typeof 对象类型与返回结果对照

对 象 类 型	返 回 结 果	对 象 类 型	返 回 结 果
Boolean	boolean	Array	object
String	string	Object	object
Number	number	Function	function
int	number	XML	xml
uint	number	XMLList	xml

3）is

is 运算符用于判断一个对象是否属于某种数据类型，返回值为 Boolean 类型。例如：

```
trace(8 is Number); // true
```

4）as

as 运算符用于判断对象是否属于某种数据类型，与 is 运算符的使用格式相同，但是返回的值不同。如果对象的类型相同，返回对象的值；如果不同，返回 null。

```
trace(8 as Number);      // 8
trace(8 as Array);       //null
var a:Array=[1,2,3];
var b:Object =a as Object;
trace(b);       // 返回1,2,3
```

5）in

in 运算符用于检查一个对象是否作为另一个对象的键或索引，返回值为 Boolean 型。

```
var a:Array=["w","e","f","d","g","j"];
trace (5 in a) ;    // true
trace (6 in a);       //false
var b:Object={name:"kaixin",age:16};
trace("name" in b);     //true
trace("sexy" in b);     //false
```

七、流程控制语句

在程序设计的过程中，如果要控制程序，需要安排每句代码执行的先后次序，这个先后执行的次序，称为"结构"。常见的程序结构有三种：顺序结构、选择结构和循环结构。

- **顺序结构**：按照代码的顺序，逐句地执行操作。
- **选择结构**：根据条件表达式的计算结果选择要执行的分支。
- **循环结构**：多次执行同一组代码，重复的次数由指定的数值或条件决定。

1. 选择结构

选择程序结构是利用不同的条件判断结果，执行不同的语句或者代码。ActionScript 3.0 有四个用于控制程序流的条件判断语句，分别是 if 条件语句、if...else 条件语句、if...else if...else 条件语句、switch 条件语句。

1）if 语句格式

如果括号内的条件表达式返回值为 true，则执行大括号内的语句，否则不执行。基本格式如下：

```
if （条件）{
……    // 执行的代码段
}
```

例如：

```
var choice:String="pear";
if (choice=="apple"){
     trace(“答对了！”);
}
trace("Your choice is "+choice);
```

上述脚本代码中，由于条件判断 (choice=="apple") 返回值为 false，因此不执行大括号中的语句，而是直接执行最后一行代码，输出 Your choice is pear。

2）if...else 语句格式

根据条件判断的结果做出两种不同的处理，如果条件成立，执行一个代码块，否则执行另一个代码块。基本格式如下：

```
if （表达式）{
流程 1;
}
else
{
流程 2;
}
```

例如：

```
var choice:String="pear";
if (choice=="apple"){
  trace(“答对了！”);
}
else{
  trace("Your choice is "+choice);
}
```

上述脚本代码中，由于条件判断 (choice=="apple") 返回值为 false，因此直接转到执行 else 语句，输出 Your choice is pear。

3）if...else if...else 语句

该语句是 if 语句中最复杂的一种，允许用户根据不同的条件判断分支，做出多种不同的处理。基本格式如下：

```
if（表达式1）{
  流程1；
}
else if（表达式2）{
流程2；
}
……
else if（表达式n）{
流程n；
}
```

4）switch...case...default 语句

switch 语句属于多条件分支语句，对表达式进行求值，并根据计算结果确定执行的代码块。执行时，将 switch() 括号中的值或表达式与各个 case 分支中的值或表达式进行比较，如果相等，则执行该分支下的所有代码，直到遇到 break 或者 default 为止；如果没有找到相等的，则执行 default 分支。基本格式如下：

```
switch（值或表达式）{
case 值或表达式：// 执行的代码；
case 值或表达式：// 执行的代码；
default: 执行的代码；
}
```

switch 语句通常与关键字 break、continue 配合使用，break 用于结束循环，不再执行循环；continue 用于终止当前一轮的循环，直接跳到下一轮循环。例如：

```
var a:unit=2;
var b:String;
switch (a){
 case 1:
   b="cake";
   break;
 case 2:
   b="Coca";
   break;
 default:
     b="no choice";
     break;
}
trace(b);      //Coca
```

2. 循环结构

循环结构根据指定的条件反复执行一段代码，常用于检索和批量处理。循环结构由循环体和控制条件两部分组成，重复执行的代码称为循环体，能否重复操作，取决于循环的控制条件。

循环结构可分为以下两类：① 先进行条件判断，如果条件成立，执行循环体代码，执行完之后再进行条件判断，条件成立继续，否则退出循环。如果第一次条件就不满足，则一次也不执行，直接退出。

② 先不管条件，依次执行操作，执行完成之后进行条件判断。如果条件成立，循环继续，否则退出循环。

1）for 循环

语法格式如下：

```
for（初始化语句；循环条件；步进方式）{
    // 循环执行的语句；

}
```

初始化语句用于初始化程序循环体中需要使用的变量。注意要使用 var 关键字定义变量，否则编译时会报错。

循环条件是一个逻辑运算表达式，运算的结果决定循环的进程。若为 false，则退出循环，否则继续执行循环代码。

步进方式是算术表达式，用于改变循环变量的值，通常为使用递增或递减运算符的赋值表达式。

循环执行的语句称为循环体，通过不断改变变量的值，达到需要实现的目标。

例如，下面的示例代码实现简单点餐：

```
var menuList:Array=["cake"，"water"，"juice"，"bread"];
var selectItem:String="juice";
for (var i:uint=0;i<menuList.length;i++){
 if(menuList[i]==selectItem){
   trace("Good!" + "I love juice!");
   break;   // 也可以使用关键字 return
 }
else{
 trace(menuList[i]+"  is not my favor!")
   continue;
 }
}
```

初始时 i==0，逻辑运算表达式 (menuList[i]==selectItem) 返回 false，跳转到 else 语句进行执行，然后 i=i+1，小于 menuList.length，再次进入循环体，直到 i 等于 2，逻辑运算表达式为 true，执行 trace 语句，并退出循环。因此输出结果如下：

```
cake  is not my favor!
water  is not my favor!
Good!I love juice!
```

2）for...in 循环和 for each...in 循环

这两种循环主要用于枚举一个集合中的所有元素，遍历对象内部的键值。

for...in 循环的结构如下：

```
for(var 枚举变量 in 枚举对象){
    // 其他语句

}
```

其中，枚举变量为枚举对象的成员名字。如果要访问枚举对象的成员，应使用：[枚举变量]。例如：

```
// 定义一个对象 myRoom，并添加属性 bed,table 和 computer
var myRoom:Object={bed:"单人床", table:"电脑桌",computer:"笔记本"}
// 遍历对象 myRoom
```

```
for (var i in myRoom){
// 输出属性名称和属性值
  trace(" 属性名为: "+i+"\r 属性值为 :"+myRoom[i]);
}
```

输出结果如下:

```
属性名为: table
属性值为 : 电脑桌
属性名为: computer
属性值为 : 笔记本
属性名为: bed
属性值为 : 单人床
```

for each...in 的枚举变量为枚举对象的成员。如果要访问枚举对象的成员名字,则只能使用 for...in。结构如下:

```
for each(var 枚举变量 in 枚举对象){
        // 其他语句
}
```

例如:

```
for each (var i:String in myRoom){
trace("属性值为 :" +i);
}
```

输出结果如下:

```
属性值为 : 电脑桌
属性值为 : 笔记本
属性值为 : 单人床
```

3) while 循环

while 循环在条件表达式满足时,执行循环体。语法格式如下:

```
while(循环条件) {
    循环体
}
```

循环条件是逻辑运算表达式,运算的结果决定循环的进程。若为 true,继续执行循环代码,否则退出循环。

循环体包括赋值表达式,执行语句并实现变量赋值。

例如:

```
var i:int = 0;
while (i < 5) {
trace(i);
i++;
}
```

输出结果为 0 1 2 3 4

4）do...while 循环

do...while 循环与 while 循环基本相同，只不过 do...while 先执行循环体，再判断条件表达式。所以 do...while 至少循环一次。语法格式如下：

```
do{
        循环体；
}
while（循环条件）
```

例如：

```
var i:int =0;
do{
trace(i);
i++;
}
while (i<5);
```

输出结果为：0 1 2 3 4

八、函　数

函数（Function）是执行特定任务并可以在程序中重用的代码块。利用函数编程，可以避免冗长、杂乱的代码；可以便捷地修改程序，提高编程效率。

1. 定义函数

在 ActionScript 3.0 中有两种定义函数的方法，一种是常用的函数语句定义法，一种是 ActionScript 中独有的函数表达式定义法。

1）函数语句定义法

函数语句标准、简洁，使用 function 关键字定义，格式如下：

```
function 函数名（参数1：数据类型，参数2：数据类型）：返回值类型 {
        // 函数体
}
```

 注意　使用函数语句定义法，this 指向函数当前定义的域。

- **function**：定义函数使用的关键字。注意 function 关键字要以小写字母开头。
- **函数名**：定义函数的名称。函数名要符合变量命名的规则，尽量取一个与其功能一致的名字，便于阅读。
- **小括号**：定义函数的参数，小括号内的参数和参数类型均可选。
- **返回值类型**：定义函数的返回类型，也是可选的。若要设置返回类型，冒号和返回类型必须成对出现。
- **大括号**：定义函数的必需格式，需要成对出现。函数体是调用函数时执行的代码。

例如：

```
function doubleNum(baseNum:int):int
{
    return (baseNum * 2);
}
doubleNum(2);     //4
doubleNum(3);     //6
```

2）函数表达式定义法

函数表达式定义法是 ActionScript 3.0 特有的一种定义方法。格式如下：

```
var 函数名:Function = function（参数1:数据类型，参数2:数据类型）:返回值类型 {
    // 函数体
}
```

注意　使用函数表达式定义法，this 会随着函数附着对象不同，而改变指向。

- **var**：定义函数名的关键字，要以小写字母开头。
- **Function**：指示定义数据类型是 Function 类。注意 Function 为数据类型，须大写字母开头。
- **=**：赋值运算符，把函数表达式赋值给定义的函数名。
- **function**：定义函数的关键字，指明定义的是函数，应以小写字母开头。
- **小括号**：定义函数的必需的格式，小括号内的参数和参数类型都可选。
- **返回值类型**：定义函数的返回类型，可选参数。

例如：

```
var sumNum:Function=function(a:int,b:int):int
{
    return (a,b,a+b);
}
trace(sumNum(2,3));        //5
trace(sumNum(2,2));        //4
```

在两种函数定义方法的选择上，推荐使用函数语句定义法，因为这种方法更加简洁，更有助于保持严格模式和标准模式的一致性。函数表达式更多地用在动态编程或标准模式编程中，主要用于适合关注运行时行为或动态行为的编程，或使用一次后便丢弃的函数或者向原型属性附加的函数。

2. 调用函数

函数只是一个编写好的程序块，在没有被调用之前，什么也不会发生。只有通过调用函数，函数的功能才能够实现。

1）一般调用

(1) 对于没有参数的函数，可以直接使用函数的名字，后跟一个小括号来调用。例如：

```
function sayHello() {
trace( "Hello! You are welcome!" );
}
sayHello();
```

代码运行后的输出结果如下所示：

```
Hello! You are welcome!
```

（2）对于有参数的函数，要在小括号中指定参数，例如：

```
function sumNum (a:int,b:int):void
{
    trace(a+b);
}
sumNum(6,3);          //9
```

2）嵌套调用

嵌套调用的本质是用一个函数调用另一个函数。例如：

注意　　　　　递归调用是函数调用自身函数。

```
function getProductName():String
{
    return "Animate";
}
function getVersion():String
{
    return "CC";
}
function getNameAndVersion():String
{
    return (getProductName() + " " + getVersion());
}
getNameAndVersion();    //Animate CC
```

3. 函数的参数

函数通过参数向函数体传递数据和信息。函数中传递的参数都位于函数格式的括号中，格式如下：

（参数1：参数类型，参数2：参数类型，…，参数n：参数类型）

例如：

```
function niceLunch(food:String,fav:String):void {
trace(food+fav);
}
niceLunch("apple,"," I like it!");
niceLunch("cake,"," my favorite!");
```

代码运行后的输出结果如下所示：

```
apple, I like it!
cake, my favorite!
```

ActionScript 3.0 支持对函数设置默认参数。如果调用函数时没有写明参数，那么会调用该参数的默认值代替。默认参数是可选项。设置默认参数的格式如下：

```
( 参数 1 : 参数类型 = 默认值，参数 2 : 参数类型 = 默认值，…，参数 n : 参数类型 = 默认值 )
```

例如：

```
function defaultParam(x:int, y:int = 3, z:String = " Go"):void {
    trace(x, y, z);
}
defaultParam(1); // 1 3 Go
```

4. 函数的返回值

主调函数通过函数的调用得到一个确定的值，此值称为函数的返回值。利用函数的返回值，可以通过函数对数据进行处理、分析和转换，并获取结果。

ActionScript 使用 return 语句从函数中获取返回值，语法格式如下：

```
return 返回值；
```

其中，return 是函数返回值的关键字，必不可少。返回值是函数中返回的数据，既可以是字符串、数值等，也可以是对象，如数组、影片剪辑等。

例如，下面的示例代码定义一个求长方形面积的函数，并返回面积的值。

```
function area(w:Number,h:Number):Number{
var s:Number= w*h;
return s;
}
trace(area(5,9));  //45
```

函数的返回类型在函数的定义中属于可选参数，如果没有选择，那么返回值的类型由 return 语句中返回值的数据类型决定。例如，下面的示例代码返回一个字符型数据。

```
function test(){
var a:String="Guess! Who am I?";
var b:int=5;
return b+a;
}
trace(typeof(test()));
```

代码运行后的输出结果为 string。

5. 事件侦听器

事件侦听器也就是以前版本中的事件处理函数，负责接收事件携带的信息，并在接收到该事件之后执行事件处理函数体内的代码。

添加事件侦听的过程有两步：第一步创建一个事件侦听函数；第二步使用 addEventListener() 方法在事件目标或者任何显示对象上注册侦听器函数。

1）创建事件侦听器

事件侦听器必须是函数类型，可以是一个自定义的函数，也可以是实例的一个方法。侦听器只能有一个参数，且这个参数必须是 Event 类或者其子类的实例，而且返回值必须为 void。创建侦听器的语法格式如下：

```
function 侦听器名称 (evt:事件类型 ):void
{
// 事件处理代码
}
```

- ➥ **侦听器名称:** 事件侦听器的名称, 命名须符合变量命名规则。
- ➥ **evt:** 事件侦听器参数, 必需。
- ➥ **事件类型:** Event 类实例或其子类的实例。
- ➥ **void:** 返回值必须为空, 不可省略。

例如:

```
function clickToRun(event:MouseEvent):void
{
  // 事件处理代码
}
```

2) 注册侦听器

侦听器是事件的处理者, 只有事件发送者才可以侦听事件, 注册侦听器。事件发送者必须是
EventDispatcher 类或其子类的实例。

在 ActionScript 3.0 中使用 addEventListener() 函数注册事件侦听函数。注册侦听器的语法格式如下:
事件发送者 .addEventListener(事件类型 , 侦听器);

例如:

```
myClip.addEventListener(MouseEvent.CLICK, clickToRun);
```

如果要删除事件侦听器, 使用 removeEventListener() 函数。删除侦听器的语法格式如下:
事件发送者 .removeEventListener(事件类型 , 侦听器);

例如:

```
myClip.removeEventListener(MouseEvent.CLICK, clickToRun);
```

发布Animate文档

使用"发布"命令不仅能在 Internet 上发布动画，而且能根据动画内容生成用于未安装 Flash 播放器的浏览器中的图形，创建用于播放 Flash 动画的 HTML 文档，并控制浏览器的相应设置。同时，Animate 还能创建独立运行的小程序，如 .exe 格式的可执行文件。

一、发布 ActionScript 3.0 文档

在使用"发布"命令之前，应利用"发布设置"命令对文件的格式等发布属性进行相应的设置，将动画发布成指定格式的文件。

（1）执行"文件"|"发布设置"命令，打开"发布设置"对话框，如图 B-1 所示。

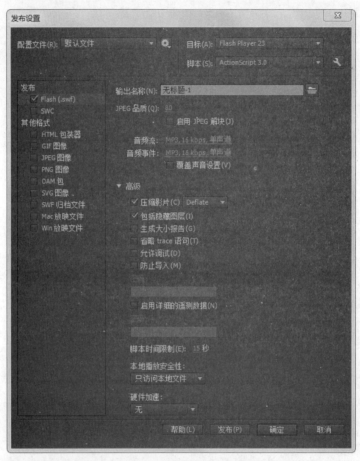

图B-1　"发布设置"对话框

（2）在左侧的格式分类中选择要发布的文件格式，每选定一种格式，对话框右侧显示相应的选项。

（3）在"输出名称"文本框中指定文件名称。

（4）在右侧的选项列表中进行设置。

（5）执行"文件"|"发布"命令，即可按指定设置生成指定格式的文件。

1. SWF影片

Animate 动画发布的主要格式是以 swf 为后缀的文件，使用 Flash Player 播放。因此，在不做任何发布设置的情况下，Animate 会自动发布生成 swf 格式的文件。

（1）在"发布设置"对话框中单击选择"Flash（.swf）"，打开图 B-1 所示的 Flash 选项卡。

（2）设置右侧的选项。

↘ **目标**：设置播放器的版本，但高版本的文件不能用在低版本的应用程序中。

- **脚本**：设置动作脚本的版本。单击右侧的"ActionScript 设置"按钮 🔧，弹出"高级 ActionScript 3.0 设置"对话框，可以添加、删除、浏览类的路径。
- **JPEG 品质**：用于确定动画中所有位图以 JPEG 格式压缩保存时的质量。
- **启用 JPEG 解块**：选中该选项可以减少低品质设置引起的失真。
- **音频流、音频事件**：分别用于设置音频和音频事件的取样率、压缩比和品质。
- **覆盖声音设置**：动画中所有的声音都采用当前对话框中对声音所做的设置。

 注意　如果取消选择了"覆盖声音设置"选项，Animate 会扫描文档中的所有音频流（包括导入视频中的声音），然后按照各个设置中最高的设置发布所有音频流。

- **压缩影片**：压缩动画，从而减小文件大小和下载时间。
- **包括隐藏图层**：有选择地输出图层，例如只发布没有隐藏的图层，或导出隐藏的图层。
- **生成大小报告**：生成一个文本文件，内容是以字节为单位的动画各个部分所占空间的列表，可作为缩小文件体积的参考。
- **省略 trace 语句**：忽略当前动画中的 Trace 语句。
- **允许调试**：允许远程调试动画。如果需要，可以在"密码"文本框中输入密码，保护作品不被他人随意调试。
- **防止导入**：防止发布的动画被他人从网上下载到 Animate 程序中进行编辑。
- **密码**：用于设置密码，防止他人调试或导入 SWF 文件。清除"密码"文本字段即可删除密码。
- **启用详细的遥测数据**：查看详细的遥测数据，并根据这些数据对应用程序进行性能分析。
- **脚本时间限制**：设置脚本在 SWF 文件中执行时可占用的最大时间量。Flash Player 将取消执行超出此限制的任何脚本。
- **本地播放安全性**：授予已发布的 SWF 文件本地安全性访问权，或网络安全性访问权。
- **硬件加速**：使 SWF 文件使用硬件加速的模式。"第 1 级 — 直接"模式允许 Flash Player 在屏幕上直接绘制，而不是让浏览器进行绘制，从而改善播放性能；"第 2 级 — GPU"模式允许 Flash Player 利用图形卡的可用计算能力执行视频播放并对图层化图形进行复合。如果预计受众拥有高端图形卡，可以使用此选项。

2. HTML包装器

如果需要在 Web 浏览器中放映动画，必须创建一个用来启动该动画并对浏览器进行相关设置的 HTML 文档。

在"发布设置"对话框中选中"HTML 包装器"，打开 HTML 选项，如图 B-2 所示。

- **模板**：指定使用的模板。选择一种模板，单击右侧的"信息"按钮，将弹出对应的描述模板信息的对话框。如果未选择任何模板，将使用 Default.html 作为模板。
- **检测 Flash 版本**：对文档进行配置，以检测用户拥有的 Flash Player 的版本，并在用户没有指定播放器时向用户发送替代 HTML 页。该选项只在选择的"模板"是"Flash HTTPS""仅 Flash"和"仅 Flash – 允许全屏"时才可选择。
- **大小**：设置动画在生成文档中的宽度和高度值。
- **播放**：设置动画在生成文档中的循环、播放、菜单和设备字体等方面的参数。
- **品质**：设置反锯齿性能的水平。由于反锯齿功能要求每帧动画在屏幕上渲染出来之前就得到平滑化，因此对机器的性能要求很高。
  - ➢ **自动降低**：在确保播放速度的条件下，尽可能地提高图像的品质。
  - ➢ **自动升高**：将播放速度和显示质量置于同等地位，但只要有必要，将牺牲显示质量以保证播放速度。

> **中**：打开部分消除锯齿功能，但是不对位图进行平滑处理。

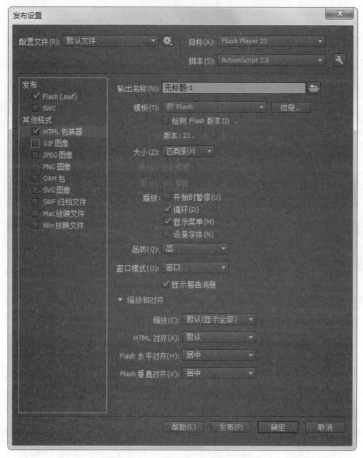

图B-2　HTML包装器选项

> **低**：不进行任何消除锯齿的处理，使播放速度的优先级高于动画的显示质量。
> **高**：使显示质量优先级高于播放速度。如果动画中不包含运动效果，则对位图进行消除锯齿处理；如果包含运动效果，则不对位图进行处理。
> **最佳**：包括位图在内的所有的输出都将进行平滑处理，提供最佳的显示质量而不考虑播放速度。

➥ **窗口模式**：设置动画播放时的透明模式和位置，仅用于安装了 Flash Active X 控件的 Internet Explorer 浏览器。

➥ **窗口**：使动画在网页中指定的位置播放，播放速度最快。

> **不透明无窗口**：选中该选项将挡住网页上动画后面的内容。
> **透明无窗口**：动画中的透明部分显示网页的内容与背景，有可能降低动画速度。
> **直接**：使用 Stage3D 渲染方法，会尽可能使用 GPU。此时，无法在 HTML 页面中将其他非 SWF 图形放置在 SWF 文件的上面。

➥ **显示警告消息**：如果标签设置上发生冲突，显示出错消息。

➥ **缩放**：当指定的尺寸与原动画尺寸不符时，设置动画在指定尺寸区域中放置的方式。

> **默认（显示全部）**：使动画保持原有的显示大小在指定区域中显示。
> **无边框**：使动画保持原有的显示比例和尺寸，即使浏览器窗口大小被改变，动画大小也维持原样，若指定区域小于动画原始大小，则区域外的部分不显示。
> **精确匹配**：根据指定区域大小调整动画显示比例，使动画完全充满在区域中，这样可能造成变形。

> ➤ **无缩放**：在调整 Flash Player 窗口大小时不进行缩放。

↘ **HTML 对齐**：指定动画在浏览器窗口中的位置。

> ➤ **默认**：裁去动画大于浏览器窗口的各边缘，使动画在浏览器窗口内居中。
>
> ➤ **左**：裁去动画大于浏览器窗口的各边缘，使动画在浏览器窗口中居左。
>
> ➤ **右**：裁去动画大于浏览器窗口的各边缘，使动画在浏览器窗口中居右。
>
> ➤ **顶部**：裁去动画大于浏览器窗口的各边缘，使动画位于浏览器窗口的顶部。
>
> ➤ **底部**：裁去动画大于浏览器窗口的各边缘，使动画位于浏览器窗口的底部。

↘ **Flash 水平对齐、Flash 垂直对齐**：指定动画在动画窗口中的位置，以及必要的时候，如何对动画
的尺寸进行剪裁。

3. GIF图像

GIF 图像提供一种输出用于网页的图形和简单动画的简便方法，标准的 GIF 是经过压缩的位图文件；
动画 GIF 提供一种输出短动画的简便方式。在以静态 GIF 格式输出时，不作专门指定，将仅输出第 1 帧；
在以动画 GIF 格式输出时，不作专门指定，将输出动画的所有帧。

在"发布设置"对话框中选中"GIF 图像"格式，打开 GIF 选项卡，如图 B-3 所示。

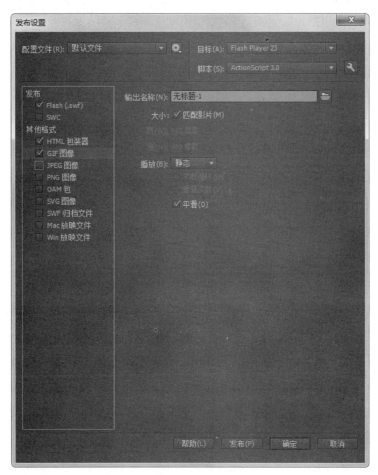

图B-3　GIF选项

↘ **大小**：以像素为单位指定输出图形的长宽尺寸。选中"匹配影片"选项，Animate 将按动画实际
尺寸输出图片。

↘ **播放**：指定输出图形是静态的还是动态的。选择"静态"将输出静态图形；选择"动画"将输出
动态图形，此时可以指定播放次数。

↘ **平滑**：指定是否对输出图形进行平滑处理。打开消除锯齿功能，可以生成较高画质的图形，但图形周围可能会有 1 像素灰色的外环。

4. JPEG图像

JPEG 图像格式是一种高压缩比的 24 位色彩的位图格式，适于输出包含渐变色或位图形成的图形。在以 JPG 文件格式输出动画的某一帧时，不作专门指定，将仅输出第 1 帧。

在"发布设置"对话框中选中"JPEG 图像"复选框，可打开 JPEG 选项，如图 B-4 所示。

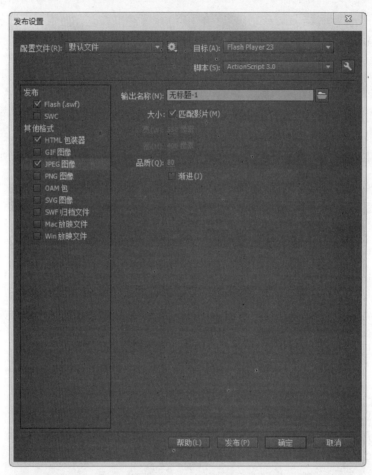

图B-4　JPEG选项

↘ **品质**：设置生成的 JPEG 文件的质量。值越小，压缩比越大，文件占用的存储空间越小，但画质也越差。

↘ **渐进**：生成渐进显示的 JPEG 文件。在网络上这种类型的图片逐渐显示出来，适用于速度较慢的网络。

5. PNG图像

PNG 格式是一种可跨平台支持透明度的图像格式。不作专门指定，将仅输出动画的第 1 帧。

在"发布设置"对话框中选中"PNG 图像"复选框，打开 PNG 选项卡，如图 B-5 所示。

↘ **位深度**：指定创建图像时每个像素点所占的位数。该选项定义了图像所用颜色的数量。对于 256 色的图像，选择"8 位"；对于上万的颜色，选择"24 位"；对于带有透明色的上万的颜色，选择"24 位 Alpha"。位值越高，生成的文件越大。

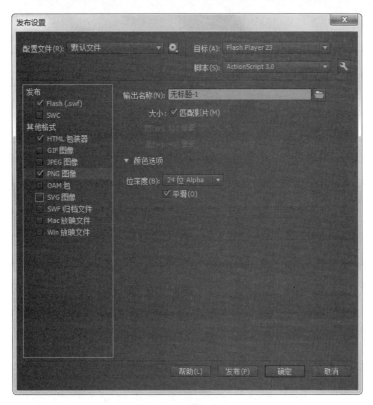

图B-5　PNG选项

6. OAM包

OAM 包 (.oam，动画部件文件) 是一种导出 HTML5 Canvas、ActionScript 或 WebGL 格式的 Animate 内容的方式。生成的 OAM 文件可以应用于 Dreamweaver、InDesign 等 Adobe 应用程序中。

在"发布设置"对话框中，选中"OAM 包"复选框打开对应的选项卡，如图 B-6 所示。

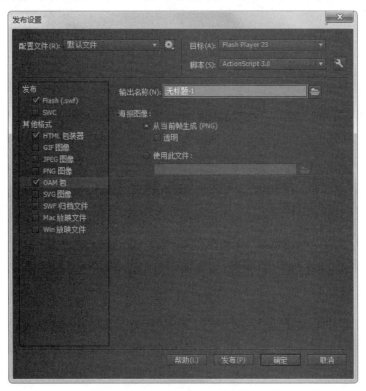

图B-6　OAM包的发布设置

❧ **输出名称**：指定输出的包路径和名称。

❧ **从当前帧生成**：将当前帧输出为海报图像。如果选中"透明"，则将当前帧生成为一个透明的 PNG 文件，作为海报图像。

❧ **使用此文件**：单击"选择海报路径"按钮 ，选择一个外部 PNG 文件作为海报图像。

7. SVG图像

SVG（可缩放矢量图形）是使用可扩展标记语言描述二维矢量图形的一种图形格式，是一种与图像分辨率无关的矢量图形格式。由于 SVG 文件是纯粹的 XML 文件，所以 SVG 图像可以用任何文本编辑器创建，通常与绘图程序一起使用。

在"发布设置"对话框中选中"SVG图像"复选框，打开 SVG 选项卡，如图 B-7 所示。

❧ **包括隐藏图层**：导出 Animate 文档中的所有隐藏图层。

❧ **嵌入**：在 SVG 文件中直接嵌入位图。

❧ **链接**：在 SVG 文件中提供位图文件的路径链接。如果未选中"复制图像并更新链接"选项，将在 SVG 文件中引用位图的初始源位置。如果找不到位图源位置，便会将它们嵌入 SVG 文件中。

❧ **复制图像并更新链接**：将位图复制到 images 文件夹下。如果 images 文件夹不存在，则在 SVG 的导出位置下自动创建。

图B-7　SVG选项

 注意　　由于一些图形滤镜和色彩效果可能在旧浏览器上无法正确渲染，比如低于 Internet Explorer 9 的浏览器，建议用户使用业界标准的浏览器并更新到最新版本查看 SVG。

8. SWF归档文件

Animate CC 2018 引入了一种新的发布格式——SWF 归档文件，它可将不同的图层作为独立的 SWF 进行打包，然后应用于 Adobe After Effects 等应用程序中。

在"发布设置"对话框中，选中"SWF 归档文件"复选框打开对应的选项卡，如图 B-8 所示。

在"输出名称"文本框输入本地存储的 SWF 归档文件路径和名称。单击"发布"按钮，生成的归档文件是一个 zip 文件。它将所有图层的 SWF 文件合并到一个单独的 zip 文件中。该压缩文件的命名约定是，以一个 4 位数字为前缀，然后是下划线加图层名称。

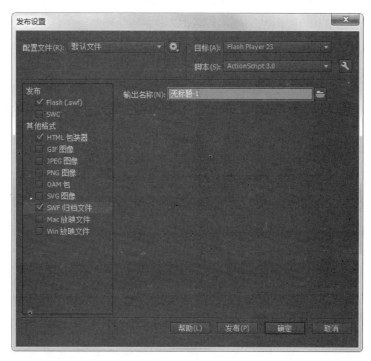

图B-8　SWF归档文件发布选项

9. SWC和放映文件

SWC 文件包含一个编译剪辑、组件的 ActionScript 类文件，以及描述组件的其他文件，用于分发组件。

放映文件是同时包括发布的 SWF 和 Flash Player 的 Animate 文件，无需 Web 浏览器、Flash Player 插件或 Adobe AIR，就可以像普通应用程序一样播放。

在"发布设置"对话框中，选中"SWC"复选框可以设置 SWC 文件的输出路径和名称；选中"Mac 放映文件"和"Win 放映文件"复选框，可以设置放映文件的输出路径和名称，如图 B-9 所示。

图B-9　放映文件的发布设置

二、发布 HTML5 Canvas 文档

在 Animate CC 2018 中，HTML5 Canvas 文档和发布选项经过预设生成 HTML 和 JavaScript，可以在支持 HTML5 Canvas 的任何设备或浏览器上运行。

HTML 文件用于包含 Canvas 元素中所有形状、对象及图稿的定义；JavaScript 文件用于包含动画所有交互元素的专用定义和代码，以及所有补间类型的代码。这些文件默认会被复制到 FLA 所在的位置。通过"发布设置"对话框，可以更改输出路径和默认的选项设置。

打开或新建一个 HTML5 Canvas 文档，然后执行"文件"|"发布设置"命令，打开如图 B-10 所示的"发布设置"对话框。

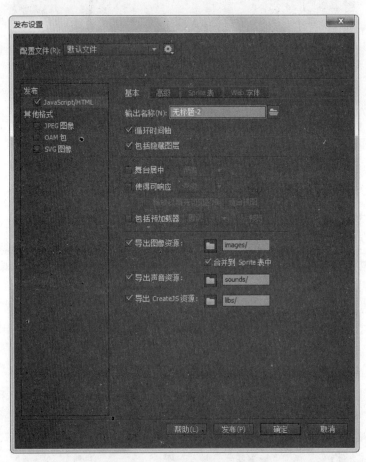

图B-10   "发布设置"对话框

1. 基本选项

❧ **输出名称**：指定文件发布的路径，默认为 FLA 文件所在的目录。

❧ **循环时间轴**：设置动画播放到时间轴最后一帧时是否停止。

❧ **包括隐藏图层**：设置是否输出隐藏图层。

❧ **舞台居中**：设置是否将 HTML 画布或舞台显示在浏览器窗口的中央。

❧ **使得可响应**：设置动画是否根据尺寸的变化自动调整输出文件的大小。

❧ **缩放以填充可见区域**：设置是在全屏模式下查看动画，还是拉伸动画以适合屏幕。

❧ **包括预加载器**：设置是使用默认的预加载器，还是从文档库中自行选择加载器。

❧ **导出图像资源**：指定存放或从中引用图像资源的文件夹。

❧ **合并到 Sprite 表中**：选择是否将所有图像资源合并到一个 Sprite 表中。

◥ **导出声音资源**：指定存放或从中引用声音资源的文件夹。

◥ **导出 CreateJS 资源**：指定存放或从中引用 CreateJS 库的文件夹。

2. 高级选项

"高级"选项如图 B-11 所示。

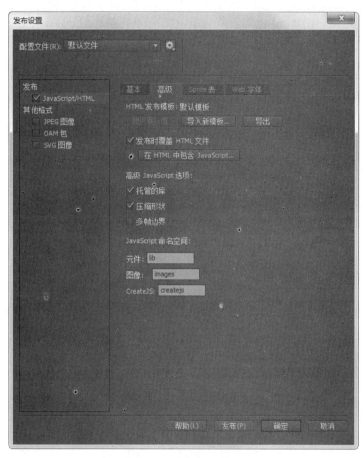

图B-11　高级设置选项

◥ **导入新模板**：导入一个新模板发布 HTML5 输出。

◥ **导出**：将当前的 HTML5 文档导出为模板。

◥ **发布时覆盖 HTML 文件**：在 HTML 文件中包含 JavaScript 时，每次发布 HTML 文件时都覆盖该文件。

◥ **托管的库**：使用在 CreateJS CDN 上托管的库的副本，允许对库进行缓存，并在各个站点之间实现共享。

◥ **压缩形状**：以精简格式输出矢量说明。

◥ **多帧边界**：输出时间轴元件时，包括一个对应于时间轴中每个帧的边界的 Rectangle 数组。选中该项会大幅增加发布时间。

3. Sprite表选项

"Sprite 表"选项卡（图 B-12）用于将位图导出为一个 Sprite 表，优化 HTML5 Canvas 输出。

◥ **将图像资源合并到 Sprite 表中**：将 HTML5 Canvas 文档中使用的位图导出为一个单独的 Sprite 表，以减少服务器请求次数、减小输出大小，从而提高性能。

◥ **格式**：导出 Sprite 表的格式。选择格式后，还可以设置品质、Sprite 表的最大尺寸和背景颜色。

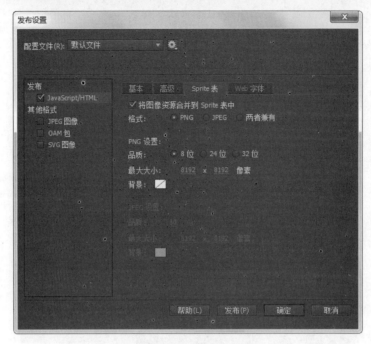

图B-12　Sprite表设置选项

4. Web字体选项

Animate CC 2018 为 HTML5 Canvas 文档中的动态文本类型提供 Typekit Web 字体，只要拥有 Creative Cloud 会员资格，就可以直接访问数千种高品质字体，并将其无缝用于针对现代浏览器和移动设备的 HTML5 输出。

"Web 字体"选项卡如图 B-13 所示。

图B-13　Web字体设置选项

在文本框中输入要发布 HTML5 内容的页面 URL，多个 URL 之间以逗号分隔。该设置仅对指定的

URL 加载 Typekit Web 字体。

三、导 出 动 画

执行"文件"|"导出"|"导出图像"命令或"导出影片"命令可以导出图形或动画。"导出"命令用于将动画中的内容以指定的各种格式导出，与"发布"命令不同的是，使用"导出"命令一次只能导出一种指定格式的文件。

1. 导出影片

"导出影片"命令可将当前动画中所有内容以支持的文件格式输出。

（1）执行"文件"|"导出"|"导出影片"命令，调出"导出影片"对话框。

（2）定位到要保存影片的文件路径，然后输入文件名称，保存类型为 SWF 影片（*.swf）。

（3）单击"保存"按钮，保存影片，关闭对话框。

如果所选文件格式为静态图形，如"PNG 序列（*.png）"，该命令将输出一系列图形文件，每个文件与影片中的一帧对应。

2. 导出图像和动画GIF

"导出图像"命令可将当前帧中的内容或选中的一帧以静态图形文件的格式输出。将一个图形导出为 GIF、JPEG 或 PNG 格式的文件时，图形将丢失其中有关矢量的信息，仅以像素信息的格式保存。

Animate CC 2018 的"导出图像"对话框支持优化功能，用户可以同时查看图像的多个版本以选择最佳设置组合；还可以按指定尺寸调整图像大小。

（1）执行"文件"|"导出"|"导出图像"或"导出动画 GIF"命令，调出"导出图像"对话框，如图 B-14 所示。

图B-14　"导出图像"对话框

对话框左侧显示以 GIF 格式优化后的图像预览图；图像下方显示优化的格式和优化后的文件大小；对话框右侧显示优化设置和图像尺寸。

（2）单击对话框左下角的"预览"按钮，可以在默认浏览器中预览优化后的图像效果、详细的优化信息，以及生成的 HTML 代码，如图 B-15 所示。

图B-15　在浏览器中预览效果

（3）单击"导出图像"对话框顶部的"2 栏式"按钮，可以同时查看图像的原始版本和优化版本，或同时查看两种不同的优化效果，以选择最佳设置组合。单击其中一栏，可以在对话框右侧的"预设"区域进行优化设置，如图 B-16 所示。

图B-16　栏式效果

（4）在对话框的"图像大小"区域设置导出的图像大小。可以按像素大小进行指定，也可以指定为原始图像的百比分。

（5）设置完毕，单击"保存"按钮，在弹出的"另存为"对话框中选择保存文件的位置，在"文件名"文本框中指定文件名称。

（6）单击"保存"按钮，关闭对话框。

3. 导出视频

使用"导出视频"命令，可以将动画导出为 MOV 视频文件。

（1）执行"文件"|"导出"|"导出视频"命令，弹出如图 B-17 所示的"导出视频"对话框。

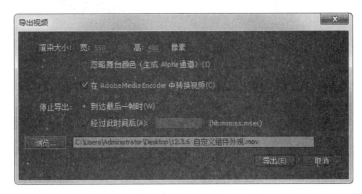

图B-17　"导出视频"对话框

（2）在"渲染大小"区域，设置导出的视频尺寸，以及是否启动 Adobe Media Encoder 转换视频。

（3）在"停止导出"区域设置导出的视频范围。

（4）单击"浏览"按钮，设置导出的视频存放的路径和文件名称。

（5）单击"导出"按钮，即可导出视频文件。

四、打 包 动 画

使用 Animate CC 2018 时，除了以各种格式发布和导出动画，还可以将动画打包成可独立运行的可执行文件。不需要附带任何程序就可以在 Windows 系统中播放，并且与原动画的效果一样。

（1）在 Windows 操作系统的资源管理器中，浏览到 Adobe Animate CC 2018 安装目录下的"Players"文件夹，打开后可以看到如图 B-18 所示的窗口。

图B-18　Players文件夹

（2）双击 FlashPlayer.exe 文件，即可打开 Flash 动画播放器。

（3）在播放器中执行"文件"|"打开"命令，在弹出的如图 B-19 所示的"打开"对话框中单击"浏览"按钮，打开一个要打包的动画文件。单击"确定"按钮关闭对话框。

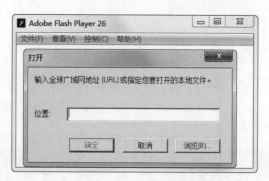

图B-19　　"打开"对话框

（4）执行"文件"|"创建播放器"命令，弹出"另存为"对话框，设置路径和文件名，单击"保存"按钮，即可生成 EXE 文件。

此时双击已打包好的动画文件，将自动打开一个 Flash 动画播放器，并在其中播放动画。

附录 C

参考答案

第 1 章

一、选择题

1. D　2. A　3. C　4. A　5. A

二、判断题

1. ×　2. ×　3. √

三、填空题

1. 图层控制区　　时间轴控制区
2. 刚好能容纳舞台上所有对象的尺寸
3. 根据舞台大小缩放舞台上的内容　　随舞台同比例调整大小

四、操作题

略

第 2 章

一、选择题

1. C　2. C　3. D　4. B　5. C　6. D　7. D

二、填空题

1. 伸直　　平滑　　墨水
2. 套索工具　　多边形工具　　魔术棒工具
3. 橡皮擦模式　　水龙头　　橡皮擦形状
4. 笔触　　填充

三、问答题

1. "伸直"模式绘制出来的曲线趋向于规则的图形;"平滑"模式尽可能地消除图形边缘的棱角,使矢量线更加光滑;"墨水"模式对绘制的曲线不做任何调整,更加接近手工绘制的矢量线。
2. 绘制时按住 Shift 键。
3. 绘制时按住 Shift 键。
4. 使用工具箱中的"缩放工具"。

第 3 章

一、选择题

1. A　2. AC　3. B　4. B

二、判断题

1. ×　2. √　3. ×　4. ×

三、填空题

1. 属性面板　　"文本"菜单
2. 静态文本　　动态文本　　输入文本

3. 自定义

第 4 章

一、选择题

1. D   2. B   3. A   4. D   5. B   6. ABCD   7. B

二、填空题

1. "与舞台对齐"

2. Ctrl+B

3. Ctrl+G

4. 同一层中   不同层中

5. 不再

第 5 章

一、选择题

1. C   2. C   3. B   4. C   5. D

二、判断题

1. ×   2. ×   3. √   4. ×   5. √

三、填空题

1. 关键帧

2. 查看多帧   当前帧

3. "清除关键帧"

4. "透明"   不可见

5. 轮廓线

6. 插入帧   插入关键帧

7. 锁定

第 6 章

一、选择题

1. A   2. A   3. A   4. A   5. A   6. B   7. C

二、判断题

1. √   2. ×   3. √   4. ×   5. ×

三、填空题

1. 图形元件   影片剪辑   按钮元件

2. 4

3. "点击"

4. 创建独立的动画片段

5. F8

第　7　章

选择题

1. C　　　2. C　　　3. AD

第　8　章

一、选择题

1. ABCD　　　2. A　　　3. A

二、填空题

1. 视觉暂留

2. Ctrl+Enter

第　9　章

一、选择题

1. C　　　2. A　　　3. C　　　4. A　　　5. B

二、填空题

1. 实例或群组对象　　　打散的形状

2. 下方

3. 补间动画

4. 缓动　　　先快后慢　　　匀速变化　　　先慢后快

5. 关键帧　　　属性关键帧

第　10　章

一、选择题

1. C　　　2. B　　　3. A　　　4. B　　　5. B　　　6. D　　　7. C

二、判断题

1. √　　　2. ×　　　3. ×　　　4. ×

三、填空题

1. 普通引导层　　　运动引导层

2. 实例　　　群组对象　　　位图　　　文字

3. 沿直线

4. 沿路径着色　　　沿路径缩放

四、操作题

略

第 11 章

一、选择题

1. ABCD   2. A   3. B   4. A   5. B

二、判断题

1. ×   2. ×   3. √

三、填空题

1. 填充图形   文字   图形元件实例或影片剪辑

2. 一般

3. 遮罩层   被遮罩层

4. 锁定

四、操作题

略

第 12 章

一、选择题

1. ABCD   2. BCD   3. C

二、填空题

1. 骨架   线性的   分支的   关节

2. 向元件实例添加骨骼   在形状对象的内部添加骨骼

3. 骨骼工具   绑定工具

4. 姿势图层   一个

5. Shift 键

第 13 章

一、选择题

1. C   2. D   3. B

二、填空题

1. 事件   流

2. 库面板

3. 导入声音   在关键帧添加声音

4. 压缩率   采样率   越大   越小   越小

5. 在 SWF 中嵌入 FLV 并在时间轴中播放

三、操作题

略

第 14 章

选择题

1. D   2. C   3. D   4. C   5. A   6. A   7. AB

第 15 章

一、选择题

1. A   2. D   3. D   4. A   5. D

二、填空题

1. 影片剪辑

2. 用户界面组件   视频组件

3. 组件

4. dataProvider   可以编辑列表项及值